資料結構快速上手

(附範例光碟)

劉祐寰　編著

全華圖書股份有限公司 印行

國家圖書館出版品預行編目資料

資料結構快速上手 / 劉祐寰編著. — 初版. — 新北市 : 全華圖書, 2016.08

面 ; 公分

ISBN 978-986-463-300-5(平裝附光碟片)

1.資料結構

312.73 105013573

資料結構快速上手(附範例光碟)

作者 / 劉育寰(祐寰)

執行編輯 / 王詩蕙

發行人 / 陳本源

出版者 / 全華圖書股份有限公司

郵政帳號 / 0100836-1 號

印刷者 / 宏懋打字印刷股份有限公司

圖書編號 / 06313007

初版一刷 / 2016 年 08 月

定價 / 新台幣 520 元

ISBN / 978-986-463-300-5

全華圖書 / www.chwa.com.tw

全華網路書店 Open Tech / www.opentech.com.tw

若您對書籍內容、排版印刷有任何問題，歡迎來信指導 book@chwa.com.tw

臺北總公司(北區營業處)
地址：23671 新北市土城區忠義路 21 號
電話：(02) 2262-5666
傳真：(02) 6637-3695、6637-3696

中區營業處
地址：40256 臺中市南區樹義一巷 26 號
電話：(04) 2261-8485
傳真：(04) 3600-9806

南區營業處
地址：80769 高雄市三民區應安街 12 號
電話：(07) 381-1377
傳真：(07) 862-5562

作者序

資料結構(Data Structure)到底是什麼樣的課程？有不少非電腦領域的人認為資料結構就是資料庫，因為都有「資料」這兩個字。甚至還有一些電腦領域的人不曉得為什麼要學資料結構？筆者認為，資料結構是程式設計課程的一個延伸，跟程式設計課程不一樣的地方是：資料結構主要是透過一些變數的結構化組合，讓一些問題能更有效率的解決。變數主要是在程式執行時用來儲存資料的，而所謂的結構化組合就是將一些有關聯的變數，以某種方式把它們組合或結合在一起，以至於，程式的寫法可以更精簡更有效率。

舉例來說，我們想求變數a、b、c的最大值是哪個變數，由於a、b、c都是獨立的變數，所以在撰寫程式碼時，必須把每一種比較的運算式(如a>b && b>c等[1])都寫出來。這樣的話，3個變數就需要6條判斷式才能完整比較。那如果是4個變數呢？就要24條判斷式(4階乘)；如果是10個變數呢？就要10階乘這麼多條判斷式。所以要找出眾多變數中的最大值是哪個變數的這類問題(另一個典型的問題是將眾多變數做排序)時，如果使用獨立變數來實作，一定很沒有效率。

這時，資料結構的觀念就因應而生。假如有一種變數的結構是可以包含多個變數，而又可以使用一個變數來當作存取這多個變數裡的某個變數的索引值，那麼，剛剛的問題就可以被簡化為比較第i個變數與第j個變數的大小，由於i與j也是變數，就容易可以利用程式語法中的for迴圈來完成所有變數的比較。這樣的變數結構(或者就直接稱為資料結構)就是程式設計裡有提到的「陣列」。所以我們可以說，陣列就是最基本的資料結構。使用不同的資料結構(如使用多個獨立變數或使用陣列)來解決同一個問題時，所寫出的程式碼(抑或說方法)就會不同。而這樣的解題方法在電腦領域裡被稱為「演算法」(Algorithm)。

1. 程式語言的比較運算子沒辦法直接使用3個運算元，即a>b>c，所以必須搭配邏輯運算子(&&、||、!)來完成3個(含以上)變數的比較。

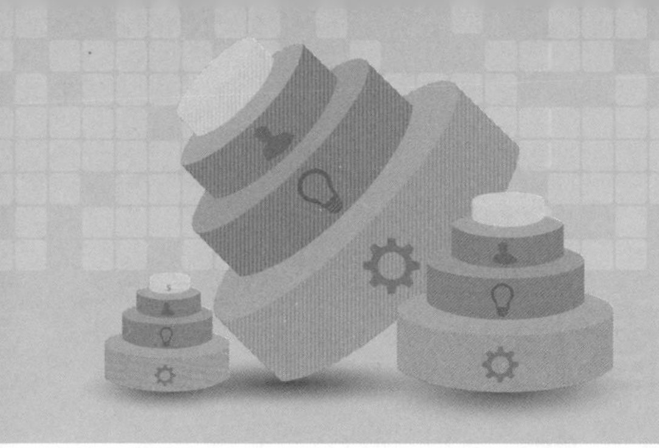

綜合以上的說法，資料結構這門課當然會介紹電腦領域裡常用的資料結構，不過重點是在於，使用某種資料結構來解決某種問題時，該使用何種演算法才會比較有效率。所以，資料結構這門課的重點不在於這些資料的結構是什麼(就跟程式設計課程中的程式語法一樣，程式設計這門課的重點不在於程式語法，而是在於如何利用很笨的電腦所能理解的少數程式語法，來解決大部分的問題)，而在於如何選擇適當的資料結構，才能設計出有效解決問題的演算法。其實說穿了，程式設計與資料結構教授的重點都是演算法，而大部分的初學者最大的障礙點通常也都在這裡。

資料結構這門課其實包含了很多的學理，很多大學的資訊相關科系都有資料結構這門課程，主要是探討資料結構的理論。但本書不打算談太多學理的部分，而是以淺顯易懂的實作觀念，帶領讀者快速進入「資料結構」的領域。因此，很適合使用於高中職或技職校院的資訊相關科系。由於資料結構的實作必須透過程式語言的撰寫，所以坊間出現了很多以某種程式語言為主的資料結構書籍。筆者認為，各種程式語言的語法其實差異性不大，綁定某種程式語言來撰寫資料結構的書籍，不見得是件有效率的事情。

本書對於演算法的描述方式還是會儘量包含三大常見的方法：文字敘述、流程圖、虛擬碼，而程式碼的部分會儘量同時呈現兩大系列的程式碼片段[2]。本文裡面大部分僅會摘錄程式碼片段，各種程式語言的完整程式碼(或專案)會放在隨書光碟中。專案的類型通常以主控台為主，若本文中需要有視窗介面來輔助呈現，則會以VB為主，隨書光碟中會同時包含C#的專案。至於C++及Java視窗介面的建置方式，可參考筆者的另一本著作《程式設計16堂課通用教材》，本書不再贅述。而本書的附錄A有介紹VB、C#、C、C++、Java的開發工具的安裝及簡易使用方法，不用太

2. 若以運算式來區分，兩大系列分別是C系列(包含C、C++、Java、C#)與VB系列，但有時C#與Java的語法又會跟C、C++有一些小差異；但若以基本輸出入的語法來區分，則分爲三大系列分別是C系列(包含C、C++)、Java系列與VB系列(包含VB、C#)。

擔心，只有兩種工具就可以開發五種程式語言，其中有一種工具可以開發VB、C#、C、C++等四種程式語言。附錄A也介紹了各種程式語言的框架，只要將本書中的程式碼片段塞到框架中適當的位置，便可完成該種程式語言的程式碼。所以再次重申筆者所要傳達的觀念：學程式設計或演算法的重點並不在於「程式語法」或是該使用何種程式語言來開發，而是在於「演算法」。其實，演算法不太會因為程式語言的不同而有所不同，而程式語法在不同的程式語言中也都大同小異，甚至是完全相同(在C#、C、C++、Java程式語言中)。

目錄

CH 01
開始之前

1-1 資料結構的精神 1-2
1-2 如何設計演算法 1-5
1-3 演算法的效率評估 1-8
1-4 常用的程式碼片段 1-11
1-5 流程圖的符號 1-34

CH 02
陣列

2-1 一維陣列的應用 2-2
2-2 二維陣列的應用 2-10
2-3 陣列的動態配置 2-30

CH 03
排序

3-1 排序演算法的定義與分類 3-2
3-2 排序演算法的比較與整理 3-3

CH 04
搜尋

4-1 搜尋演算法的定義與分類 4-2
4-2 搜尋演算法的比較與整理 4-3

CH 05
鏈結串列 1

5-1 鏈結串列的概念 5-2
5-2 以單一陣列實作各式鏈結串列 5-7
5-3 以結構體陣列實作各式鏈結串列 5-23

CH 06
鏈結串列 2

6-1 以動態配置結構體實作各式鏈結串列 6-2
6-2 以LinkedList類別實作各式鏈結串列 6-21

CH 07
堆疊 1

7-1 堆疊的概念 7-2
7-2 以陣列實作堆疊 7-3
7-3 以串列實作堆疊 7-5
7-4 以Stack類別實作堆疊 7-7
7-5 動作副程式的測試範例 7-10

CH 08
堆疊 2

8-1 運算式的轉換與求值 8-2
8-2 走迷宮問題 8-15

CH 09
佇列

9-1 佇列的概念 9-2
9-2 以陣列實作佇列 9-3
9-3 以串列實作佇列 9-5
9-4 以Queue類別實作佇列 9-8
9-5 動作副程式的測試範例 9-10

CH 10
樹狀結構 1

10-1 樹狀結構的概念 10-2
10-2 二元樹(binary tree)的簡介 10-7
10-3 二元樹的表示法 10-11
10-4 二元樹的建立 10-13

CH 11
樹狀結構 2

11-1 二元樹的走訪 11-2
11-2 二元搜尋樹 11-8
11-3 二元運算樹(binary expression tree) 11-23

CH 12
圖形 1

12-1 圖形的概念 12-2

12-2 圖形表示法 12-5
12-3 圖形的走訪 12-10
12-4 圖形演算法的實作 12-14

CH 13
圖形 2

13-1 擴張樹 13-2
13-2 最低成本擴張樹(Minimum Cost Spanning Tree) 13-11
13-3 最短路徑問題 13-24

A(電子書)
工欲善其事，必先利其器

A-1 工具安裝 A-3
A-2 各種程式語言的Hello World A-21
A-3 程式碼到底該寫在哪裡？該如何寫？ A-62
A-4 如何將程式碼帶著走 A-66

B(電子書)
格式化輸出入

B-1 C、C++、Java的格式化輸出字串 B-2
B-2 跳脫字元(Escape Echaracter) B-4
B-3 VB、C#的格式化輸出字串 B-7
B-4 C、C++格式化輸入字串 B-11

CH01 開始之前

本章內容

- 1-1 資料結構的精神
- 1-2 如何設計演算法
- 1-3 演算法的效率評估
- 1-4 常用的程式碼片段
- 1-5 流程圖的符號
- 重點整理
- 本章習題

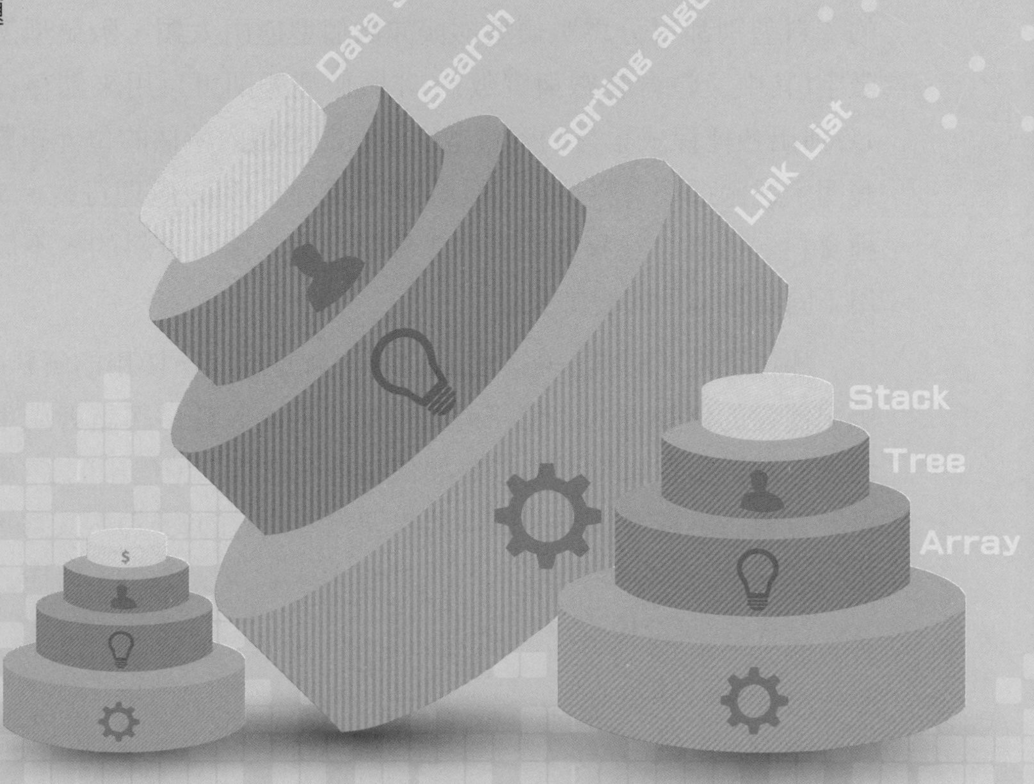

1-1 資料結構的精神

「資料結構」從字面上可以分成兩個部分，就是「資料」(data)與「結構」(structure)。那什麼是「資料」呢？「資料」通常是指具體的符號、文字或數字。對人類而言，這些「資料」可以被記載在任何實際的媒體上，如紙張，或甚至是遠古時代的竹簡、羊皮或龜甲獸骨(甲骨)上。但不要忘了，「資料結構」是一門電腦領域的課程，在這門課裡所探討的「資料」，無庸置疑一定是儲存在電腦的儲存媒體(如記憶體、磁碟、光碟或快閃記憶體)上。

「資料」儲存在實際的媒體與電腦的儲存媒體上，到底又有什麼差別？最大的差別在於電腦是0與1的世界，所有的「資料」(包含剛剛所講的符號、文字或數字)通通要轉換成0與1，然後才能儲存於電腦的儲存媒體上。不過，對程式設計或資料結構這門課來說，讀者不需要一定要先知道符號、文字或數字到底是如何轉換成0與1(這是計算機概論或計算機組織與結構課程所探討的範疇)。

取而代之的，讀者必須要熟知程式語言裡的資料型別。大部分程式語言的資料型別都可分爲數值型態與非數值型態兩大類，數值型態可以用來儲存數字(其中又包含整數與實數)，非數值型態則可以用來儲存符號或文字。表1-2列出各種程式語言的資料型別、在記憶體內所佔的位元組數及所能表示的範圍，透過這些資料型別，電腦(或者是程式)可以處理符號、文字或數字等各種資料。所以，在程式語言裡，變數是用來儲存資料的，不同類型的資料要用不同資料型別的變數來儲存。

那什麼是「結構」呢？根據定義，就是程式所使用的資料(就是變數)在電腦記憶體的儲存方式。但筆者覺得這樣的定義容易讓讀者產生誤解，會誤以爲資料結構是在研究「資料是如何儲存在電腦記憶體中的」(嚴格來說，這也是計算機概論或計算機組織與結構課程所探討的範疇)。其實，筆者認爲，資料結構是教授如何寫程式的一門課程，所以，所謂的「結構」應該是指「程式存取變數(或資料)的方式」。

學例來說，獨立的變數及陣列都可以用來儲存資料，如果我們把3個學生的成績儲存在3個獨立的變數(a, b, c)及陣列s[]中，程式在存取這3個學生成績的方式就會有所不同。以獨立的變數來說，須分別使用a, b, c等3個變數才能存取到這3個學生的成績。如果想找出成績最高者，就會很麻煩，須寫出一大段程式(如程式碼1-1的程式片段所示)。但如果使用陣列，我們可以用s[i]的程式語法來存取任何一位學生的成績，其中i可以是0到2的任何一個整數。

因此，找出成績最高者的程式片段，就可以使用迴圈的語法來完成(如程式碼1-2的程式片段所示)。可以看得出來，使用陣列的「結構」，會讓程式的撰寫變得容易且精簡。尤其是當3個學生擴充到50個學生時，用獨立的變數是很難寫出正確的程式碼的；但是使用陣列來儲存學生成績，其程式碼的架構幾乎沒變，只要for迴圈的結束條件稍做修改即可。

程式碼1-1

使用3個獨立的變數(a, b, c)找最大值

```
if (a > b && b > c)
{
   max = a;
}
else if (a > c && c > b)
{
   max = a;
}
else if (b > c && c > a)
{
   max = b;
}
else if (b > a && a > c)
{
   max = b;
}
else if (c > a && a > b)
{
   max = c;
```

```
}
else if (c > b && b > a)
{
   max = c;
}
```

程式碼1-2

使用陣列找最大值

```
max = 0;
for (int i = 0; i < 3; i++)
{
   max = (max < s[i]) ? s[i] : max;
}
```

根據以上的論述，筆者認為，「資料結構」其實就是「變數」的結構。不同的變數結構，就有不同的存取方式。「資料結構」這門課程會針對幾個知名的問題(如排序、搜尋等)，以目前的程式語法實作出適合解決那個問題的資料結構(如陣列、串列、堆疊、佇列、樹和圖形等)。然後再使用適合的程式語法(也就是所謂的「演算法」)來把問題解出來。所以，再整理一次，某些問題需要某種特定的「資料結構」，再搭配適合的「演算法」才容易解決問題，不但程式碼會比較精簡，且可擴充性也比較高。

1-2 如何設計演算法

韋氏字典有定義演算法爲「在有限步驟內解決數學問題的程序」，而作者認爲演算法是「以程式語法爲思考邏輯，用來解決問題的方法」。爲何要強調「以程式語法爲思考邏輯」呢？因爲演算法是爲了寫出程式碼來解決問題的。雖然演算法是給人看的，但終究要將演算法轉成程式碼，電腦才能執行。

那到底程式語法的思考邏輯與人類的思考邏輯有什麼不同？舉例來說，要判斷一個數是否爲質數，以人類的思考邏輯是「除了1和本身以外的整數都無法整除這個數，就是質數」，這是質數的定義。可是這樣的定義或思考邏輯是沒辦法寫程式的，因爲程式語法裡沒有判斷「是否整除」的指令。所以我們必須把人類的思考邏輯轉換成程式語言可以理解或實作的邏輯。

「能被某數整除」的意思就是「除以某數的餘數爲0」，而求餘數的語法大部分的程式語言都有。所以，判斷某數是否爲質數的演算法可以是「從1到某數本身(假設是變數N)的所有整數(不包含1和N)，如果有任何一個整數除某數所得的餘數爲0的話，那N就不是質數，否則就是質數」。

雖然程式語言的思考邏輯有時會比較冗長，但這樣的邏輯才有辦法轉換成程式語法。像「從1到N本身的所有整數」，就是要用迴圈結構的語法，一般有明確的起始值及終止值，大多會用for迴圈；而「不包含1和N」就可以清楚界定for迴圈索引值(假設是變數i)的起始值爲2，終止值爲N-1；「如果有任何一個整數除N所得的餘數爲0的話，那N就不是質數，否則就是質數」就是在for迴圈中用if條件式去判斷N除以i的餘數，如果等於0，那就設定N不是質數，然後強迫離開for迴圈(因爲已經不是質數了，就算把迴圈跑完也不會再變回質數)。所以根據上述「演算法」就很容易可以把程式寫出來，如程式碼1-3所示。

程式碼1-3

判斷N是否為質數的程式碼片段

```
int N = 97; //先假設N為某個數
int i;
bool isPrime = true;

for (i = 2; i <= N - 1; i++)
{
   if (N % i == 0)
   {
      isPrime = false;
      break;
   }
}
```

上述程式碼中，除了要判斷是否爲質數的N及for迴圈的索引值i這兩個變數外，我們還另外宣告了一個布林資料型別的變數isPrime，主要是用來實作「那N就不是質數」這段演算法。其實，演算法中並不會去強調程式碼該宣告哪些變數，而是在實作程式碼時，必須要視情況自己加進去的。眼尖的您可能也看出來了，程式碼中的if並沒有搭配else的部分，那「否則就是質數」的演算法，是不是沒有實作出來？其實這就是程式語法的思考邏輯與人類的思考邏輯的最大差異，這個部分後面會再說明。

就以上述的演算法來說明一般撰寫演算法應遵守的五個原則：

1. **輸入(Input)**：不一定要有輸入(指的是使用者的鍵盤輸入或檔案的讀取)，可以沒有，但也可以是多個輸入。

   上述的演算法就沒有輸入(沒有讓使用者從鍵盤輸入)，但嚴格說來，要判斷某數N是否爲質數，那麼N就是此演算法的輸入。爲了簡化程式執行時的流程，可以先把讓使用者輸入的部分，直接寫在程式碼裡面(如直接設定N=97)。

所以筆者認爲這個「輸入」的原則應該是：

不一定要讓使用者輸入，可以先把必要的輸入(如果有的話)寫在程式碼裡面，等確認演算法是正確的，再開放給使用者做輸入。

2. **輸出(Output)**：至少一個輸出。

這個部分是很重要的，因爲一個程式執行後如果沒有任何輸出(包括螢幕或檔案)的話，那執行程式的人是沒辦法知道這個程式到底是做什麼的。上述的程式碼中，筆者並沒有加入「輸出」的程式碼，這是因爲不同的程式語言(如VB、C#、C、C++或Java)或是不同類型的程式(如主控台程式或是視窗程式)，其輸出的指令(或是語法)可能會有些微差異。

後面的章節會對各種程式語言輸出的語法做個總整理，讓讀者能很容易的在各種不同的程式語言裡使用正確的輸出語法。附帶一提的是，演算法其實不太會因爲程式語言的不同而有所不同(除非某種程式語言沒有這種特性，這個部分後面的章節會有詳細的介紹)。像上述的程式碼片段，讀者看得出來是哪種程式語言嗎？可以確定它不是VB的語法，可是在C#、C、C++或Java等程式語言都是這樣寫的。

3. **明確性(Definiteness)**：每一個指令步驟都十分明確，沒有模稜兩可。

關於這個特性，筆者的解讀是：演算法裡的每一段描述都必須以程式語言的思考邏輯(也就是程式語法)爲基礎，否則根本沒辦法把演算法的描述轉換成程式碼。也不曉得該說「幸」還是「不幸」，大致上而言，程式的語法只有三大類：運算式、條件判斷式、迴圈結構[1]；幸運的是，程式語法不會太難學；不幸的是，只能用這三大類的語法結構來描述演算法，有時會讓演算法的敘述變得很冗長(是冗長，不是複雜，因爲演算法太過複雜就不對了)。像上述「判斷某數是否爲質數」的演算法是有點冗長，但是它並不複雜。

4. **有限性(Finiteness)**：演算法的流程必須能夠在有限的步驟內停止。

如果演算法沒有辦法在有限步驟內完成，通常是演算法陷入無窮迴圈所造成的。既然如此，當演算法需要重複某些步驟時，就必須特別注意，是否可以達到迴圈的停止條件。像上述的程式碼片段有for迴圈，但我們可以確定這個迴圈不會陷入無窮迴圈。

---

1. 嚴格說來，程式語法應該還要注意「變數宣告」，但在演算法中可以不用特別強調，寫程式時要自己加上去。

5. **有效性(Effectiveness)**：既然演算法是用來解決問題，那透過這個演算法所得到的結果必須是正確的，所以本特性又稱為正確性(Correctness)。

   要去驗證演算法的正確性，比較嚴謹的做法是用數學方法去證明，但有時並不是那麼容易做到。對初學者而言，這樣的要求可能也會讓讀者望之卻步。比較簡易的方法就是會給程式碼幾個代表性的輸入，看看是否可得到預期輸出。像上述程式碼片段，先假設N=97(質數)，若最後得到的結果為「不是質數」(isPrime為false)，那上述的演算法可能有問題，如果已經排除寫錯程式碼的可能性的話。

1-3 演算法的效率評估

通常演算法效率的評估可以分為兩大類，一為「執行時間」(也就是所謂的「時間複雜度」)、另一種為「所占用的記憶體空間」(也就是所謂的「空間複雜度」)。通常後者又可分為「程式執行檔的大小」與「程式執行時所占記憶體的大小」，這個部分就牽涉到「靜態變數」與「動態變數」配置的問題。

嚴格說來，「執行時間」是在設計演算法可以考量的問題，但「所占用的記憶體空間」除了跟所用的資料結構有關外，還牽涉到程式語言的編譯器(Complier)、作業系統的載入器(Loader)與鏈結器(Linker)的問題，可能不是一般的程式設計的學習者能夠完全掌控或了解的。

但基於降低「資料結構」或「演算法」的學習門檻，本書的程式碼片段將以「靜態變數」配置為主，除非真的必要，原則上暫時不考慮「動態變數」配置這種太複雜的問題。至於「執行時間」的部分，一般大學的資料結構課程會以Big-O之類的函數來評估演算法的時間複雜度，但本書並不會太過強調這個部分。其實初學者不需要知道所設計出的演算法是最快的O(n log n)，還是最慢的$O(n^2)$，只要能在學習完一種演算法後，除了去理解演算法的程式邏輯外，還能試著去思考有沒有更快的方法，這樣就夠了。

筆者喜歡將「好的演算法(或程式碼)」比喻成「無敵鐵金剛」(糟糕！一不小心就透漏了筆者的年紀)，但是，要做出「無敵鐵金剛」是一件多麼不簡單的事啊！柯國隆(無敵鐵金剛的駕駛者)的好朋友阿強也不甘示弱做出「阿強一號」來協助柯國隆打擊犯罪。「阿強一號」說穿了就是一台拼裝機器人，很簡陋(程式碼可能很冗長)，有可能很脆弱(對於輸入的資料沒有做防呆的處理，程式會因為輸入資料格式錯誤而當機)，也有可能沒辦法加裝其他配件(程式碼沒有彈性無法擴充)，但該有的功能都有。所以筆者認為，對初學者而言，能想出可行的演算法得到想要的結果，並能根據演算法轉換成正確的程式碼，這樣就夠了。至於提升演算法效率的問題，等寫出正確程式碼之後再說吧！

所以本書會嘗試著以帶領讀者解析題目、挑選適合的資料結構、並根據這種資料結構想出可行的演算法。當然整個過程不見得會很順利，有時原本認為可用的資料結構，在設計演算法時才發現這樣的資料結構會造成演算法太過複雜，或是以初學者的能力根本無法實作。所以在解題的過程中，去變更所使用的資料結構是常有的事。只要經過足夠的訓練，在初次看到題目時，就可以輕易的選出適合的資料結構。

底下舉一個演算法會影響效率的例子：

題目：計算1到100的偶數和

很直覺的，這個題目我們會用for迴圈去解，而所謂的偶數就是「除以2餘0」。所以這兩個想法搭配起來，程式碼就如程式碼1-4所示。

程式碼1-4

計算1到100的偶數和(直覺版)

```
int sum = 0;
for (int i = 1; i <= 100; i++)
{
   if (i % 2 == 0)
   {
      sum += i;
   }
}
```

程式碼1-4的sum就是1到100的偶數和，程式碼是正確的，但其效率呢？for迴圈總共跑了100次，且還做了100次的if條件判斷式。我們現在要思考一下，這樣的演算法(程式碼)能不能再更精簡一點？我們發現從1到100的迴圈，有一半因爲if條件判斷式的關係，是不會進行加總的。所以我們可以利用for迴圈的「遞增量」特性，來排除不會滿足if條件判斷式的i值，程式碼修改如程式碼1-5所示。

程式碼1-5

計算1到100的偶數和(改良版)

```
int sum = 0;
for (int i = 2; i <= 100; i+=2)
{
   if (i % 2 == 0)
   {
      sum += i;
   }
}
```

我們把修改的部分用*藍色斜體*標示，把i的起始值改成2，而遞增量也改成2。如此，迴圈內就不需要i % 2 == 0的條件判斷式了，因爲for迴圈內的i值都是偶數了。這樣的程式碼只做了50次的加法，也沒有額外的if判斷式，比起剛剛的程式碼快了一倍以上。

這就是不同演算法影響效率的其中一個例子。當然，不是所有的演算法都能有這樣的改變，其實就像筆者說的，能想出可行的演算法得到想要的結果，這才是最重要的。

1-4 常用的程式碼片段

在此簡單的複習一下程式語言的基本語法，也順便比較一下各種程式語言的一些小差異，並提供幾個簡單且常用的程式碼片段，以利本課程的實作。

1-4-1 變數宣告與資料型別

變數宣告是每種程式語言最基本也最常用的指令，變數宣告的語法只有VB跟其他程式語言不一樣，如表1-1所示。而表1-1中，“˽”表示空格，這些空格很重要，少打了，語法就會錯誤。中括號「[ ]」表示括號中的指令片段可以省略，要在同一行指令中同時宣告很多個變數時才需要用。在打指令的時候，中括號「[」及「]」不要打出來，幾個簡單的範例如表1-1所示。各種程式語言的資料型別所用的關鍵字也大同小異(要特別注意大小寫的差異)，請參照表1-2。

表1-1　各種程式語言的變數宣告語法

語言	語法
VB	Dim˽變數名稱1˽As˽資料型別 [= 資料][, 變數名稱2˽As˽資料型別[= 資料] …]]
	Dim˽a, b˽As˽Integer Dim˽c˽As˽Float, d˽As˽Double = 3.0[2]
C#、C++、C、Java	資料型別˽變數名稱1 [= 資料][, 變數名稱2 [= 資料] …]];
	int˽a, b; float˽c; double d = 3.0;

2. 一般的程式語言，在同一列變數宣告的指令中，只能宣告同一種資料型態的變數。但VB可以在同一列指令中宣告不同資料型別的變數。

❖ 表1-2 各種程式語言的資料型別

資料型態名稱	宣告關鍵字					佔用位元組
	VB	C#	C++	C	Java	
布林		bool			boolean	1
			bool			1
	Boolean					2
位元組	Byte	byte				1
	SByte	sbyte			byte	1
字元			char	char		1
	Char	char	wchar_t		char	2
短整數	Short	short	short	short	short	2
	UShort	ushort	unsigned short	unsigned short		2
整數	Integer	int	int	int	int	4
	UInteger	uint	unsigned int	unsigned int		4
長整數			long	long		4或8
			unsigned long	unsigned long		4或8
	Long	long			long	8
	ULong	ulong				8
單精準度浮點數	Single	float	float	float	float	4
雙精準度浮點數	Double	double	double	double	double	8
數值	Decimal	decimal				16
日期	Date					8
字串	String	string				依平台
物件	Object	object				4

資料型態名稱	表示範圍
布林	true或false
	0或1
	True或False
位元組	0~255
	-128~127
字元	0~255
	0~65535
短整數	-32768~32767
	0~65535
整數	-2,147,483,648~2,147,483,647
	0~4,294,967,295
長整數	
	-9,223,372,036,854,775,808~9,223,372,036,854,775,807
	0~18,446,744,073,709,551,615
單精準度浮點數	負值範圍為-3.4028235E+38~-1.401298E-45 正值的範圍為1.401298E-45~3.4028235E+38
雙精準度浮點數	負值範圍為-1.79769313486231570E+308~-4.94065645841246544E-324，正值範圍為4.94065645841246544E-324~1.79769313486231570E+308
數值	0~+/-79,228,162,514,264,337,593,543,950,335沒有小數，~+/-7.9228162514264337593543950335帶28位小數，最小的非零值為+/-0.0000000000000000000000000001(+/-1E-28)
日期	0001年1月1日~9999年12月31日
字串	0~2百萬Unicode字元
物件	物件型別變數可以儲存各種資料型別的值

練習 1-1

▶ **題目：**

請建立一個主控台專案(可以是VB、C#、C、C++或Java，也可以嘗試建立每種程式語言的專案)，在該專案的主程式中宣告3個整數變數(變數名稱可以是a、b、c，也可以是其他合法的變數名稱)。

▶ **檢查點：**

1.各種程式語言主控台專案的建置。

2.各種程式語言變數宣告的語法。

1-4-2 陣列宣告

一維陣列指的是只有一個索引值，程式語言中一維陣列的宣告方式如表1-3所示。各種程式語言的差異整理如下：

1. 大部分程式語言的陣列存取運算子都是中括號「[ ]」，只有VB是使用小括號「( )」。
2. 大部分程式語言在宣告陣列時，都是使用「元素個數」來指定陣列的大小，只有VB是用「最大索引值」。
3. 所有程式語言的陣列索引值的範圍都是從0開始。

二維陣列，顧名思義就是有2個索引值。其宣告方式如表1-4所示。

1. 「列」指的是橫列，「行」指的是直行。如表1-4中的avg陣列爲2列4行，以圖形表示如圖1-1所示。

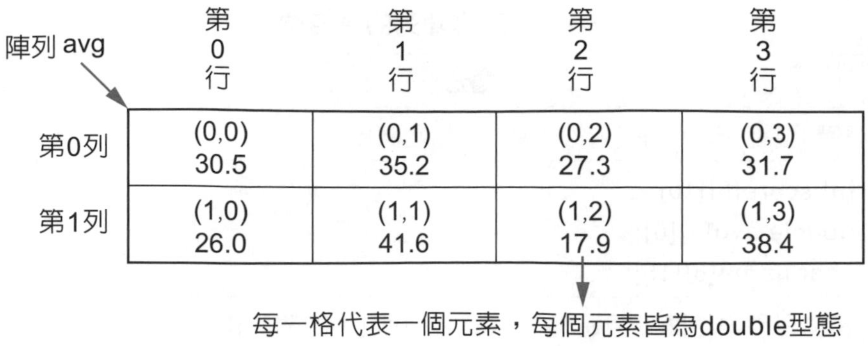

陣列 avg	第0行	第1行	第2行	第3行
第0列	(0,0) 30.5	(0,1) 35.2	(0,2) 27.3	(0,3) 31.7
第1列	(1,0) 26.0	(1,1) 41.6	(1,2) 17.9	(1,3) 38.4

每一格代表一個元素，每個元素皆為double型態

● 圖1-1 二維陣列示意圖

2. 跟其他程式語言不同，VB的二維陣列不是用2個小括號，而是小括號內用逗點隔開。
3. 列跟行的索引值一樣都從0開始。

✥ 表1-3　一維陣列的宣告語法[3]

語言	語法	說明
C系列 (C、C++)	資料型別 陣列名稱[元素個數];	◆宣告一個整數陣列score，元素個數為10。 ◆宣告一個浮點數陣列avg，元素個數為8。 ◆宣告一個字元陣列name，元素個數為15。
	int score[10]; double avg[8]; char name[15];	
Java系列 (C#、Java)	資料型別 [] 陣列名稱 = new資料型別 [元素個數];	

	int [] score = new int[10];
	double [] avg = new double[4];
	char [] name = new char[15];	

VB	Dim 陣列名稱(最大索引值) As 資料型別	
	Dim score(9) As Integer Dim avg(7) As Double Dim name(14) As Char	

✤ 表1-4　二維陣列的宣告語法[3]

語言	語法	說明
C系列	資料型別 陣列名稱[列的個數][行的個數];	◆宣告一個整數陣列score，列元素個數為5，行元素個數為10。 ◆宣告一個浮點數陣列avg，列元素個數為3，行元素個數為8。 ◆宣告一個字元陣列name，列元素個數為6，行元素個數為15。
	int score[5][10]; double avg[3][8]; char name[6][15];	
Java系列	資料型別 [][] 陣列名稱 = new資料型別 [列的個數][行的個數];	

	int [][] score = new int[5][10];
	double [][] avg = new double[2][4];
	char [][] name = new char[6] [15];	

VB	Dim 陣列名稱(列的最大索引值, 行的最大索引值) As 資料型別	
	Dim score(4, 9) As Integer Dim avg(2, 7) As Double Dim name(5, 14) As Char	

練習 1-2

➽ 題目：

承上題，在該專案的主程式中，宣告一個包含3個元素的整數陣列(陣列名稱可以是aryA，也可以是其他合法的陣列名稱)。

➽ 檢查點：

1.各種程式語言一維陣列宣告的語法。

3. 「[」的前面及「]」的後面可以不用打空格。

1-4-3 運算子的差異

各種程式語言的運算子有些微的差異，如表1-5所示。跟其他語言不同的地方會以藍底來標示，讀者只要注意這些差異，便可將程式碼在各種不同的程式語言中轉換。

表1-5 各種程式語言的運算子

運算子名稱		VB	C#	C	C++	Java	範例
指定		=	=	=	=	=	a=10
算術運算子	加法	+	+	+	+	+	a+b
	減法	-	-	-	-	-	a-b
	乘法	*	*	*	*	*	a*b
	除法	/	/	/	/	/	a/b
	模數(取餘數)	Mod	%	%	%	%	a%b或 a Mod b
	整數除法(求商)	\					a\b
	乘冪(次方)	^					a ^ b
	正號	+	+	+	+	+	+a
	負號	-	-	-	-	-	-a
關係(條件或比較)運算子	大於	>	>	>	>	>	a>b
	小於	<	<	<	<	<	a<b
	大於等於	>=	>=	>=	>=	>=	a>=b
	小於等於	<=	<=	<=	<=	<=	a<=b
	等於	=	==	==	==	==	a==b或 a=b
	不等於	<>	!=	!=	!=	!=	a!=b或 a<>b
	字串比較	Like					a Like b

<table>
<tr><th colspan="2">運算子名稱</th><th>VB</th><th>C#</th><th>C</th><th>C++</th><th>Java</th><th>範例</th></tr>
<tr><td rowspan="6">邏輯運算子</td><td>And</td><td>And</td><td>&&</td><td>&&</td><td>&&</td><td>&&</td><td>a && b</td></tr>
<tr><td>Or</td><td>Or</td><td>||</td><td>||</td><td>||</td><td>||</td><td>a || b</td></tr>
<tr><td>Exclusive Or</td><td>Xor</td><td>^</td><td></td><td></td><td></td><td>a ^ b</td></tr>
<tr><td>Not</td><td>Not</td><td>!</td><td>!</td><td>!</td><td>!</td><td>!a</td></tr>
<tr><td>And Also</td><td>AndAlso</td><td></td><td></td><td></td><td></td><td>a AndAlso b</td></tr>
<tr><td>Or Else</td><td>OrElse</td><td></td><td></td><td></td><td></td><td>a OrElse b</td></tr>
<tr><td rowspan="5">位元運算子</td><td>And</td><td>And</td><td>&</td><td>&</td><td>&</td><td>&</td><td>a&b</td></tr>
<tr><td>Or</td><td>Or</td><td>|</td><td>|</td><td>|</td><td>|</td><td>a|b</td></tr>
<tr><td>Exclusive Or</td><td>Xor</td><td>^</td><td>^</td><td>^</td><td>^</td><td>a^b</td></tr>
<tr><td>Not</td><td>Not</td><td>~</td><td>!</td><td>!</td><td>~</td><td>!a或~a</td></tr>
<tr><td>Complement</td><td></td><td></td><td>~</td><td>~</td><td></td><td>~a</td></tr>
<tr><td rowspan="3">位元位移</td><td>右移符號不變</td><td>>></td><td>>></td><td>>></td><td>>></td><td>>></td><td>a>>p</td></tr>
<tr><td>右移填0</td><td></td><td></td><td></td><td></td><td>>>></td><td>a>>>p</td></tr>
<tr><td>左移</td><td><<</td><td><<</td><td><<</td><td><<</td><td><<</td><td>a<<p</td></tr>
<tr><td rowspan="2">串接</td><td>字串與其他資料型態串接</td><td>&</td><td></td><td></td><td></td><td></td><td></td></tr>
<tr><td>字串串接</td><td>+</td><td>+</td><td></td><td>+</td><td>+</td><td></td></tr>
<tr><td colspan="2">條件運算子</td><td>Iif(, ,)</td><td>? :</td><td>? :</td><td>? :</td><td>? :</td><td></td></tr>
<tr><td colspan="2">遞增，變數值加1</td><td></td><td>++</td><td>++</td><td>++</td><td>++</td><td></td></tr>
<tr><td colspan="2">遞減，變數值減1</td><td></td><td>--</td><td>--</td><td>--</td><td>--</td><td></td></tr>
<tr><td colspan="2" rowspan="7">算術指定</td><td>+=</td><td>+=</td><td>+=</td><td>+=</td><td>+=</td><td></td></tr>
<tr><td>-=</td><td>-=</td><td>-=</td><td>-=</td><td>-=</td><td></td></tr>
<tr><td>*=</td><td>*=</td><td>*=</td><td>*=</td><td>*=</td><td></td></tr>
<tr><td>/=</td><td>/=</td><td>/=</td><td>/=</td><td>/=</td><td></td></tr>
<tr><td>\=</td><td></td><td></td><td></td><td></td><td></td></tr>
<tr><td>^=</td><td></td><td></td><td></td><td></td><td></td></tr>
<tr><td></td><td>%=</td><td>%=</td><td>%=</td><td>%=</td><td></td></tr>
<tr><td colspan="2">字串串接指定</td><td>&=</td><td></td><td></td><td></td><td></td><td></td></tr>
</table>

<table>
<tr><th>運算子名稱</th><th>VB</th><th>C#</th><th>C</th><th>C++</th><th>Java</th><th>範例</th></tr>
<tr><td rowspan="3">邏輯(位元)指定</td><td></td><td>&=</td><td>&=</td><td>&=</td><td>&=</td><td></td></tr>
<tr><td></td><td>|=</td><td>|=</td><td>|=</td><td>|=</td><td></td></tr>
<tr><td></td><td>^=</td><td>^=</td><td>^=</td><td>^=</td><td></td></tr>
<tr><td rowspan="3">位元位移指定</td><td><<=</td><td><<=</td><td><<=</td><td><<=</td><td><<=</td><td></td></tr>
<tr><td>>>=</td><td>>>=</td><td>>>=</td><td>>>=</td><td>>>=</td><td></td></tr>
<tr><td></td><td></td><td></td><td></td><td>>>>=</td><td></td></tr>
<tr><td>括號運算子</td><td>()</td><td>()</td><td>()</td><td>()</td><td>()</td><td></td></tr>
<tr><td>陣列運算子</td><td>()</td><td>[]</td><td>[]</td><td>[]</td><td>[]</td><td></td></tr>
<tr><td>區塊</td><td></td><td>{}</td><td>{}</td><td>{}</td><td>{}</td><td></td></tr>
<tr><td>分隔運算子</td><td>:</td><td>,</td><td>,</td><td>,</td><td>,</td><td></td></tr>
<tr><td>成員存取運算子</td><td>.</td><td>.</td><td>.</td><td>.</td><td>.</td><td>e.member</td></tr>
<tr><td>成員存取運算子</td><td></td><td></td><td>-></td><td>-></td><td></td><td>e->member</td></tr>
<tr><td>間接取值運算子</td><td></td><td></td><td>*</td><td>*</td><td></td><td></td></tr>
<tr><td>傳址運算子</td><td></td><td></td><td>&</td><td>&</td><td></td><td></td></tr>
</table>

1-4-4 條件判斷式的差異

各種程式語言條件判斷式的語法，所用的關鍵字基本上都差不多，如表1-6所示，以下簡單說明之間的差異：

1. VB的程式區塊用Then-End If、Then-Else-End IF、Then-ElseIf-Else-End IF等關鍵字隔開，不像其他程式語言用一對大括號「{ }」隔開。而且VB用的關鍵字第一個字母是大寫，而其他語言都是小寫；而且if後面的條件用小括號「( )」刮起來。
2. VB的If或ElseIf後面要加Then，而其他程式語言沒有then關鍵字。
3. VB的ElseIf是連在一起(Else跟If中間沒有空格)，而其他語言else跟if中間是有空格的。

4. VB是Select-Case的語法，而其他程式語言則是switch-case。要注意的是switch後面是不加case關鍵字，case是在switch區塊裡面才用的；而且switch後面的條件式要用小括號「( )」刮起來，case值的後面還要加冒號「:」。

5. VB的Case之間是不用其他關鍵字隔開，遇到下一個Case或End Case關鍵字就會自動結束目前的程式區塊。而其他程式語言的case之間需要用break關鍵字來隔開程式區塊，如果省略break關鍵字，則會繼續執行下一個程式區塊，直到遇到break或「}」爲止。

6. switch運算式的運算結果只能是整數或字元(不可以是字串)，而且case後面的值只能是單一值。

7. VB的Select-Case語法可以說是世界第一史上最強宇宙無敵的功能強大。Select-Case的運算式的值可以是任何一種資料型別，當然包括浮點數、日期和字串。而Case後面的值可以是下列運算式：

   (1) 運算式1 To運算式2[4]。

   (2) [Is]包含比較運算子的運算式[5]。

   (3) 運算式清單[6]。

8. VB另外有Choose函數，其功能很像Then-ElseIf-Else-End IF。有興趣的讀者可以自行參閱MSDN的線上說明，在此不贅述。

表1-6　各種程式語言條件判斷式的語法

VB	C#/C/C++/Java

If 條件 Then
　　程式區塊
End If
	If (條件) {
	　　程式區塊
	}

4. 使用To關鍵字時，運算式1的值必須小於或等於運算式2。

5. 將Is關鍵字和比較運算子(=、<>、<、<=、> 或 >=)搭配使用，以便於Select-Case後面的運算式的符合值上指定限制。如果未提供Is關鍵字，則會自動將Is插入在運算式之前。

6. 所謂的運算式清單就是很多個運算式中間用逗點「,」隔開，當然也包含單一運算式。

VB	C#/C/C++/Java

If 條件 Then
　　條件成立時執行的程式區塊
Else
　　條件不成立時執行的程式區塊
End If
	If (條件) {
	　　條件成立時執行的程式區塊
	}
	else {
	　　條件不成立時執行的程式區塊
	}

If 條件1 Then
　　條件1成立時執行的程式區塊
ElseIf 條件2 Then
　　條件2成立時執行的程式區塊
ElseIf 條件3 Then
　　條件3成立時執行的程式區塊
…
Else
　　上述條件都不成立時執行的程式區塊
End If
	If (條件1) {
	　　條件1成立時執行的程式區塊
	}
	else if (條件2) {
	　　條件2成立時執行的程式區塊
	}
	else if (條件3) {
	　　條件2成立時執行的程式區塊
	}
	…
	else {
	　　上述條件都不成立時執行的程式區塊
	}

Select Case 運算式
　　Case 值1
　　　程式區塊1
　　Case 值2
　　　程式區塊2
　　…
　　Case Else
　　　程式區塊N
End Case
	switch (運算式) {
	　　case 值1:
	　　　程式區塊1;
	　　　break;
	　　case 值2:
	　　　程式區塊2;
	　　　break;
	　　…
	　　default:
	　　　程式區塊N;
	}

練習 1-3

▶ 題目：

承上題，在該專案的主程式中，指定3個整數變數的值(可以是任意整數，建議給不同的值)，然後利用if條件判斷式的語法將這3個整數變數的值由小到大排序，並依序輸出至螢幕。

▶ 檢查點：

1.3個變數的排序演算法。

2.輸出至螢幕的指令(請先參考1-4-9節)。

1-4-5 迴圈結構語法的差異

各種程式語言迴圈結構語法，所用的關鍵字基本上也都差不多，如表1-7所示，以下簡單說明之間的差異：

1. VB的For迴圈用的是For-To-[Step]-Next等關鍵字，要注意，當變數等於終止值時，還會執行迴圈的程式區塊。如果沒有Step關鍵字，預設增減量爲1，也就是每次迴圈，變數值會加1。若增減量爲正，通常起始值要小於或等於終止值才會進入迴圈，反之，若增減量爲負，通常起始值要大於或等於終止值才會進入迴圈

2. C#/C/C++/Java等程式語言的「設定迴圈初值」通常都是「變數 = 起始值」；「設定增減量」通常是「變數++」或是「變數--」；在「設定增減量」爲「變數++」的情況下，「判斷條件」通常是「變數 < 終止值」或「變數 <= 終止值」，且初始值必須小於終止值；如果「設定增減量」爲「變數--」的情況下，「判斷條件」通常是「變數 > 終止值」或「變數 >= 終止值」，此時初始值必須大於終止值。

3. C#/C/C++/Java等程式語言的for及while指令及「}」後面是不能加分號「;」的，請特別注意註腳7~10。而do-while指令的while (判斷條件)後面是要加分號「;」的，請注意註腳11。

4. VB還有Do [While | Until]的前測迴圈，其他程式語言則沒有。要特別注意，其他程式語言沒有do-until語法。

✥ 表1-7　各種程式語言迴圈結構的語法

VB	C#/C/C++/Java

For 變數 = 起始值 To 終止值 [Step 增減量]
　　程式區塊
Next 變數
	for (設定迴圈初值; 判斷條件; 設定增減量)[7]
	{
	　　程式區塊;
	}[8]

設定迴圈初值
While 判斷條件
　　程式區塊
　　設定增減量
End While
	設定迴圈初值;
	while (判斷條件)[9]
	{
	　　程式區塊;
	　　設定增減量;
	}[10]

設定迴圈初值 Do 　　程式區塊 　　設定增減量 Loop [While | Until] 判斷條件	設定迴圈初值; do { 　　程式區塊; 　　設定增減量; } while (判斷條件);[11]
設定迴圈初值 Do [While | Until] 判斷條件 　　程式區塊 　　設定增減量 Loop	

7. 這裡不可以有分號「;」。
8. 這裡一樣不可以有分號「;」。
9. 這裡不可以有分號「;」。
10. 這裡一樣不可以有分號「;」。
11. 這裡就要有分號「;」了。

1-4-6 產生亂數

有些演算法在執行時，需要使用者先輸入一些變數的值，如果能由程式自動產生的話就會非常方便，所以「產生亂數」在測試演算法的時候是很重要的一個動作。不同程式語言產生亂數的方法有些不同，茲說明如下：

❖ 表1-8　產生1～6的整數亂數

<table>
<tr><th>程式語言</th><th>VB</th><th>C#</th><th>Java</th><th>C/C++</th></tr>
<tr><td>方法</td><td colspan="3">使用Random類別</td><td>使用rand()函數</td></tr>
<tr><td rowspan="2">範例</td><td>Dim rnd As Random = new Random()</td><td colspan="2">Random rnd = new Random();</td><td rowspan="2">int r = (rand()%6)+1</td></tr>
<tr><td>Dim r As Integer = rnd.Next(6)+1</td><td>int r = rnd.Next(6)+1;</td><td>int r = rnd.nextInt(6)+1;</td></tr>
<tr><td>說明</td><td>VB的變數宣告跟C#/Java不同，且指令後面不加分號；</td><td colspan="2">Java的Random類別裡的方法跟VB/C#有點不同</td><td>rand()函數會傳回介於0到32767的虛擬隨機整數</td></tr>
</table>

1. 其實VB跟C#的語法很類似，所使用的類別也很接近(因為都使用.Net Framework架構)，目前最大不同的地方就只有「變數宣告的方法」，而「VB的指令後面不加分號」相較之下就只是小差異了。
2. Java所使用的類別有時跟.Net Framework的類別很類似，類別裡的方法有時也會有小差異，如VB及C#的Random.Next(n)方法等同於Java的Random.nextInt(n)，方法的名稱稍微不同而已。
3. 嚴格說來，C++跟C比較像，若排除C++的物件導向的語法，C++的語法就跟C非常像。而在本書中，會儘量使用C的語法來實作C++的程式。

練習 1-4

題目：

承上題，在該專案的主程式中，產生3個整數亂數(範圍爲1~99，或其他範圍)依序塡入整數陣列aryA中，並找出陣列中的最大值及最小值與其索引值，並計算最大值及最小值的差與和。

檢查點：

1.各種程式語言產生亂數的語法。

2.使用for迴圈走訪陣列元素的觀念(演算法)。

3.使用陣列搜尋最大值與最小值的觀念(演算法)。

1-4-7 陣列元素累加與累乘

陣列元素的累加跟累乘是陣列走訪的最基本技巧，很多時候會用到，尤其是累加，如程式碼1-6所示。其中第7行是用來產生亂數的，第4行是爲了避免連續執行程式時會產生相同的亂數數列。不管累加或累乘都必須使用另一個變數，不同的是，累加時這個變數(sum)的初始值要設爲0(如第2行所示)；累乘時這個變數(prod)的初始值要設爲1(如第3行所示)。累加或累乘只要在for迴圈中使用+=或*=運算子即可(如第8及第9行所示)。

程式碼1-6

產生亂數，並做累加與累乘

```
1    int a[20]; // 20 表示元素個數，所以索引值可以到 19
2    int sum = 0;
3    int prod = 1;
4    srand(time(NULL));
5    for (int i=0; i<20; i++)
6    {
7         a[i] = (rand()%150)+1; // 產生1~150之間的整數亂數
```

```
8       sum += a[i];
9       prod *= a[i];
10  }
```

1-4-8 兩數交換

「兩數交換」是很常用的程式碼片段，尤其在「排序」的演算法中。兩數的內容要交換，其關鍵點就是一定要用第三個變數來暫存其中一個變數的值。試想，如果有兩個外型不同的杯子(假設是A杯子與B杯子)，其中一個杯子(A)裝蘋果汁，另一個杯子(B)裝柳橙汁。

現在想把兩個杯子的內容物對調，您應該不會直接把蘋果汁(A)直接到進裝有柳橙汁的杯子(B)吧！很直覺的方法就是再拿一個杯子(C)出來，先把裝有蘋果汁或柳橙汁的杯子內的果汁倒到新的杯子裡(假設是把A杯子的蘋果汁倒到C杯子)，如此才能把原本的杯子(A)空出一個來，這樣就能把另一個杯子(B)的內容物倒到這個空出來的杯子(A)中(到此，杯子A裝有杯子B的內容物)。最後再把用來暫存果汁的杯子(C)的內容物倒回去另一個杯子(B)中，這樣就可以順利的將兩個杯子的內容物交換。所以程式碼如下：

程式碼1-7

兩數交換

```
1   int a = 5;
2   int b = 7;
3   int c;
4   c = a;
5   a = b;
6   b = c;
```

以上的程式碼適用於C系列(C/C++/C#/Java)的程式語言，而VB只有「變數宣告的方式」與「指令後面不加分號」的差異而已。

1-4-9 格式化輸出

格式化輸出與輸入對初學者而言，是很重要的一個課題，在還沒學到運算式之前，格式化輸出與輸入是讓初學者能與程式互動的一個很好的管道。從鍵盤讀入資料，然後輸出到螢幕，看似容易但卻枯燥無味。不過，其中牽涉到是資料型態轉換的基本觀念。從鍵盤讀進來的，不管是數字或字母，在程式語言裡面都是「字串」的資料型態。若要將讀進來的字串當作數字處理，那就必須經過資料型態的轉換，這個部份下一個小節會說明。

VB與C#的格式化輸出字串很類似，都是在Console.Write()或Console.WriteLine()方法裡使用，而C、C++及Java則是在printf()或System.out.printf()裡使用。這兩類的格式化字串有一些差異，表1-9列出簡單的比較表。

表1-9 格式化輸出指令

程式語言	VB/C#	C/C++	Java
方法	Console.Write() Console.WriteLine()[12]	printf()	System.out.printf()

範例	Console.WriteLine("{0}+{1}={2}", a, b, a+b);	printf("%d+%d=%d\n", a, b, a+b) //for C/C++
		System.out.printf("%d+%d=%d\n", a, b, a+b) // for Java	

說明	Write(a)在輸出完變數a的內容後不會換行、而WriteLine(a)會換行。	雖然C++有其特殊的輸出入指令(cout及cin)，但是也可以使用C語言的printf()函數來做輸出。	

12. 其實原本應該是System.Console.Out.Write()及System.Console.Out.WriteLine()，但因爲VB及C#預設都有匯入(import或using)System命名空間，上述指令都可省略System。如果只是要輸出到「標準輸出」，其實Out也可以省略。那Write跟WriteLine的差別是甚麼？Write(a)在輸出完變數a的內容後，游標停在那些資料的後面(在同一行)；而WriteLine(a)則是在輸出完變數a的內容後，游標換到下一行的最前面的位置。也就是Write(a)不會換行、WriteLine(a)會換行。

1. C/C++/Java的printf()的格式規範永遠以百分比符號(%)開頭，並由左至右讀取。當printf遇到第1個格式規範(如果有的話)，則會轉換後面的第1個引數的值，並據以輸出它。第2個格式規範會使第2個引數被轉換和輸出，依此類推。如果引數的個數比格式規範的數目還多，將會忽略額外的引數。如果引數個數不足以供所有格式規範使用，在程式執行時會產生錯誤。詳細的格式規範可參考附錄B，但實際上在運用的大都是「%d」，「%f」，「%s」，「%c」等格式規範，分別對應到整數、浮點數、字串及字元等資料型別。
2. VB及C#的格式規範是以大括號「{ }」來表示，而大括號裡的數字(從0開始)會對應到後面的引數。詳細的格式規範也請參考附錄B，但實際上在運用的大都是「D」及「F」。
3. C/C++/Java還有C#，除了上述的格式規範外，還有一些跳脫字元可以放在列印字串中來協助格式化輸出。常見的跳脫字元有「\n」及「\t」，分別表示「換行」及「水平跳格(定位)」，其餘的跳脫字元請參考附錄B。

練習 1-5

➧ 題目：

請建立一個主控台專案，能在螢幕輸出如下圖的九九乘法表。要注意，顯示兩位數的數字時，要靠右對齊。

➧ 檢查點：

1. 使用各種程式語言格式化輸出的格式規範來做靠右對齊的動作。
2. 巢狀for迴圈的概念。

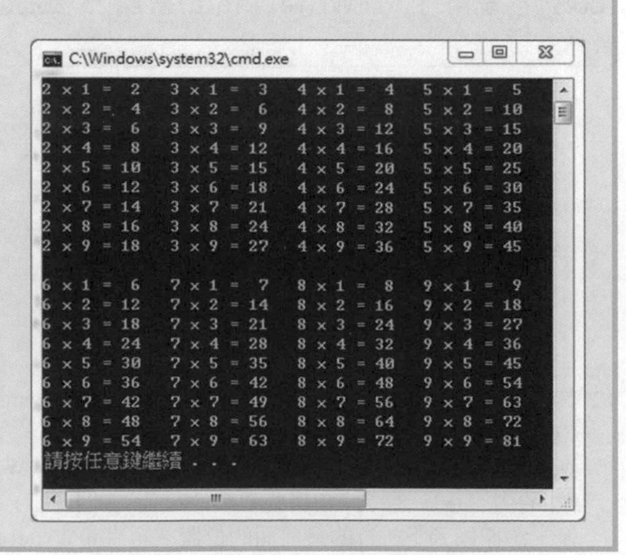

1-4-10　從鍵盤讀入資料

通常我們都希望程式在執行時能與使用者互動，也就是程式可以根據使用者所輸入的資料做運算。所以最常使用的功能是：從鍵盤讀入一個數字或字串，然後指定給某個變數。而大部分程式語言的鍵盤輸入指令大多是讀入一整個字串(按Enter之前所輸入的所有字元)，要不就是讀取特定數量的字元(通常是1個)。不管程式是希望讀入一個數字或字串，我們都比較傾向先讀入整個字串，之後再做資料型態的轉換。

同樣的，從鍵盤讀取字串的指令，各種程式語言還是略有差異。簡單整理如表1-10：

表1-10　從鍵盤讀取字串的指令

程式語言	VB/C#	Java	C/C++
方法	Console.ReadLine()	Console.readLine()	scanf()
		Scanner()	
範例	Dim a As Integer = Console.ReadLine()	Console console = System.console();[13] int a = Integer.parseInt(console.readLine());	int a; scanf("%d", &a);
	int a = Console.ReadLine();	Scanner sc = new Scanner(System.in); int a = sc.nextInt();	

1. VB及C#的鍵盤輸入指令有Console.ReadLine()—主要是從標準輸入資料流讀取下一行字元，及Console.Read()— 則是從標準輸入資料流讀取下一個字元。其中我們比較常用的是Console.ReadLine()。VB及C#的Console.ReadLine()指令雖然回傳值的資料型態是字串，但編譯器會自動幫我們做資料型態轉換，也就是輸入的字串如果符合數字字面常數的格式的話，程式會自動將這個字串轉換成所屬的資料型態。

13. Java語言要取得Console物件的方法比較特別，不像VB及C#，Console類別可以直接拿來用。需要透過System.console()指令取得Console物件。

2. 雖然C++有自己獨特的鍵盤輸入指令，但是也可以使用跟C語言一樣的scanf()指令。由於scanf()指令可以做格式化輸入，不像VB及C#的ReadLine()指令，每一行的鍵盤輸入只能讀取一個變數的資料。也就是說若想在同一行輸入多個數字，ReadLine()或cin >>指令是做不到的。所以建議在C++中還是使用scanf()指令比較有彈性。而scanf()的格式化字串在附錄B有比較詳細的介紹。

3. Java的標準輸入資料流System.in並沒有像標準輸出資料流System.out一樣，提供好用的格式化輸入的方法，所以在Java的標準輸入資料流中的鍵盤輸入指令跟VB及C#比較像，都是用Console物件。但是Java語言要取得Console物件的方法比較特別，不像VB及C#，Console類別可以直接拿來用。需要透過System.console()指令取得Console物件。

4. Java的System.console()方法會取得系統中唯一的Console物件。而Console類別中有read()及readLine()方法。跟VB及C#中的Read()及ReadLine()方法的功能很像，唯一不同的是Java編譯器比較嚴謹，沒辦法像VB及C#自動做資料型別的轉換。

   所以想要讀入整數，要用Integer類別中的parseInt()方法來轉換；想要讀入單精準度浮點數，要用Folat類別中的parseFloat()方法來轉換；想要讀入雙精準度浮點數，要用Double類別中的parseDouble()方法來轉換。不過，開發程式時如果使用Eclipse工具，則無法使用Console console = System.console();這道指令來產生Console物件，這是因爲Eclipse並未完整將JDK6的java.io.Console的類別實作並整合到IDE之中的緣故。建議初學者使用命令提示字元，直接下指令編譯與執行Java程式(詳見附錄A-2-3)。若還是覺得Eclipse工具比較方便，則可改用Scanner物件來完成鍵盤輸入。

5. 用Scanner物件可以在同一行的輸入字串中讀取多個數字，數字中間需用空格隔開。這樣的功能就有點像C、C++中的scnaf()的格式化輸入字串。Scanner類別中的nextInt()或nextFloat()方法可以自動地將讀入的數字字面常數字串轉換成所屬的資料型態，在用法上比Console類別的readLine()的方法來得簡便，所以建議初學者在Java程式語言中使用Scanner類別來做鍵盤輸入。

練習 1-6

題目：

請建立一個主控台專案，能持續從鍵盤讀入整數。若為1，則輸出如下列(a)圖之三角形；若為2，則輸出如下列(b)圖之三角形；若為3，則輸出如下列(c)圖之三角形；若為999，則結束程式；若為其他整數，則輸出"請輸入1, 2, 3 或999的整數："，然後重新從鍵盤讀取輸入。

檢查點：

1. 各種程式語言從鍵盤讀取資料的語法。
2. 使用不定迴圈來判斷輸入的數字是否符合需求。
3. 使用不定迴圈控制程式的重複執行。

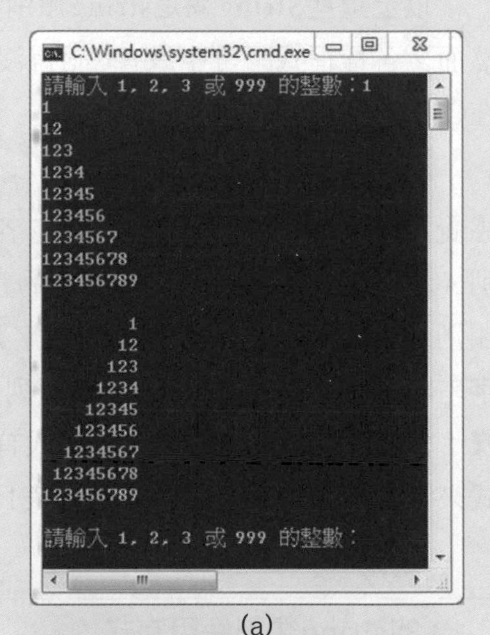

(a)

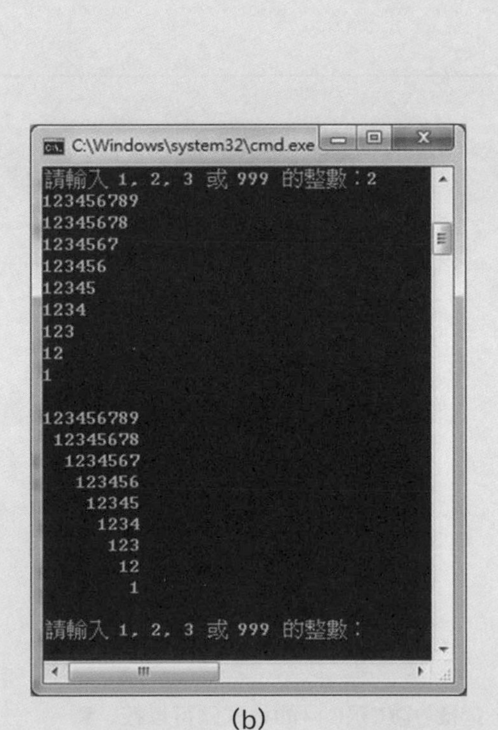

(b)

```
C:\Windows\system32\cmd.exe
請輸入 1, 2, 3 或 999 的整數：3
        1
       2 2
      3 3 3
     4 4 4 4
    5 5 5 5 5
   6 6 6 6 6 6
  7 7 7 7 7 7 7
 8 8 8 8 8 8 8 8
9 9 9 9 9 9 9 9 9

9 9 9 9 9 9 9 9 9
 8 8 8 8 8 8 8 8
  7 7 7 7 7 7 7
   6 6 6 6 6 6
    5 5 5 5 5
     4 4 4 4
      3 3 3
       2 2
        1

請輸入 1, 2, 3 或 999 的整數：
```

(c)

1-4-11 字串的處理

其實嚴格說來，沒有一種程式語言有字串(string或String)這種資料型別的關鍵字，從表1-2中雖然可以看到VB有String及C#有string的資料型別，可是這2個都是.NET Framework底下的System.String類別；Java中也有類似的類別，名稱也是String；而C++裡有string類別(注意，第一個字母是小寫，而且它不是關鍵字)，使用時須引用std名稱空間(namespace)，如程式碼1-8所示。

以上這些String或是string類別都提供了一些方法來做字串的基本處理。然而，各種程式語言中只有C語言沒有「字串」的資料型別或類別，所以字串在C語言裡是由字元陣列所組成。

在C語言裡，若要對字串做一些處理，就得透過系統提供的函式庫才行。感覺上，其他程式語言是把這些字串處理的函式庫包裝成String或string類別。然而，初學者只要記得字串的宣告方法大致分爲兩大類：一爲使用String類別(VB/C#/Java)；另一爲使用字元陣列(C/C++)[14]。另外，有時也會使用到字串陣列，VB/C#/Java的字串陣列宣告方式跟一般的陣列宣告方式沒什麼兩樣；但C/C++的字串陣列宣告方式有比較特別一點，要使用二維字元陣列的方式來宣告，字串陣列宣告方式如表1-12所示。

程式碼1-8

C++的string類別使用方式

```
#include <iostream>
#include <cstdlib>
using namespace std;
int main(void) {
    string str;
}
```

14. 在C++裡還是建議使用字元陣列來作爲字串，這樣會讓C跟C++的程式碼可以較一致。

表1-11　字串的宣告方法

程式語言	VB C#/Java	C/C++
語法	Dim 字串名稱 As String String 字串名稱;	char 字串名稱[字串長度];
範例	Dim str As String String str;	char str[256]; char str[] = "test";
說明	VB的變數宣告方式跟其他語言不一樣。	字元陣列必須先指定陣列元素個數，或直接給初始值。

表1-12　字串陣列宣告方式

程式語言	VB C#/Java	C/C++
語法	Dim 字串陣列名稱(陣列大小) As String String [] 字串陣列名稱 = new String [陣列大小];	char 字串名稱[陣列大小][字串長度];
範例	Dim str(5) As String String [] str = new String[5];	char str[5][256]; char str[][6] = {"test1", "test2", "test3", "test4", "test5"};
說明		字元陣列在初值化[15]時是可以不指定陣列大小，而字串長度通常要比初始值的字串最大長度還要大。

練習 1-7

題目：

請建立一個主控台專案，使用字串陣列來存放12個月分的英文名稱，由鍵盤讀入介於1~12之間的任意整數，印出相對應的月份。如輸入5，則印出5月份的英文名稱May。

檢查點：

1. 各種程式語言字串陣列宣告及給初始值的語法。

15. 所謂初值化就是宣告變數時就給初始值。

1-5 流程圖的符號

流程圖是在開發或實作演算法的一個很重要的工具。初學者要能看懂一些常用的流程圖符號，或能把演算法轉換成流程圖。並能把流程圖轉換成程式碼。

❖ 表1-13　常用流程圖符號

名稱	符號	意義	範例
起始/結束符號		流程圖的起點或終點	 開始 結束
流程符號	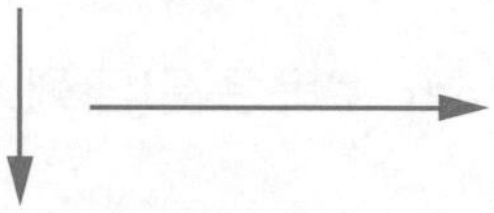	工作流程方向	
輸出/輸入符號		表示該步驟維資料輸入或資料輸出	 輸入 成績score 輸出 平均avg
處理符號		代表處理問題的步驟	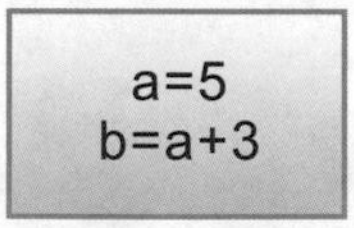 a=5 b=a+3
決策符號		根據符號內的條件，決定下一步驟	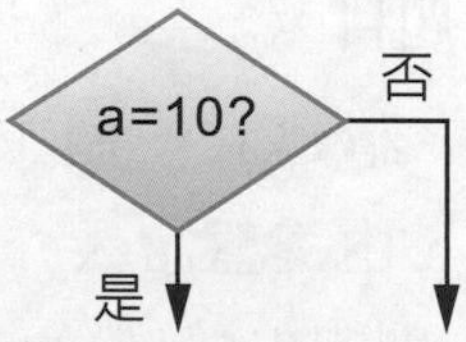 a=10? 否 是
連接符號		當流程圖過大時，作為兩個流程圖的連接點	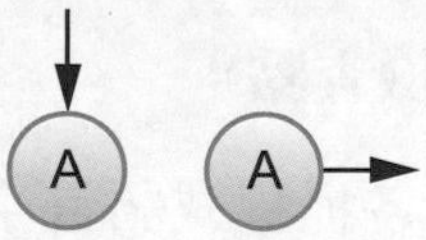 A　A

名稱	符號	意義	範例
迴圈符號	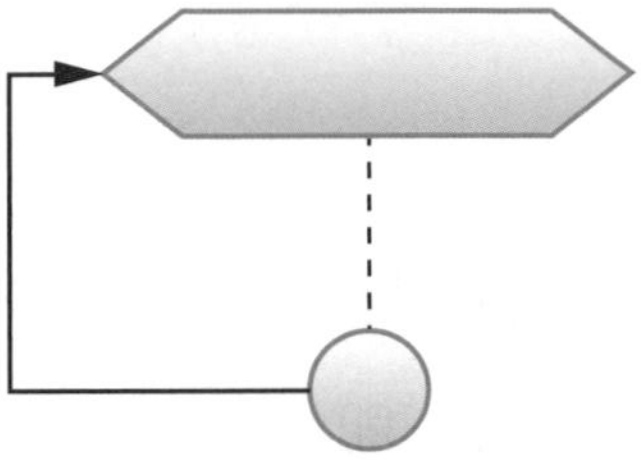	表示程式迴圈控制變數初值及終值的假設	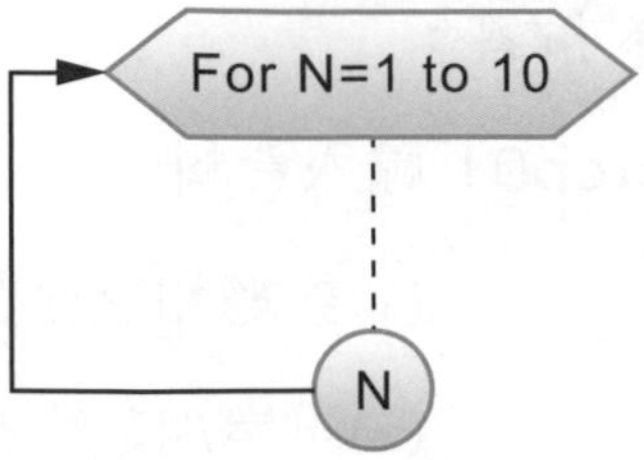 For N=1 to 10 N
副程式符號		表示一群程式步驟或流程，用以說明副程式或其他流程的組合	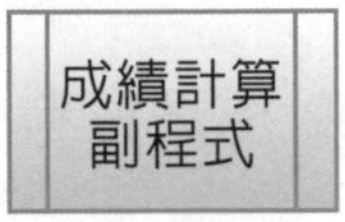 成績計算副程式
報表符號	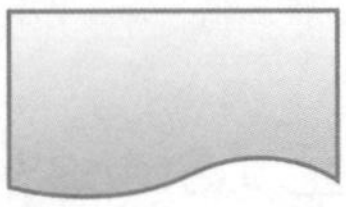	表示以列表機印出報表文件	 客戶訂單
註解符號	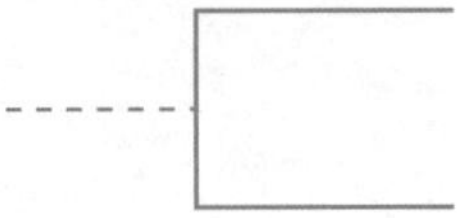	表示對某一流程加以註解	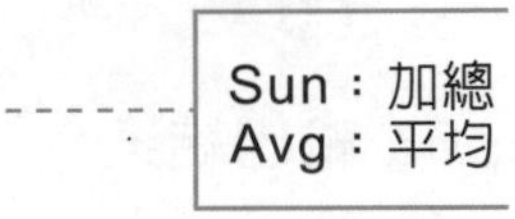 Sun：加總 Avg：平均

要繪製一個好的流程圖，基本上必須符合下面幾個原則：

1. 流程圖必須使用標準符號，便於閱讀和研討分析。
2. 每一流程中的文字力求簡潔、扼要，而且明確可行。
3. 繪製方向應由上而下，自左到右。
4. 流程線條避免太長或交叉，可多用連接符號。

一般而言，任何問題的演算法不外乎：(1)輸入資料與定義必要變數並給定初始值、(2)處理資料、(3)輸出結果三大步驟。舉例說明如下：

例1：試寫出1+2+3+…+N之演算法，並劃出流程圖。

➡ 解答：

Step01 輸入資料

(1)設總和之變數為S，並定其初值為0，即S＝0。

(2)設累加之變數為I，並定其初值為1，即I＝1 。

(3)由鍵盤輸入累加的終值為N。

Step02 處理資料

(1)將原來的總和S上加I之後，存入新的總和S，即S＝S+I 。

(2)將累加之變數I加1，即I＝I＋1 。

(3)判斷I是否大於N值，若是，則跳至「Step03」，否則回到(1)繼續處理。

Step03 輸出結果

(1)將運算結果S，依規定格式顯示於螢幕。

(2)工作結束。

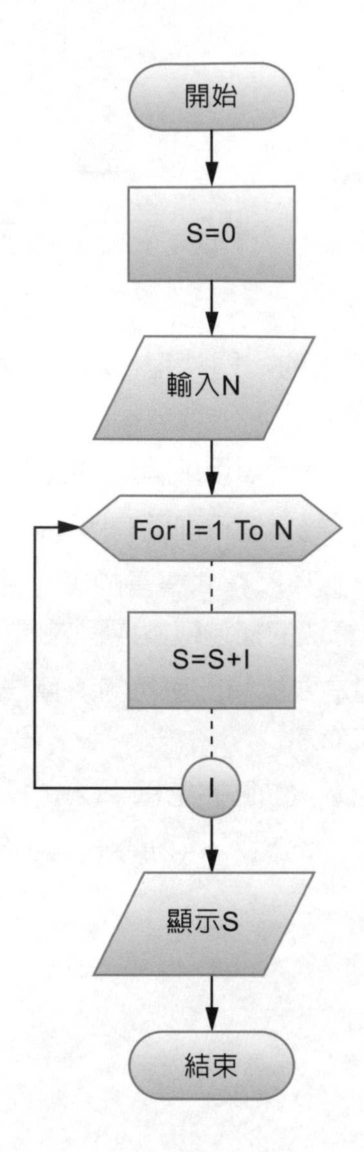
開始
S=0
輸入N
For I=1 To N
S=S+I
I
顯示S
結束

1. 資料結構是教授如何寫程式的一門課程，所以，所謂的「結構」應該是指「程式存取變數(或資料)的方式」。
2. 演算法是「以程式語法為思考邏輯用來解決問題的方法」。
3. 演算法其實不太會因為程式語言的不同而有所不同。
4. 演算法裡的每一段描述都必須以程式語言的思考邏輯(也就是程式語法)為基礎，否則根本沒辦法把演算法的描述轉換成程式碼。
5. 對初學者而言，最重要的是要能想出可行的演算法得到想要的結果，並能根據演算法轉換成正確的程式碼。
6. 結構化程式設計的三種結構：(1)循序結構、(2)選擇結構、(3)重複結構。
7. 撰寫演算法應遵守的原則：(1)輸入、(2)輸出、(3)明確性、(4)有限性、(5)有效性。

基礎題

(　　)1. 請問“^”運算子在C/C++ 語言裡代表什麼運算子？

(1)次方運算子

(2)邏輯運算子的互斥運算子

(3)位元運算子的互斥運算子

(4)整數除法運算子

(　　)2. VB中求餘數的運算子為何？

(1)%

(2)^

(3)Mod

(4)\

(　　)3. 下列程式語言的運算子名稱與符號的配對何者正確？

(1)VB：不等於關係運算子→‘~=’

(2)C#：位元Not運算子→‘!’

(3)Java：字串串接運算子→‘&’

(4)VB：等於關係運算子→‘=’

(　　)4. 下列VB程式，最後變數K的值為何？

```
K = 1 : SUM = 0
FOR I = 1 TO 7 STEP 2
   SUM = SUM + K*K
   K = K + I
NEXT I
```

(1)7

(2)10

(3)17

(4)27

(　　) 5. 續第4題，最後變數SUM的值為何？

(1)$1^2 + 2^2 + 3^2 + 5^2$

(2)$1^2 + 2^2 + 3^2 + 7^2$

(3)$1^2 + 3^2 + 5^2 + 7^2$

(4)$1^2 + 2^2 + 5^2 + 10^2$

(　　) 6. 續第4題，FOR迴圈總共執行幾次？

(1)3

(2)4

(3)5

(4)7

(　　) 7. 結構化程式設計所提供的三種結構，下列何者不是？

(1)排序

(2)重複

(3)選擇

(4)循序

(　　) 8. 下列關於產生亂數指令的敘述，何者為真？

(1) C/C++使用random()指令來產生亂數

(2) VB/C#/Java都是使用Random類別產生亂數，且都使用Next()方法來得到下一個亂數

(3) VB/C#/Java都是使用Random類別產生亂數，且都使用NextInt(mn, mx)方法來得到介於(mn, mx)之間的整數亂數

(4) C/C++使用rand()指令來產生亂數，且會產生0~32767之間的整數亂數

(　　) 9. C/C++/Java程式語言格式化輸出的格式規範中，哪一個可以用來規範輸出整數的位數？

(1)%5.2f

(2)%3c

(3)%5d

(4)%2s

( ) 10. VB/C#程式語言格式化輸出的格式規範中，哪一個可以用來規範輸出整數的位數？

(1){0:D}

(2){0,2}

(3){0:2C}

(4){0:2D}

實作題

試寫出下列題目的演算法，並劃出流程圖：

1. 擲出兩顆骰子，若點數和是5、6、8、9則是你贏。除此之外若是7以外的奇數(3、11)為輸；若是7以外的偶數(2、4、10、12)不輸不贏。若是7則重新擲骰子，如果擲出的點數和為2或12，則一直重複擲骰子，如果擲出其他偶數則為贏，否則為輸。請計算出要贏200次總共需擲幾次骰子，同時算出共輸幾次。
2. 高鐵的停車場每小時收費30元，每天最多收費150元，有位乘客於星期一晚上8點將車停進停車場，星期三下午4點才把車開走，請撰寫一個程式，計算總共需要多少停車費？如果給一張1000元的鈔票，請問該找幾張500元的鈔票？幾張100元的鈔票？幾個50元硬幣？幾個10元硬幣？
3. 判斷a,b,c三個變數的值是否可以構成三角形？如果可以構成三角形，請判斷為何種三角形。
4. 列出數字n以內的所有質數。其中必須使用一個副程式或方法(名為NextPrime(n))，傳回參數n的下一個質數。

CH02 陣列

本章內容

2-1　一維陣列的應用
2-2　二維陣列的應用
2-3　陣列的動態配置
重點整理
本章習題

在程式語言中，最簡單且廣為使用的資料結構，首推「陣列」(Array)。陣列是由多個相同資料型別元素所組成的一種變數，使用該陣列名稱搭配索引值(Index)就可以存取到陣列裡任一個元素的值。我們可以把陣列想像成一排有編號的信箱，可以隨意打開某個編號(陣列索引值)的信箱，以查看信箱的內容；也可以把信件投放到某個編號的信箱內。這是隨機存取(Random Access)的觀念，只要改變「信箱編號」(也就是「索引值」)就可以存取到不同信箱的內容，重點在於這個索引值在程式語言裡是可以用變數來取代的。

陣列裡如果只有一個索引值，就稱為一維陣列，這是資料結構課程裡最基本的資料結構。有時候我們可以使用陣列(有時需要用到二維陣列)來實作其他的資料結構，如堆疊(Stack)、佇列(Queue)、樹(Tree)及圖形(Graph)等，不過也有很多時候會直接使用指標(C/C++)或類別(VB/C#/Java)來實作。

作者是覺得陣列的結構在每一種程式語言中都可以實作的出來，初學者應該要懂得如何用陣列實作出其他的資料結構。至於指標或類別，本書中也會適時的作介紹，畢竟使用指標或類別可以比較快速的實作出這些資料結構，而且程式碼也比較具有可讀性。

所以在此之前，讓我們來練習一下一維及二維陣列的走訪：

2-1 一維陣列的應用

2-1-1 骰子點數和的統計

▶ **題目：**擲出兩顆骰子，將所出現的點數相加，統計擲出1000次後，各種總和出現的次數。

骰子遊戲是程式設計常見的題目，可以練習亂數產生、條件判斷及迴圈的語法，而且還可以練習陣列的用法。這題是要統計兩顆骰子的總和出現的次數，那我們要先知道兩顆骰子的總和會有哪些？

一顆骰子所出現的數字會從1到6變化，那兩顆骰子的總和則會從2(1+1)到12(6+6)變化。如果擲出的兩顆骰子分別都是1，那總和就是2，所以「總和

2」的次數就要加1，以此類推。題目要統計擲1000次骰子(兩顆一起擲，擲1000次)各種總和出現的次數。

很直覺的想法，就是需要「各種總和」的變數，也就是說，需要「總和2」的變數、「總和3」的變數、…、乃至於「總和12」的變數。如果用一般變數，就需要11個變數，假設變數名稱為a2, a3, …, a12，那程式碼片段(C/C++)就如程式碼2-1所示。

程式碼2-1

使用一般變數統計骰子點數和[1]

```
1    int a2, a3, a4, a5, a6, a7, a8, a9, a10, a11, a12;
2    int r;
3    srand(time(NULL)); // time() 函數需另外加入 #include <time.h>
4    for (int i = 0; i < 1000; i++)
5    {
6        r=((rand()%6)+1) + ((rand()%6)+1);
7        switch (r)
8        {
9        case 2:
10           a2++;
11           break;
12       case 3:
13           a3++;
14           break;
15       // 程式碼很長，中間省略
16       case 12:
17           a12++;
18           break;
19       }
20   }
```

1. 關於各種程式語言的陣列宣告及亂數產生方式請參照Ch01。

程式碼很長，但為了節省篇幅，把中間一大段省略。所以很顯然，這個題目用一般變數來解，程式碼會顯得很冗長。那到底該用甚麼資料結構才是最好的呢？觀察一下上述程式的「變數名稱」跟「點數總和」的關係，很剛好，變數名稱後面的數字跟點數總和是一樣的(這是筆者故意設計的，要不然變數名稱不會從a2開始)。所以我們很希望能有一種變數可以透過某個索引值，來存取到不同的內容值，陣列的結構就因應而生。

所以我們宣告一個陣列a，最好索引值可以到12，因為這樣就可以把骰子的點數和，當作陣列的索引值。程式碼片段(C/C++)如程式碼2-2所示。

程式碼2-2

使用陣列統計骰子點數和

```
1   int a[13]; // 陣列的宣告以C/C++為例。13表示元素個數，所以索引值可
               以到12
2   int r;
3   srand(time(NULL)); // time() 函數需另外加入 #include <time.h>
4   for (int i = 0; i < 1000; i++)
5   {
6       r=((rand()%6)+1) + ((rand()%6)+1);
7       a[r]++;
8   }
```

以上程式碼中a[2]為骰子點數和為2的次數，a[3]為骰子點數和為3的次數，以此類推。

2-1-2 陣列中的最大值

➧ **題目：**產生一個含20個元素的整數陣列，元素值由亂數產生1~150之間的整數。求出陣列中的最大值及最小值與其索引值，並計算最大值及最小值的差與和。

這是一個很典型的陣列元素存取的應用。若這個陣列裡的元素沒有排序過，則在陣列的元素間找出其中的最大值或是最小值，就必須使用循序走訪的方式，來對陣列裡的元素做搜尋的動作。通常要循序走訪陣列裡的每一個

元素，會搭配For迴圈的程式。要找出最大與最小值還需搭配另外兩個變數(如mx及mn)來記錄目前已走訪過的元素中的最大與最小值，如程式碼2-3所示。

如果還要記錄最大與最小值是陣列裡第幾個元素(索引值)，那還需要再搭配另外兩個變數(如idxMx及idxMn)，如程式碼2-5所示。

這是一般的寫法，而程式碼2-4中我們使用三元運算子「 ? : 」來簡化程式碼，很直覺的我們在三元運算子的條件判斷的部分，使用a[i]是否「大於」mx的判斷式。但如果同時要找最大值及最小值的索引值，那就不能使用a[i]是否「大於」mx的判斷式來同時搜尋mx及idxMx。像程式碼2-4的第4行指令，如果a[i]>mx成立的話，那mx的值在該行就會被改成a[i]，所以到了第5行時a[i]>mx就會不成立，以至於idxMx沒辦法同步記錄到使mx改變的i值。

要克服這樣的問題，我們可以在第5行把 > 改成 >=，跟第7行把 < 改成 <=。如此一來，當第4行a[i]>mx條件成立，mx的值被改成a[i]，在第5行的a[i]>=mx條件一樣會滿足，所以idxMx可以記錄到使mx改變的i值，如程式碼2-6所示。

程式碼2-3

僅找出陣列中的最大值及最小值(精簡寫法)

```
1    mx = 0;
2    mn = HUGE_VAL;
3    for (int i=0; i<20; i++) {
4        mx = (a[i]>mx) ? a[i] : mx;
5        mn = (a[i]<mn) ? a[i] : mn;
6    }
```

程式碼2-4

找出最大最小值與其索引值(錯誤寫法)

```
1    mx = 0;
2    mn = HUGE_VAL;
3    for (int i=0; i<20; i++) {
4        mx = (a[i]>mx) ? a[i] : mx;
5        idxMx = (a[i]>mx) ? i : idxMx;
6        mn = (a[i]<mn) ? a[i] : mn;
7        idxMn = (a[i]<mn) ? i : idxMn;
8    }
```

程式碼2-5

找出最大最小值與其索引值(一般的寫法)

```
1    mx = 0;
2    mn = HUGE_VAL;
3    for (int i=0; i<20; i++) {
4        if (a[i]>mx) {
5            mx = a[i];
6            idxMx = i;
7        }
8        if (a[i]<mn) {
9            mn = a[i];
10           idxMn = i;
11       }
12   }
```

程式碼2-6

找出最大最小值與其索引值(正確寫法)

```
1    mx = 0;
2    mn = HUGE_VAL;
3    for (int i=0; i<20; i++) {
4        mx = (a[i]>mx) ? a[i] : mx;
5        idxMx = (a[i]>=mx) ? i : idxMx;
```

```
6        mn = (a[i]<mn) ? a[i] : mn;
7        idxMn = (a[i]<=mn) ? i : idxMn;
8    }
```

2-1-3 印出對應的月份

題目： 由鍵盤讀入介於1~12之間的任意整數，印出相對應的月份。如輸入5，則印出5月份的英文名稱May。

這題是很典型的字串陣列的應用，每個月分的英文名稱都不一樣，我們希望能根據所輸入的月份(數字)來「索引」到相對月份的英文名稱。題目若能轉換成「根據某個數字來決定其內容」的話，大都可以使用陣列來解決。因此，如程式碼2-7所示，我們利用陣列初值化的方式，定義字串陣列str。由於陣列的索引值從0開始，所以，輸入的月份轉成陣列的索引值必須減1。

程式碼2-7

使用字串陣列[2]

```
1    char str[12][10] = {"January", "February", "March", "April", "May", "June",
     "July", "August", "September", "October", "November", "December"};
2    int month;
3    printf("請輸入月份：");
4    scanf("%d", &month);
5    printf("%d月的英文名稱：%s\n", month, str[month-1]);
```

2. 關於各種程式語言的字串陣列宣告方式，請參照Ch01。

新版的Microsoft Visual Studio會認爲scanf這個函數不安全，所以編譯時會出現以下錯誤訊息：

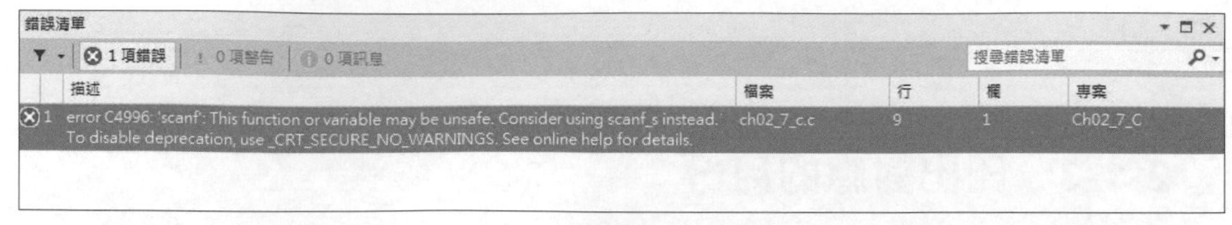

● 圖2-1

解決方法有兩種：一爲將scanf函數改成scanf_s；另一個做法比較複雜，茲說明如下：

1. 從功能表列選取“專案”下的專案屬性，如下圖所示：

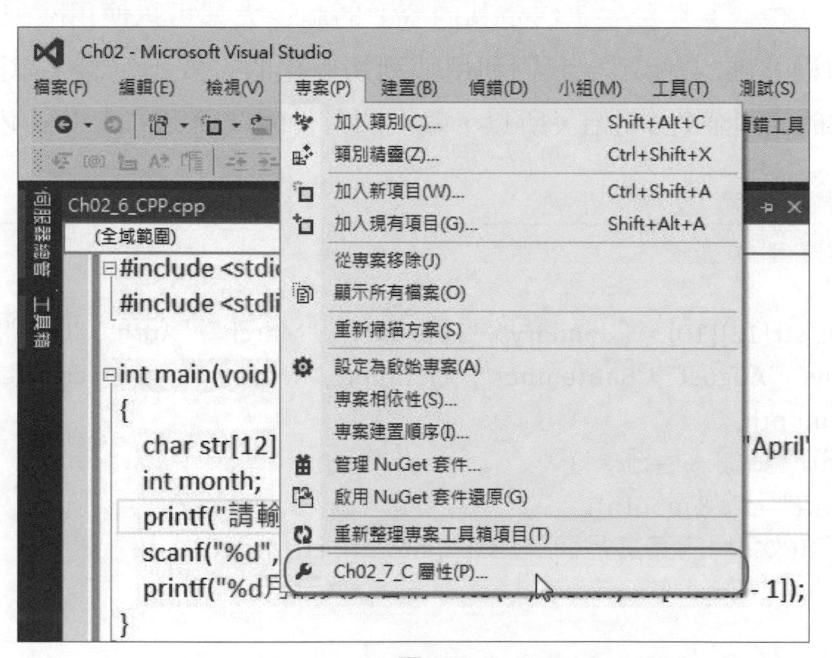

● 圖2-2

2. 然後在“組態屬性”下的“C/C++”的“前置處理器”頁籤，在右邊的畫面找到“前置處理器定義”，然後按右邊的黑色三角形。

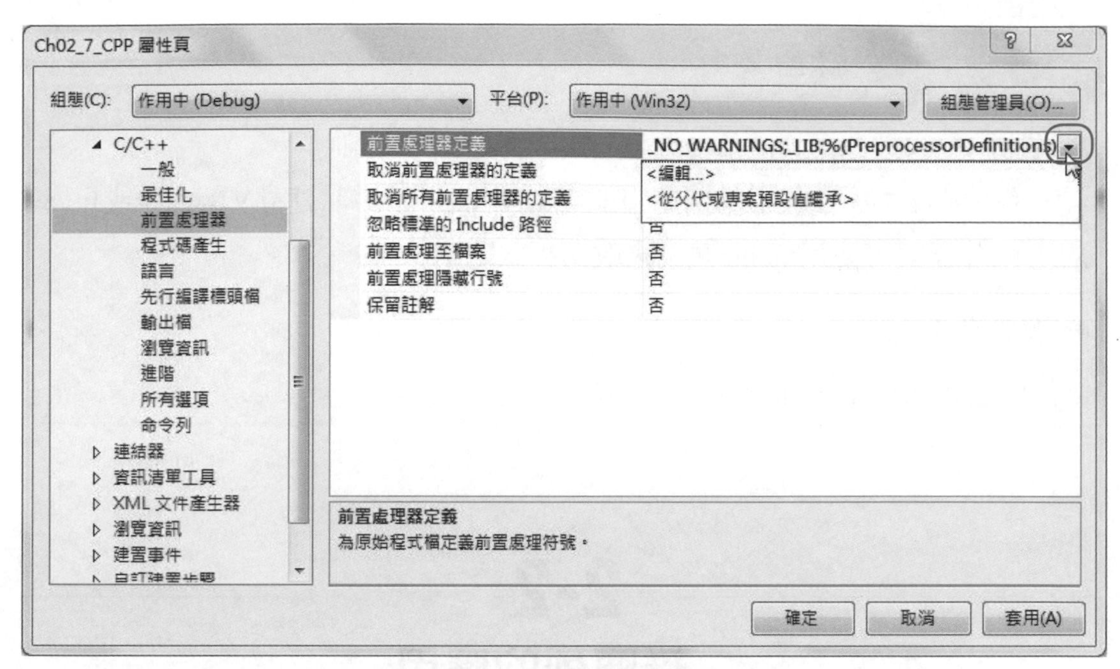

● 圖2-3

3. 從該下拉選單中按“<編輯…>”，會出現如下的畫面：

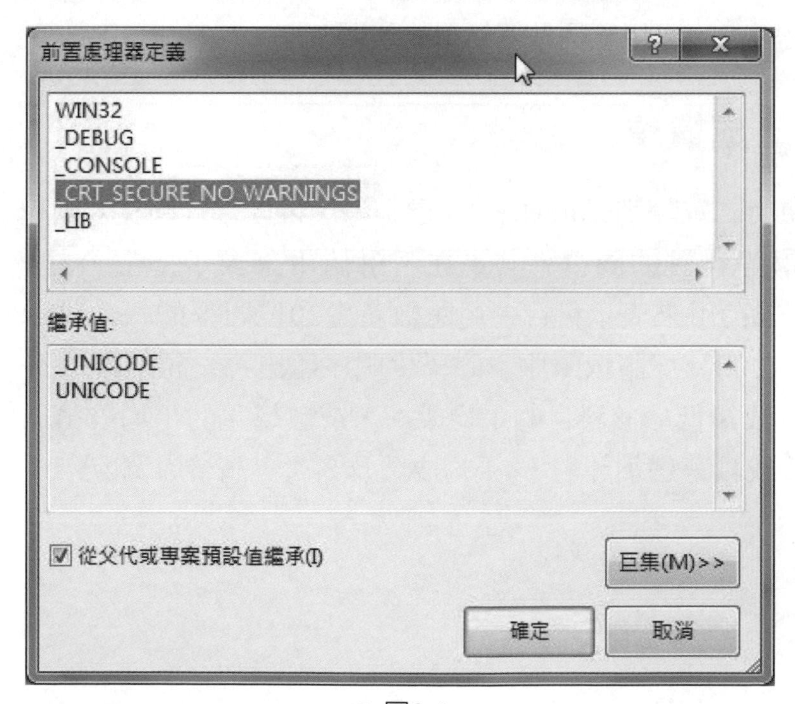

● 圖2-4

4. 在上面白色區域的隨便一行，輸入“_CRT_SECURE_NO_WARNINGS”，然後按確定，即可在MS VS中使用scanf函數。

練習 2-1

▶ 題目：

程式碼2-7爲C或C++使用字串陣列的語法，請嘗試建立VB、C#或Java的主控台專案，使用String類別來改寫程式碼2-7。

▶ 檢查點：

1.各種程式語言字串陣列宣告的語法。

2-2 二維陣列的應用

二維陣列很常應用於報表類的資料，如進出貨庫存表、成績表等。底下就先針對成績表的應用範例做個簡單的說明：

2-2-1 成績單

▶ **題目：**使用二維陣列score[][]，來儲存每一位同學的國文、數學、英文、物理及化學等科目的成績，其中左索引值用來表示學生，右索引值(行索引，column)用來表示科目。用亂數產生20位同學的每一科目成績（介於50~99分之間）。請依照原本的學生順序印出每一位同學的每一科目的成績（如該成績低於該科目的平均成績，或該學生的平均成績低於總平均成績，則於成績旁邊加註*）、平均成績及名次，請參考圖2-5。

C:\Windows\system32\cmd.exe

學號	國文	數學	英文	物理	化學	平均	名次
1	58*	55*	50*	78	87	66*	20
2	80	94	99	82	81	87	2
3	94	97	52*	96	90	86	3
4	97	95	93	83	89	91	1
5	75	99	89	61*	52*	75*	12
6	99	58*	55*	82	91	77	7
7	52*	75*	76*	54*	86	69*	18
8	68*	77*	82	82	57*	73*	14
9	87	76*	85	98	73*	84	4
10	56*	94	87	72*	75*	77	6
11	50*	89	65*	55*	93	70*	17
12	78	64*	79*	75	83	76	11
13	56*	99	94	55*	65*	74*	13
14	55*	81	92	78	59*	73*	15
15	54*	76*	73*	88	88	76	10
16	77	73*	89	90	63*	78	5
17	54*	54*	94	74*	65*	68*	19
18	95	60*	68*	67*	95	77	8
19	96	64*	82	61*	83	77	9
20	58*	95	96	68*	50*	73*	16
平均	72	79	80	75	76	76	

請按任意鍵繼續 . . .

● 圖2-5　成績單

這個題目會用到很多二維陣列走訪及運算的觀念，簡單整理如下：

1. 行列索引的概念

左索引即爲列(row)索引，在二維陣列示意圖(第1章的圖1-1)中指的是横列。而右索引即爲行(column)索引，在二維陣列示意圖中指的是直行。在本題中，横列上的每個元素指的是同一個學生的不同科目的成績；而直行上的每個元素指的是同一個科目的不同學生的成績。因此，如果要算出每個學生的平均成績，則須對横列作累加，然後再除以科目數；如果要算出每個科目的平均成績，則須對直行作累加，然後再除以學生數。

2. 格式化輸出

(1) 學號靠右對齊，如果沒有使用格式化輸出的字串，數字預設會靠左對齊。

(2) 同一個學生的學號與第一科的成績、相鄰科目成績、最後一科與平均、平均與名次的間隔都是4個空格，但如果每科成績低於該科平均或學生平均低於班級總平均時，要印出一個‘*’號而且跟後面那行要間隔3個空格。

3. 陣列擴充

原本的題目是有20個學生、5個科目，所以很直覺的會宣告20列5行的二維陣列。可是圖2-5的第1行是「學號」；最後2行分別是「每位學生的平均成績」與「名次」；最下面1列是「各科的平均」。由於這些多出來的行與列所儲存的都是整數，與原本的成績陣列的資料型別是一樣的，所以為了方便程式的處理，就把原本的成績陣列從「學生數」m列「科目數」n行擴充成m+1列n+3行。

其中，第0行(假設陣列的行列索引值都從0開始)記錄學號、第1到第n行分別記錄每個科目的成績、第n+1行記錄「每位學生的平均成績」、第n+2行，也就是最後1行紀錄「名次」；而第m列，也就是最後1列記錄每個科目的平均及總平均，這一列的第0及n+2個元素不儲存任何值，因為學號跟名次沒有所謂的平均。

4. 字串陣列

在圖2-5的第1列是成績表的標題，其中第1個是「學號」，最後2個分別是「平均」與「名次」，這是每張成績表都有的；而中間則分別列出每個科目的名稱(原則上會以2個中文字為限)。在解這樣的題目時，要給讀者一個重要的觀念。

今天的題目是20個學生5個科目，如果把上述m跟n固定成20及5的話，那只要題目改成30個學生7個科目的話，那程式就會有很多地方需要修改，而且如果有些地方沒有改到，程式會錯誤。所以，在寫程式時就要先保留其擴充的彈性，也就是要用變數來取代常數，像本例就要用m與n來取代20跟5。所以，在科目數的部分，筆者會比較建議使用字串陣列來定義課目名稱，除了可以從陣列的長度來得到科目數，也很方便的用在列印標題的程式碼中(因為可以用迴圈來列印)。

5. 排序與排名

這題有用到排序，可是排序下一章才會提到。沒關係，這裡就先簡單的利用「交換排序法」來做排序。不過重點是在於如何排名，概念是以「平均」這個欄位為主鍵(key)，先對整個成績陣列做由大到小遞減排序，然後依序在「名次」欄位上填入名次(由1開始填，暫時不考慮同分同名次的問題)，最後再以「學號」欄位為主鍵，對整個成績陣列做由小到大遞增排序，就可以產生如圖2-5成績單。

所以根據題意再配合以上的概念，可以設計出下列演算法：

第一步驟：輸入資料

1. 定義科目名稱的字串陣列courseName，並設定初始值爲{ "國文", "數學", "英文", "物理", "化學" }
2. 定義科目數courseNum爲courseName陣列的長度(元素個數)
3. 定義學生數studentNum爲20
4. 宣告成績陣列score爲studentNum+1列courseNum+3行的二維整數陣列

第二步驟：處理資料

1. 產生成績GenerateScore()
2. 計算平均CalculateAverage()
3. 排序Sorting()
4. 排名次Ranking()

第三步驟：輸出結果

1. 列印成績單PrintScore()
2. 工作結束

上述演算法中我們使用了幾個函數來完成工作，如「產生成績」的工作交給GenerateScore()函數來完成。一般來說，函數的命名法則跟變數一樣，通常第一個字母會用大寫，而變數會用小寫。同樣採用駝峰式命名法則，來表示函數的意義。所以顧名思義，CalculateAverage()就是「計算平均」、Sorting()就是「排序」、Ranking()就是「排名次」、PrintScore ()就是「列印成績單」。以下將逐步說明撰寫程式碼的過程：

1. 根據第一個步驟，先宣告程式所需的變數或函數，如程式碼2-8的第1~13行。其中，5~7行是C語言用的，在第3點時會說明。

2. 由於我們使用字元陣列來表示字串，而我們需要的是字串陣列，所以需要宣告二維字元陣列，如第1行所示[3]。爲了增加程式的可擴充性，我們希望程式能自動取得字串陣列的長度。由於C/C++所使用的字串陣列並非物件(VB/C#/Java的陣列是物件)，所以需要額外的程式碼才能取得陣列的元素個數，如第2行所示。

3. 爲了要依學生數及科目數宣告成績陣列，所以第2及3行將courseNum及studentNum宣告爲常數(const)，是因爲C++在宣告陣列時，元素個數不能使用變數。但是C語言在宣告陣列時要求的更多，連常數(唯讀變數)都不能用。如眞的需要用符號來代替，就必須使用#define來定義眞正的常數了。所以，如果用C語言，請用的5~7行程式碼取代第4行。

4. 第1~4行(C語言則是第1~3及5~7行)所宣告的4個變數(courseName, courseNum, studentNum, score)爲全域變數(Global Variable)，是爲了讓其他的函數能直接使用這些變數。

5. 第8~13行是根據第二及三步驟的需求所做的函數的宣告[4]。

6. 第14~21行則是主程式，逐步來呼叫所需的函數即可完成所有工作。

接下來要逐步完成各個函數：

1. GenerateScore函數，如程式碼2-9所示：

(1) 這個函數主要是要用亂數產生器產生學生的成績，C/C++產生亂數的方法可參考第1章的程式碼1-6，就如同本章程式碼2-9的第4行及第10行所示。

(2) 要注意的是，score陣列是擴充過的，產生的成績要填在第0列到第studentNum-1列[就如同第5行程式碼for迴圈索引變數i的範圍(從0開始到小於studentNum爲止)]、第1行到第courseNum行[就如同第8行程式碼for迴圈索引變數j的範圍(從1開始到小於等於courseNum爲止)]。

(3) 而第7行程式碼則是在陣列第0行的位置填入學號i+1(因爲i從0開始而學號從1開始)。

---

3. 字串陣列宣告的方式可參考第1章的表1-12。

4. C/C++在呼叫函數前要先宣告函數，而函數的定義則可在呼叫函數的後面。或者在做函數宣告的同時就做函數的定義。

2. CalculateAverage函數，如程式碼2-10所示：

(1) 當初擴充score陣列的目的，就是想利用第studentNum列的第1到courseNum行的元素，來儲存各科的平均成績；且利用的courseNum+1行的第0到studemtNum-1列的元素，來儲存每位學生的平均成績。既然如此，就得把每位學生的每個科目的成績走訪過一次，才能計算出這些平均值，所以for迴圈的索引變數i跟j的範圍，跟GenerateScore函數中的程式碼是一樣的，如第4及6行程式碼所示。

(2) 要計算平均之前要先做成績的累加，累加的程式碼可參考第1章的程式碼1-6。每個科目的總分放在第studentNum列，而每位學生成績總分放在第courseNum+1行，如程式碼第8及9行所示。

(3) 每跑完一次j的迴圈就表示已經計算出第i位學生成績總分，除以科目數courseNum後可以得到第i位學生平均成績，如程式碼第11行所示。得到第i位學生平均成績後，就可以把它累加到全班平均成績的位置上(第studentNum列第courseNum+1行)。

(4) 在第4到13行的i迴圈跑完後可以得到各科及全班成績的總分，儲存於score陣列的第studentNum列中的第1至courseNum+1行中。所以要求這些加總的平均，要再做一次for迴圈(索引變數j從1到courseNum+1)，如程式碼第14及17行所示。

3. Sorting函數，如程式碼2-11所示：

(1) 這裡使用最簡單的「交換排序法」，演算法可以參考本書第3章。重點是，我們會使用到2次的排序，且每次的排序使用不同的主鍵(分別是‘平均’及‘學號’欄位)與不同的排序方向(分別是‘遞減’及‘遞增’)。爲了提高Sorting函式的可再利用性(Reusablity)，所以決定傳2個參數到這個函數，第1個爲排序的主鍵、第2個爲排序的方向。因此，程式碼2-8的第10行程式碼會改成void Sorting(int key, int type);，就如同程式碼2-11第1行的定義。

(2) 在程式碼2-11的第8行我們有用到一個變數‘Des’，其實這是爲了提高程式可讀性，所定義出來的列舉型態(Enumerate)的變數。所以在程式碼2-8中的第8行前面還須加上一段程式碼，如程式碼2-12所示。若覺得加入列舉型態的變數太麻煩，其實也可以直接使用0來代表‘遞增排序’、1來代表‘遞減排序’。

(3) 排序裡一個很重要的動作就是‘兩數交換’，可參考第1章程式碼1-7。在這裡是要做2列陣列的相對應元素的交換，所以我們另外寫了一個函數Swap來完成這項工作。所以在原本程式碼2-8中的第10行後面要插入Swap函數的宣告，void Swap(int A[], int B[])。這個函數傳入2個參數，分別是要交換的陣列。由於陣列變數本身就是指標，所以傳陣列變數等同於傳址呼叫，在Swap函數中對陣列A及B所做變動，是會有實質的影響。

4. Swap函數，如程式碼2-13所示：

在C/C++程式語言中，沒辦法從傳進函數的陣列指標得到陣列的大小，所以只好使用全域變數courseNum。要記得，整列的陣列都要對調，所以for迴圈的索引變數i從0到小於courseNum+3。

5. Ranking函數，如程式碼2-14所示：

排名次做了兩件事：第一，在已經排序過的成績陣列的‘名次’欄位上依序填入名次；第二，然後再以‘學號’爲主鍵對整個score陣列做‘遞增排序’。

6. PrintScore函數，如程式碼2-15所示：

(1) 成績單基本上分爲3個部分：標題、成績單主體(包含學號、學生各科成績、學生平均成績及名次)、各科目平均。

(2) 在列印標題時，我們使用了courseName這個字串陣列，如第7行所示。這是一個非常關鍵的地方。假如我們在程式碼2-8的第1行中增加了2個科目(程式碼如下所示)，那麼整個程式碼不需要再做任何修改，就能列印出每個學生有7個科目的成績單。如果在程式碼2-8的第3行把studentNum改成30，那整個程式碼一樣也不需要再做任何修改，就能列印出30個學生的成績單。這就是筆者一開始就一直強調的程式可擴充性。

```
char courseName[][5] = {"國文", "英文", "數學", "物理", "化學", "歷史
", "地理"};
```

(3) 成績單的主體要注意學號靠右對齊的部分，我們使用printf函數的格式化字串「%2d」，這個‘2’的意思就是在列印數字("%d")的時候都預留2個位數的空間，所以數字就會靠右(如果數字只有1個位數的話)。

(4) 第16到23行主要是判斷要不要印出星號‘*’。

(5) 在printf函數中都會印出一些數量不等的空格(用灰底標示)，這也是爲了格式化輸出而做的事。

以上把每個函數的設計理念做了簡單的說明。其實這個程式的演算法還是有一些瑕疵，像Sorting及Ranking兩個部份其實可以合併，因爲排名次本來就是需要先對平均成績做遞減排序。這個部分的修改，就留給讀者當作練習。

程式碼2-8

一開始的程式架構(C/C++程式碼)

```
1    char courseName[][5] = {"國文", "英文", "數學", "物理", "化學"};
2    const int courseNum = sizeof(courseName) / sizeof(courseName[0]);
3    const int studentNum = 20;
4    int score[studentNum+1][courseNum+3];
5    //#define ROW 21
6    //#define COL 8
7    //int score[ROW][COL];

8    void GenerateScore();
9    void CalculateAverage();
10   void Sorting(int key, int type);
11   void Swap(int A[], int B[]);
12   void Ranking();
13   void PrintScore();

14   int main(void)
15   {
16       GenerateScore();
17       CalculateAverage();
18       Sorting(6, Des);
19       Ranking();
20       PrintScore();
21   }
```

程式碼2-9

GenerateScore函數(C/C++程式碼)

```
1   void GenerateScore()
2   {
3       int i, j;
4       srand(time(NULL));
5       for (i=0; i<studentNum; i++) //產生成績
6       {
7           score[i][0] = i+1; //學號
8           for (j=1; j<=courseNum; j++)
9           {
10              score[i][j]=(rand()%50)+50; //產生50~99之間的整數亂數
11          }
12      }
13  }
```

程式碼2-10

CalculateAverage函數(C/C++程式碼)

```
1   void CalculateAverage()
2   {
3       int i, j;
4       for (i=0; i<studentNum; i++)
5       {
6           for (j=1; j<=courseNum; j++)
7           {
8               score[studentNum][j] += score[i][j]; //科目總分
9               score[i][courseNum+1] += score[i][j]; //學生成績總分
10          }
11          score[i][courseNum+1] /= courseNum; //學生平均成績
12          score[studentNum][courseNum+1] += score[i][courseNum+1]; //全
            班總分
13      }
14      for (j=1; j<=courseNum+1; j++)
15      {
```

```
16          score[studentNum][j] /= studentNum; //科目及全班平均
17      }
18  }
```

程式碼2-11

Sorting函數(C/C++程式碼)

```
1   void Sorting(int key, int type)
2   {
3       int i, j;
4       for (i=0; i<studentNum-1; i++)
5       {
6           for (j=i+1; j<studentNum; j++)
7           {
8               if (type==Des) //由大到小，遞減排序
9               {
10                  if (score[i][key] < score[j][key])
11                  {
12                      Swap(score[i], score[j]);
13                  }
14              }
15              else //由小到大，遞增排序
16              {
17                  if (score[i][key] > score[j][key])
18                  {
19                      Swap(score[i], score[j]);
20                  }
21              }
22          }
23      }
24  }
```

程式碼2-12

列舉型態變數的宣告

```
1    enum SortingType
2    {
3        Asc, //遞增排序
4        Des  //遞減排序
5    };
```

程式碼2-13

Swap函數(C/C++程式碼)

```
1    void Swap(int A[], int B[])
2    {
3        int i ,temp;
4        for (i=0; i<courseNum+3; i++)
5        {
6            temp = A[i];
7            A[i] = B[i];
8            B[i] = temp;
9        }
10   }
```

程式碼2-14

Ranking函數(C/C++程式碼)

```
1    void Ranking()
2    {
3        int i, j;
4        for (i=0; i<studentNum; i++) //填入名次
5        {
6            score[i][courseNum+2] = i+1;
7        }
8        Sorting(0, Asc);
9    }
```

程式碼2-15

PrintScore函數(C/C++程式碼)

```
1   void PrintScore()
2   {
3       int i, j;
4       printf("學號  "); //2個空格
5       for (i=0; i<courseNum; i++)
6       {
7           printf("%s  ", courseName[i]); //2個空格
8       }
9       printf("平均  名次\n"); //2個空格
10      for (i=0; i<studentNum; i++) //標題列印完，開始列印成績單主體
11      {
12          printf(" %2d   ", score[i][0]); //前面1個空格，後面3個空格
13          for (j=1; j<courseNum+2; j++)
14          {
15              printf(" %2d", score[i][j]); //1個空格
16              if (!(score[i][j] > score[studentNum][j])) //判斷是否要印 '*' 號
17              {
18                printf("*  ");  //2個空格
19              }
20              else
21              {
22                printf("   ");  //3個空格
23              }
24          }
25          printf(" %2d\n", score[i][j]); //1個空格
26      }
27      printf("平均  "); //開始列印成績單最後一行，平均的後面有2個空格
28      for (j=1; j<courseNum+2; j++)
29      {
30          printf(" %2d   ", score[i][j]); //前面1個空格，後面3個空格
31      }
32      printf("\n");
33  }
```

註：灰底表示須有空格，而空格數則標示在該行後面的註解。

二維陣列的另一個典型範例就是矩陣的運算，以下簡單的介紹矩陣的幾個基本運算：轉置、加減、相乘。

2-2-2 矩陣轉置

矩陣$A_{m\times n}$表示有m列n行個元素，若把矩陣A的行元素轉成列元素，列元素轉成行元素，所得的新矩陣B稱為A的轉置矩陣，也可以用A^T表示，且維度變成n×m，且符合$a_{ij}=b_{ji}$：

$$A_{m\times n}=\begin{bmatrix} a_{00} & a_{01} & \cdots & a_{0(n-1)} \\ a_{10} & a_{11} & \cdots & a_{1(n-1)} \\ \vdots & & & \\ a_{(m-1)0} & a_{(m-1)1} & \cdots & a_{(m-1)(n-1)} \end{bmatrix}$$

$$B_{n\times m}=A^T=\begin{bmatrix} a_{00} & a_{10} & \cdots & a_{(m-1)0} \\ a_{01} & a_{11} & \cdots & a_{(m-1)1} \\ \vdots & & & \\ a_{0(n-1)} & a_{1(n-1)} & \cdots & a_{(m-1)(n-1)} \end{bmatrix}$$

2-2-3 矩陣加減

兩矩陣相加減時，兩矩陣的維度必須一致。設矩陣$A_{m\times n}$及$B_{m\times n}$的維度均為m,n，若矩陣C=A+B，則$C_{ij}=A_{ij}+B_{ij}$，$0\le i\le m-1$，$0\le j\le n-1$。

$$C_{m\times n}=\begin{bmatrix} c_{00} & c_{01} & \cdots & c_{0(n-1)} \\ c_{10} & c_{11} & \cdots & c_{1(n-1)} \\ \vdots & & & \\ c_{(m-1)0} & c_{(m-1)1} & \cdots & c_{(m-1)(n-1)} \end{bmatrix}$$

$$=\begin{bmatrix} a_{00}+b_{00} & a_{10}+b_{10} & \cdots & a_{(m-1)0}+b_{(m-1)} \\ a_{01}+b_{01} & a_{11}+b_{11} & \cdots & a_{(m-1)1}+b_{(m-1)1} \\ \vdots & & & \\ a_{0(n-1)}+b_{0(n-1)} & a_{1(n-1)}+b_{1(n-1)} & \cdots & a_{(m-1)(n-1)}+b_{(m-1)(n-1)} \end{bmatrix}$$

矩陣加減範例：

題目：由使用者輸入矩陣$A_{m\times n}$及$B_{m\times n}$的維度m,n(m,n值介於2~5)，然後由亂數產生矩陣A及B的每一個元素(1到9之間的整數)。請產生(1)A的轉置矩陣C、(2)A加B的矩陣D、(3)A減B的矩陣E。

這個範例要求由使用者輸入矩陣維度，所以程式必須等到使用者輸入後，才能宣告所需的陣列。但是C/C++程式語言在宣告矩陣時，無法以變數來指定陣列的維度(就算轉成唯讀常數也不行)，所以就沒辦法像上述(成績單)的範例，使用靜態的方式宣告陣列。在此，我們使用2-3節的「陣列的動態配置」的方式來宣告陣列。

爲了增加程式的可讀性，我們將部分功能寫成函數，矩陣加減範例的主程式及各個函數說明如下：

1. 程式碼2-16是矩陣加減範例的主程式，其演算法爲：

   第一步驟：輸入資料

   (1) 先宣告一些必要變數

   (2) 提示並要求使用者輸入矩陣維度

   第二步驟：處理資料

   (1) 根據使用者輸入的維度配置二維陣列A及B所需的記憶體

   (2) 根據題意以亂數的方式給值

   (3) 依題意求轉置矩陣、相加矩陣、相減矩陣

   第三步驟：輸出結果

   (1) 列印矩陣

   (2) 工作結束

2. 因爲動態配置記憶體的關係，從指標陣列本身是得不到陣列的維度，所以程式碼2-17到程式碼2-23除了傳入要處理的二維陣列指標外，還需傳入陣列的維度。因函數的需求，有時只需傳入一個維度。

3. 在五個二維陣列指標中，只有C指標的維度跟其他陣列指標不同，要特別注意。

4. 程式碼2-23是freeArr函數，主要是用來釋放動態配置陣列的記憶體資源。因為這些函數大部分都是回傳動態配置的陣列指標，所以不需要使用freeArr函數。此程式是提供給讀者日後使用的參考。

程式碼2-16

矩陣加減範例的主程式

```
1   int main(void)
2   {
3       // 宣告必要變數及輸入資料
4       int m, n;
5       int **A, **B, **C, **D, **E;
6       printf("請輸入矩陣A及B的維度m, n(m與n之間請用空格隔開，且範圍
        為2~5)："); 
7       scanf("%d %d", &m, &n);
8       // 配置二維陣列
9       srand(time(NULL));
10      A = allocArr(m, n);
11      B = allocArr(m, n);
12      // 亂數給值
13      assignArr(A, m, n, 9, 1);
14      assignArr(B, m, n, 9, 1);
15      // 轉置矩陣
16      C = transportArr(A, m, n);
17      // 矩陣相加
18      D = addArr(A, B, m, n);
19      // 矩陣相減
20      E = subArr(A, B, m, n);
21      // 列印矩陣
22      print2DArr(A, m, n, "原始矩陣 A");
23      print2DArr(B, m, n, "原始矩陣 B");
24      print2DArr(C, n, m, "轉置矩陣 C");
25      print2DArr(D, m, n, "相加矩陣 D");
26      print2DArr(E, m, n, "相減矩陣 E");
27  }
```

程式碼2-17

allocArr函數

```
28  int ** allocArr(int row, int col)
29  {
30      int **A;
31      int i;
32      A = (int**)malloc(row*sizeof(int *));
33      for(i=0; i<row; i++)
34          A[i] = (int*)malloc(col*sizeof(int));
35      return A;
36  }
```

程式碼2-18

assignArr函數

```
37  void assignArr(int **A, int row, int col, int mx, int mn)
38  {
39      int i, j;
40      for (i=0; i<row; i++)
41          for (j=0; j<col; j++)
42              A[i][j] = (rand()%(mx-mn+1))+mn;
43  }
```

程式碼2-19

transportArr函數

```
44  int ** transportArr(int** A, int row, int col)
45  {
46      int **C = allocArr(col, row);
47      int i, j;
48      for (i=0; i<row; i++)
49          for (j=0; j<col; j++)
50              C[j][i] = A[i][j];
51      return C;
52  }
```

程式碼2-20

addArr函數

```
53  int ** addArr(int** A, int** B, int row, int col)
54  {
55      int **C = allocArr(row, col);
56      int i, j;
57      for (i=0; i<row; i++)
58          for (j=0; j<col; j++)
59              C[i][j] = A[i][j] + B[i][j];
60      return C;
61  }
```

程式碼2-21

subArr函數

```
62  int ** subArr(int** A, int** B, int row, int col)
63  {
64      int **C = allocArr(row, col);
65      int i, j;
66      for (i=0; i<row; i++)
67          for (j=0; j<col; j++)
68              C[i][j] = A[i][j] - B[i][j];
69      return C;
70  }
```

程式碼2-22

print2D Arr函數

```
71  void print2DArr(int **A, int row, int col, char* message)
72  {
73      int i, j;
74      printf("%s\n", message);
75      for (i=0; i<row; i++)
76      {
```

```
77          for (j=0; j<col; j++)
78              printf("%3d ", A[i][j]);
79          printf("\n");
80      }
81      printf("\n");
82  }
```

程式碼2-23

freeArr函數

```
83  void freeArr(int **A, int row)
84  {
85      for(int i=0; i<row; i++)
86          free(A[i]);
87      free(A);
88  }
```

2-2-4 矩陣相乘

矩陣相乘是兩矩陣$A_{p\times q}$及$B_{q\times r}$其維度分別為p×q及q×r(A矩陣的行數等於B矩陣的列數)，則矩陣C=A×B可得到C的維度為p×r，其運算公式為：

$$A_{p\times q}=\begin{bmatrix} a_{00} & a_{01} & \cdots & a_{0(q-1)} \\ a_{10} & a_{11} & \cdots & a_{1(q-1)} \\ a_{i0} & a_{i1} & \cdots & a_{i(q-1)} \\ \vdots & & & \\ a_{(p-1)0} & a_{(p-1)1} & \cdots & a_{(p-1)(q-1)} \end{bmatrix}$$

$$B_{q\times r}=\begin{bmatrix} b_{00} & b_{01} & b_{0j} & \cdots & b_{0(r-1)} \\ b_{10} & b_{11} & b_{1j} & \cdots & b_{1(r-1)} \\ \vdots & & \vdots & & \\ b_{(q-1)0} & b_{(q-1)1} & b_{(q-1)j} & \cdots & b_{(q-1)(r-1)} \end{bmatrix}$$

$$C_{p\times r}=A\times B=\begin{bmatrix} c_{00} & c_{01} & \cdots & c_{0(r-1)} \\ c_{10} & c_{11} & \cdots & c_{1(r-1)} \\ \vdots & & c_{ij} & \\ c_{(p-1)0} & c_{(p-1)1} & \cdots & c_{(p-1)(r-1)} \end{bmatrix}$$

$$\text{其中 } C_{ij}=\sum_{k=0}^{q-1}a_{ik}\times b_{kj}, 0\le i\le p-1, 0\le j\le r-1 \tag{2.1}$$

矩陣相乘範例

➧ **題目：**由亂數產生矩陣$_{Ap\times q}$及$B_{q\times r}$的維度p,q,r(p,q,r值介於2~5)，然後再由亂數產生矩陣A及B的每一個元素(1到9之間的整數)。請產生A乘B的矩陣C。

這個範例要求由亂數產生矩陣維度，所以也同樣需要使用「動態配置」的方式來宣告陣列。這題比較特別的地方是要知道矩陣相乘的公式，如果不知道沒關係，公式(2.1)列出了矩陣相乘的公式。這個公式的意思是C_{ij}的值是A矩陣的第i列各元素與B矩陣的第j行各元素乘積的和。所以，每個C_{ij}要用一個迴圈來計算。同樣的，我們用一個函數mulArr來完成。相關程式碼如下所示：

1. 程式碼2-24是矩陣相乘範例的主程式，其演算法跟矩陣加減範例差不多，在此不再贅述。
2. mulArr函數矩陣相乘的程式碼如程式碼2-25所示。第8~10行是實作公式(2.1)的程式碼，基本上是一個累加的程式碼，把$a_{ik}\times b_{kj}$累加起來成為C_{ij}。

程式碼2-24

矩陣相乘範例的主程式

```
1   int main(void)
2   {
3       // 宣告必要變數
4       int p, q, r;
5       int **A, **B **F;
6       // 亂數產生陣列維度
7       p = (rand()%(5-2+1))+2;
```

```
8          q = (rand()%(5-2+1))+2;
9          r = (rand()%(5-2+1))+2;
10         // 配置二維陣列
11         A = allocArr(p, q);
12         B = allocArr(q, r);
13         // 亂數給值
14         assignArr(A, p, q, 9, 1);
15         assignArr(B, q, r, 9, 1);
16         // 矩陣相乘
17         F = mulArr(A, B, p, q, r);
18         // 列印矩陣
19         printArr(A, p, q, "原始矩陣 A");
20         printArr(B, q, r, "原始矩陣 B");
21         printArr(F, p, r, "相乘矩陣 F");
22         system("pause");
23     }
```

程式碼2-25

mulArr函數

```
1    int ** mulArr(int** A, int** B, int p, int q, int r)
2    {
3        int **C = allocArr(p, r);
4        int i, j, k;
5        for (i=0; i<p; i++)
6            for (j=0; j<r; j++)
7            {
8                C[i][j] = 0;
9                for (k=0; k<q; k++)
10                   C[i][j] += A[i][k] * B[k][j];
11           }
12       return C;
13   }
```

2-3 陣列的動態配置

C與C++都可以用的動態記憶體配置的函數是malloc，malloc函數所傳進去的參數是指要配置的記憶體空間大小(以位元爲單位)，如果要配置10個元素的整數陣列，就應該配置10*sizeof(int)個位元，其中sizeof(int)是取得整數資料型態變數所佔的記憶體空間。若記憶體配置成功，malloc會傳回void型態的指標，否則會傳回null。

所以配置成功後，需自行做資料型態的強制轉型。若在函數內做動態記憶體配置，在函數結束時並不會自動釋放記憶體資源，所以在函數結束前要記得釋放記憶體資源，除非動態配置的記憶體是回傳值。釋放記憶體資源的指令是free(A)，其中A是剛剛接收malloc函數傳回的指標變數。

由於malloc函數傳回值是指標，所以動態配置一維陣列只需使用一次malloc。若要動態配置二維陣列，則需要先配置列個數(假設是m個)該資料型態指標大小的記憶體空間，給一個指標陣列的變數，然後再配置行個數(假設是n個)該資料型態大小的記憶體空間，給這個指標陣列裡的每個元素。以下簡單說明，以及如程式碼2-26所示：

1. 只有C/C++的動態配置需要由程式設計者自行釋放記憶體資源，其他程式語言有「垃圾回收」(Garbage Collection)的機制。
2. C#/Java/VB一維陣列的宣告方式，與第1章的表1-3相同，但二維陣列宣告方式就不太一樣，原因是因爲陣列元素個數是用變數，而不是常數或數字。
3. 要特別注意，VB這樣的二維陣列宣告方式才能將每個列陣列(row array)分別抽離出來，當函數的參數來傳遞。另外要注意ReDim指令會把重新調整維度陣列的元素值歸零，若要保留原來的元素值，請改用ReDim Preserve指令。

程式碼2-26

各種程式語言動態配置陣列的方法

維度		一維陣列	二維陣列

C/C++	配置	int *A = (int*)
		malloc(m*sizeof(int));
			int **A = (int**)malloc(m*sizeof(int *));
			for (i= 0; i<m; i++)
			A[i] = (int*)malloc(n*sizeof(int));

	釋放	free(A);	for (i= 0; i<m; i++)
			free(A[i]);
			free(A);

C#/Java		int[] A = new int[m];	int[][] A = new int[m][];
			for (i= 0; i<m; i++)
			A[i] = new int[n];

VB		Dim A(m) As Integer	Dim A(m)() As Integer For i = 0 To m ReDim score(i)(n) Next

1. 陣列在程式語言裡是一種最簡單且廣為使用的資料結構。
2. 陣列是一群具有相同資料型別的變數集合，且可以用同一個變數名稱加上陣列索引值來隨機存取陣列中的任一元素。
3. 要熟悉一維及二維陣列的幾個基本題型。
4. 二維陣列的前面索引稱為列索引；後面索引稱為行索引。
5. 儘量以函數來完成特定的工作，讓程式碼看起來比較清楚及結構化。
6. 要熟悉各種程式語言動態配置陣列的方法。

基礎題

(　　) 1. 矩陣是一組變數的集合，而這些變數：

(1)具有不同的資料型別，並且分散存在記憶體空間

(2)具有相同的資料型別，並且分散存在記憶體空間

(3)具有相同的資料型別，並且線性相鄰存在記憶體空間

(4)具有不同的資料型別，並且線性相鄰存在記憶體空間

(　　) 2. 在VB程式語言中宣告陣列為 Dim A(4, 3)，試問陣列A中有多少個元素？

(1)12

(2)16

(3)20

(4)15

(　　) 3. 將原矩陣中的行索引元素與列索引元素相互對調，此動作稱為：

(1)矩陣轉移

(2)矩陣轉動

(3)矩陣交換

(4)矩陣轉置

(　　) 4. 請問在執行下列程式碼後，A[10]元素的值為何？

```
A[0] = 0; A[1] = 1; A[2] = 1;
for (int i = 2; I <= 10; i++) {
   A[i] = A[i-1] + A[i-2];
}
```

(1)64

(2)55

(3)65

(4)44

(　　) 5. 下列哪種陣列宣告的方式，具有隨時改變陣列大小的能力？

(1)動態陣列宣告

(2)使用者自訂型態

(3)靜態陣列宣告

(4)以上皆非

(　　) 6. 關於陣列的動態配置指令，下列何者正確？

(1) C/C++使用malloc()指令可以配置出二維陣列

(2) C/C++的malloc(m*sizeof(int))指令可以配置出m個元素的整數陣列

(3) C#/Java使用int[] A = new int[m]指令來配置m個元素的整數陣列，且在不使用該陣列時，需自行使用free(A)來釋放記憶體空間

(4) VB的動態陣列配置指令是ReDim Score(i, n) As Integer

(　　) 7. 假設矩陣A為n×n的二維矩陣，當對角線以上的原數均為0時稱為下三角矩陣。若下三角矩陣的元素都不為0，請問0元素的個數有多少？

(1)n

(2)$n \times n$

(3)$n^2 - \frac{n(n-1)}{2}$

(4)$n^2 - \frac{n(n+1)}{2}$

(　　) 8. 陣列A[索引]中，索引不可為：

(1)整數

(2)運算式

(3)變數

(4)字串

(　　) 9. 在我們撰寫程式時，若發生“subscript out of range”的錯誤訊息，表示程式執行時遇到何種情況？

(1)語法錯誤

(2)陣列索引值超出範圍

(3)整數的overflow

(4)整數的underflow

(　　) 10.假設有一個矩陣，其元素大部分都沒使用，請問在資料結構中，將此矩陣稱為：

(1)上三角矩陣

(2)稀疏矩陣

(3)下三角矩陣

(4)單位矩陣

實作題

1. 猜數字遊戲：

(1) 亂數產生4個0~9且不重複的數字(答案)

(2) 讓使用者輸入(猜)4個數字。

(3) 若所猜的數字與答案的數字相同但位數不同，則為B，若所猜的數字與答案的數字相同且位數相同，則為A。

(4) 輸出A與B的個數(nAmB)。

(5) 若完全猜對(4A)則結束，否則重複步驟b~e。

2. 對獎

試寫一個程式，從1到42的號碼中選出4個不重複的號碼 a0, a1, a2, a3 作為輸入，而電腦亂數選出四個號碼p0, p1, p2, p3，將輸入的資料與電腦亂數選出的號碼做比對，比對規則如下：

- 若四個號碼完全相同，顯示中頭獎，輸出中獎的四個號碼。

- 若只有前三個或後三個號碼相同，顯示中貳獎，輸出中獎的三個號碼。
- 若只有前二個、中間二個或後兩個號碼相同，顯示中三獎，輸出中獎的貳個號碼。
- 其餘顯示未中獎，不輸出號碼。

註1. a0, a1, a2, a3及p0, p1, p2, p3都由小到大排序。

註2. 所謂「前三個」等號碼相同之順序，係指對p0, p1, p2, p3而言。

3. 設計一個程式由電腦發橋牌給4位玩家，並印出每位玩家所分得之花色和點數。梅花以C、方塊以D、紅心以H、黑桃以S表示。牌點以A、2、3、4、5、6、7、8、9、T、J、Q、K表示。

4. 分區停電(99年 工科技藝競賽 電腦軟體設計 考題)

   為了解決未來電力短缺問題，電力公司將採取分區停電方案。此方案的作法為先將台灣分為N個區，接著挑選一個數字，m。停電先由區域1開始，然後每隔m個區為下一個停電區，超過最後一區域N，則再由區域1重新接下去。不過為了公平起見，計算m個區域時只會將尚未停過電的區域算進去，已經停過電的區域不算在內。

   以N = 17而M = 5為例，停電順序依序為1, 6, 11, 16，由於16 + 5超過17，所以從頭由區域1接續下去，同時由於區域1已經停過電，不予計算，因此下一個區域計算方法為17, 2, 3, 4, 5，所以區域5為下個停電區域。再來由於區域6和11都停電過，所以隔五個沒停過電的區域7, 8, 9, 10, 12，得知區域12接在區域5之後。以此類推，可以算出分區停電順序為1, 6, 11, 16, 5, 12, 2, 9, 17, 10, 4, 15, 14, 3, 8, 13, 7。如M = 6，停電順序依序為1, 7, 13, 3, 10,17, 9, 2, 12, 6, 4, 16, 5, 11, 8, 15, 14。

   針對特定的分區數目N，不同的數字M會導致最後停電區域不同，由於台電總公司位於台北(13區)，13區必須為最後停電區域，因此M值必須謹慎選擇。以N = 17為例，如果選擇M = 7，停電順序為1, 8, 15, 6, 14, 7, 17, 11, 5, 3, 2, 4, 10, 16, 9, 12, 13，才能使得13區為最後停電區域。這樣的M數字或許不止一個，但是我們只需求出13區為最後停電區域中最小的一個M值。

請設計一程式讀取電力分區數N(最小為13，最大為99，13≦N≦99)後，然後M由1, 2, 3, …漸增直找到某一M數字使得13區為最後停電之區域，該M數字即為答案，請將該M數字輸出。

5. 多項式的運算

$$f(x)=a_n x^n + a_{n-1}x^{n-1} + \cdots + a_1 x + a_0 \quad (2.2)$$

公式(2.2)為一多項式表示式，f稱為n次多項式，$a_i x^i$為多項式的項次($0 \le i \le n$)，a_i為x^i的係數，i稱為指數。用一個一維陣列來記錄一個多項式係數不為0的項次，習慣上指數由大到小排列。假設要記錄$f(x)=3x^5-2x^3+8x+6$，多項式f總共有4個係數不為0的項次，要用陣列紀錄係數不為0的項次的係數與指數，亦即每一項次需要2個元素，所以n個係數不為0的項次總共需要2×n個元素。用F陣列來記錄多項式f，如下所示：

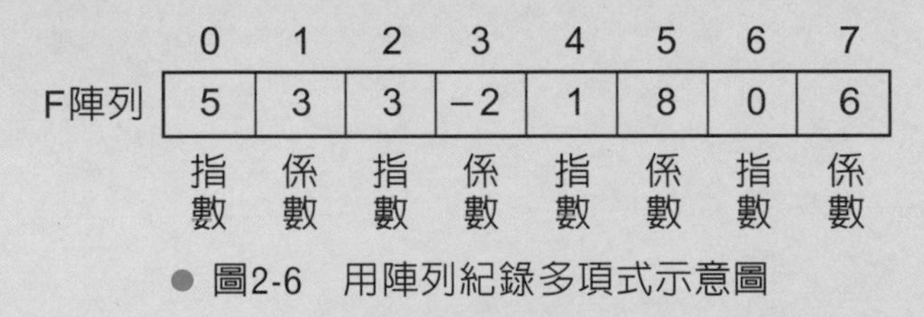

● 圖2-6　用陣列紀錄多項式示意圖

(1) 請產生多項式A與B，每個多項式的項次介於3~7、指數介於0~9、係數介於1~9，其中項次、指數、與係數均為亂數產生。依指數降冪方式排列，將亂數產生的多項式紀錄於陣列中。

(2) 多項式輸出的格式如下：

F：3x^5 - 2x^3 + 8x + 6

其中

- 指數為1，只印出「x」，不印出「^1」。
- 指數為0，不印出「x^0」。
- 第一項係數為正時，不印「+」。
- 係數為負值時，要把「+」改成「-」。

(3) 請計算多項式的加法C＝A＋B、減法D＝A-B、乘法E＝A×B，並印出多項式C、D、E。

6. 魔術方陣(Magic square)

魔術方陣就是由一組排放在正方形中的整數組成，其每行、每列以及兩條對角線上的數之和均相等。通常魔術方陣由從1到N^2的連續整數組成，其中N為正方形的行或列的數目。請印出N＝3, 5, 7的魔術方陣。

CH03 排序

本章內容

- 3-1 排序演算法的定義與分類
- 3-2 排序演算法的比較與整理
- 重點整理
- 本章習題

3-1 排序演算法的定義與分類

排序演算法(Sorting algorithm)是一種能將一串資料，依照特定排序方式進行排列的一種演算法。最常用到的排序方式是數值順序以及字典順序。排序經常使用於各個領域，如學生成績要經過排序才會知道名次、客戶銷售資料也要經過排序才能列出前十大客戶、或者產品銷售資料也要經過排序才能知道暢銷商品排行。有時還要根據很多不同的欄位資訊來排序。排序有時候也是其他演算法的前置處理，如某些搜尋演算法，必須先將資料做過排序才能運作。

底下簡單介紹幾種排序演算法的分類：

1. 依照排序資料存放的位置

(1) 內部排序法：把所有要排序的資料，都放在主記憶體內進行排序的方式。此種排序法對少量資料比較有效率。

(2) 外部排序法：在資料量大到無法在主記憶體完成排序時，透過主記憶體和磁碟兩者才能完成的排序。

2. 依照同值資料排序前後位置

要排序的資料可能有兩個或多個資料具有相同的值，如果這幾個相同值的資料，在排序前與排序後其前後位置並未調動，則此排序法稱爲穩定性(stable)排序，否則稱爲不穩定性(unstable)排序。

3. 依所使用到的技術與結構

(1) 交換排序法：利用比較兩數，然後交換位置。如氣泡排序、雞尾酒排序、奇偶排序、梳排序、侏儒排序、快速排序、臭皮匠排序、Bogo排序。

(2) 選擇排序法：選取某範圍內的最大或最小資料，安排在適當的位置。如選擇排序、堆排序、平滑排序、笛卡爾樹排序、錦標賽排序、圈排序。

(3) 插入排序法：選取某範圍內的最大或最小資料，插入適當的位置。如插入排序、希爾排序、Splay排序、二元搜尋樹排序、圖書館排序、耐心排序。

(4) 合併排序法：將兩個已經排序的序列合併成一個序列的方法。如合併排序、梯級合併排序、振盪合併排序、多相合併排序、串列排序。

(5) 分佈排序法：將資料按位數切割成不同的數字，然後按每個位數分別比較。如美國旗幟排序、珠排序、桶排序、爆炸排序、計數排序、鴿巢排序、相鄰圖排序、基數排序、閃電排序、插值排序。

(6) 並行排序法：如雙調排序器、Batcher歸併網路、兩兩排序網路。

(7) 混合排序法：如區塊排序、Tim排序、內省排序、Spread排序、J排序。

(8) 其他法：如拓撲排序、煎餅排序、意粉排序。

3-2 排序演算法的比較與整理

根據前一小節的敘述，茲將一些常用的排序演算法做一個比較簡表，如表3-1所示。在維基百科的網站上有「排序演算法」的相關網頁[1]，上面列出超過30個演算法。表3-1僅列出一些常用的排序演算法，若讀者對其他演算法有興趣，請自行參閱維基百科。

表3-1 排序演算法的簡單比較表

名稱	資料物件	分類	穩定性	常用性	速度
氣泡(Bubble)排序	陣列	交換	✓	✓	慢
交換(Exchange)排序	陣列	交換	×	✓	慢
選擇(Selection)排序	陣列	選擇	×	✓	慢
	鏈結串列		✓		
插入(Insertion)排序	陣列、鏈結串列	插入	✓	✓	慢
快速(Quick)排序	陣列	交換	×	✓	快
堆(Heap)排序	陣列	選擇	×	✓	快
合併(Megge)排序	陣列、鏈結串列	合併	✓	✓	快
希爾(Shell)排序	陣列	插入	×	✓	快
計數(Counting)排序	陣列、鏈結串列	分佈	✓	✓	快

1. http://zh.wikipedia.org/wiki/%E6%8E%92%E5%BA%8F%E7%AE%97%E6%B3%95

名稱	資料物件	分類	穩定性	常用性	速度
桶(Bucket)排序	陣列、鏈結串列	分佈	✓	✓	快
基數(Radix)排序	陣列、鏈結串列	分佈	✓	✓	快

大部分的排序演算法都可以使用「陣列」來實作，也可以使用「鏈結串列」(Linked List)或「樹狀結構」來實作。由於「鏈結串列」及「樹狀結構」在後面的章節才會介紹，所以相關的演算法會在適當的時機再做介紹。

假設欲排序的資料為A陣列，總共有n筆資料，表3-2介紹幾個比較簡單且容易了解的演算法，基本上這些演算法都需要二層迴圈，其中第1層迴圈都是控制次數(迴圈變數i從0到n-2，總共n-1次)，而第2層迴圈(迴圈變數j通常從i+1到n-1)則是控制該次排序的資料範圍。這幾個演算法最大的差異在第2層迴圈，請參照表3-2的演算法重點。

✤ 表3-2　幾個比較簡單且容易了解的排序演算法

名稱	想法	演算法重點
氣泡排序	利用相鄰的兩個資料相互比較交換	◆ for (i=0; i<=n-2; i++) ◆ for (j=0; j<=n-i-2; j++) ◆ 比較A[j]與A[j+1]
交換排序	利用欲排序位置的資料與搜尋範圍其他位置資料相互比較交換	◆ for (i=0; i<=n-2; i++) ◆ for (j=i+1; j<=n-1; j++) ◆ 比較A[i]與A[j]
選擇排序	在搜尋範圍內找出最大或最小值的位置，然後跟欲排序位置的資料交換	◆ for (i=0; i<=n-2; i++) ◆ for (j=i+1; j<=n-1; j++) ◆ 在搜尋範圍內找到最大或最小值的A[j]，然後與A[i]交換

3-2-1　氣泡排序法

想法

是一種簡單的排序演算法。重複地走訪過要排序的數列，每次比較相鄰的兩個元素，如果它們的順序錯誤(看是由大到小或是由小到大排列)就把它們交換過來。走訪數列的工作是重複地進行直到沒有需要再交換，也就是說該數列已經排序完成。這個演算法的名字由來是因爲越小(越大)的元素會經由交換慢慢「浮」到數列的頂(前)端。

演算法

此演算法都需要二層迴圈，其中第1層迴圈都是控制次數，而第2層迴圈則是控制該次排序的資料範圍。

- 在第0次搜尋範圍第0個到第n-1個(迴圈變數j從0到n-2)，比較A[j]與A[j+1]的值，如果A[j]比A[j+1]小(大)則兩數的值交換。
- 在第1次搜尋範圍第0個到第n-2個(迴圈變數j從0到n-3)，比較A[j]與A[j+1]的值，如果A[j]比A[j+1]小(大)則兩數的值交換。
- …
- 在第i次搜尋範圍第0個到第n-i-1個(迴圈變數j從0到n-i-2)，比較A[j]與A[j+1]的值，如果A[j]比A[j+1]小(大)則兩數的值交換。
- …
- 在第n-2次搜尋範圍第0個到第1個(迴圈變數j從0到0)，比較A[j]與A[j+1]的值，如果A[j]比A[j+1]小(大)則兩數的值交換。

排序過程示意圖

- i的範圍從0到3(就是n-2，因爲資料有5筆，所以n=5)，j的範圍從0到3-i(就是n-i-2)。
- 表格中i=x及j=x分別表示第一層迴圈i及第二層迴圈j的索引值，在還沒進入第二層迴圈之前，會先列出該次欲排序的數列，而搜尋範圍以網底表示。
- 第二層迴圈中僅列出有交換資料的那幾次迴圈的數列，並於有交換的數字後面加上‘*’以茲識別。並在進入下一個i迴圈之前能找到資料序列中的最小值(由大到小排列時)，放置於本次搜尋範圍的最後一個位置(以藍字標示)。

BubbleSort排序前：	59	7	76	57	81
i=0：	59	7	76	57	81
j=1：	59	76*	7*	57	81
j=2：	59	76	57*	7*	81
j=3：	59	76	57	81*	7*
i=1：	59	76	57	81	7
j=0：	76*	59*	57	81	7
j=2：	76	59	81*	57*	7
i=2：	76	59	81	57	7
j=1：	76	81*	59*	57	7
i=3：	76	81	59	57	7
j=0：	81*	76*	59	57	7
BubbleSort排序後：	81	76	59	57	7

練習 3-1

題目：請將寫出下列數列以氣泡排序法由小到大排序的過程：

10, 68, 54, 20, 21, 20, 67, 23, 91

檢查點：氣泡排序法的流程。

3-2-2 交換排序法

想法

也是一種簡單的排序演算法。重複地走訪過要排序的數列，每次比較欲排序位置的資料與搜尋範圍其他位置資料的兩個元素，如果它們的順序錯誤(看是由大到小或是由小到大排列)就把它們交換過來。走訪數列的工作是重複地進行，直到沒有需要再交換，也就是說該數列已經排序完成。

演算法

此演算法都需要二層迴圈，其中第1層迴圈都是控制次數，而第2層迴圈則是控制該次排序的資料範圍。

- 在第0次比較第0個和搜尋範圍第1個到第n-1個(迴圈變數j從1到n-1)，比較A[0]與A[j]的值，如果A[0]比A[j]小(大)則兩數的值交換。
- 在第1次比較第1個和搜尋範圍第2個到第n-1個(迴圈變數j從2到n-1)，比較A[1]與A[j]的值，如果A[1]比A[j]小(大)則兩數的值交換。

  …
- 在第i次比較第i個和搜尋範圍第i+1個到第n-1個(迴圈變數j從i+1到n-1)，比較A[i]與A[j]的值，如果A[i]比A[j]小(大)則兩數的值交換。

  …
- 在第n-2次比較第n-2個和搜尋範圍第n-1個到第n-1個(迴圈變數j從n-1到n-1)，比較A[n-1]與A[j]的值，如果A[n-1]比A[j]小(大)則兩數的值交換。

排序過程示意圖

- i的範圍從0到3(就是n-2，因爲資料有5筆，所以n=5)，j的範圍從i+1到4(就是n-1)。
- 表格中i=x及j=x分別表示第一層迴圈i及第二層迴圈j的索引值，在還沒進入第二層迴圈之前會先列出該次欲排序的數列，而搜尋範圍以網底表示。
- 第二層迴圈中僅列出有交換資料的那幾次迴圈的數列，並於有交換的數字後面加上‘*’以茲識別。並在進入下一個i迴圈之前，能找到資料序列中的最大值(由大到小排列時)，放置於本次搜尋範圍的第一個位置(以藍字標示)。

ExangeSort排序前：	59	7	76	57	81
i=0：	59	7	76	57	81
j=2：	76*	7	59*	57	81
j=4：	81*	7	59	57	76*
i=1：	81	7	59	57	76
j=2：	81	59*	7*	57	76
j=4：	81	76*	7	57	59*
i=2：	81	76	7	57	59
j=3：	81	76	57*	7*	59
j=4：	81	76	59*	7	57*
i=3：	81	76	59	7	57
j=4：	81	76	59	57*	7*
ExangeSort排序後：	81	76	59	57	7

練習 3-2

題目：請將寫出下列數列以交換排序法由小到大排序的過程：

10, 68, 54, 20, 21, 20, 67, 23, 91

檢查點：交換排序法的流程。

3-2-3 選擇排序法

想法

也是一種簡單的排序演算法。首先在未排序的範圍內找到最小(大)元素，存放到排序序列的起始位置，然後再從剩餘未排序元素中，繼續尋找最小(大)元素，放到已排序序列的末尾。以此類推，直到所有元素均排序完畢。

演算法

此演算法都需要二層迴圈，其中第1層迴圈都是控制次數，而第2層迴圈則是控制該次排序的資料範圍。

- 在第0次搜尋，範圍爲第0個到第n-1個(迴圈變數j從0到n-1)，找出最小(大)值的位置j，A[0]與A[j]交換。
- 在第1次搜尋，範圍爲第1個到第n-1個(迴圈變數j從1到n-1)，找出最小(大)值的位置j，A[1]與A[j]交換。

  …
- 在第i次搜尋，範圍爲第i個到第n-1個(迴圈變數j從i到n-1)，找出最小(大)值的位置j，A[i]與A[j]交換。

  …
- 在第n-2次搜尋，範圍爲第n-2個到第n-1個(迴圈變數j從n-2到n-1)，找出最小(大)值的位置j，A[n-2]與A[j]交換。

排序過程示意圖

- i的範圍從0到3(就是n-2，因爲資料有5筆，所以n=5)，j的範圍從i+1到4(就是n-1)。
- 表格中i=x表示第一層迴圈i及第二層迴圈j的索引值，在還沒進入第二層迴圈之前會先列出該次欲排序的數列，而搜尋範圍以網底表示。
- 由於選擇排序法在第二層迴圈中並不做交換的動作，僅在結束j迴圈時才做交換，所以在每個i索引值僅列出一個數列，並於有交換的數字後面加上‘*’以茲識別。但此法有時不會有交換的動作。並在進入下一個i迴圈之前能找到資料序列中的最大值(由大到小排列時)，放置於本次搜尋範圍的第一個位置(以藍字標示)。

SelectionSort排序前：	59	7	76	57	81
i=0：	59	7	76	57	81
	81*	7	76	57	59*
i=1：	81	7	76	57	59
	81	76*	7*	57	59
i=2：	81	76	7	57	59
	81	76	59*	57	7*
i=3：	81	76	59	57	7
	81	76	59	57	7
SelectionSort排序後：	81	76	59	57	7

練習 3-3

題目：請將寫出下列數列以選擇排序法由小到大排序的過程：

10, 68, 54, 20, 21, 20, 67, 23, 91

檢查點：選擇排序法的流程。

程式碼3-1爲上述3個簡單排序演算法的程式碼片段，茲簡單說明如下：

1. 第3~6行爲宣告欲排序的陣列，目前設定陣列元素個數爲10。各種程式語言的陣列宣告方式，請參閱第1章表1-3及表1-4；動態配置陣列的方法第2章程式碼2-26。
2. 第7行呼叫GenerateData()函數，根據引數MN及MX產生亂數範圍介於MN~MX之間的陣列的值，目前假設陣列的值爲1~100之間的整數亂數。各種程式語言的亂數產生的方式，請參閱第1章1-4-6節。
3. Print1Darr()函數(第8行及第10行)是用來列印一維陣列。如果主程式使用動態配置的方式宣告陣列，那透過函數的引數傳遞陣列指標時，在函數裡是無法得到陣列的元素個數，所以程式碼3-1裡的眾多函數(如BubbleSort、ExchangeSort、SelectionSort、GenerateData、Print1Darr)都需另外傳遞陣列元素個數n的引數。

4. 氣泡排序法與交換排序法同屬交換類的排序法，所以程式碼也非常接近。差異之處主要有2個，一爲第2層迴圈變數j的範圍，另一個爲比較陣列裡的哪2個元素。所以，有差異的地方只有2行指令：氣泡排序法的第39及44、48行與交換排序法的第59及64、68行。雖然第45、49行與第65、69行也有差異，但其實只是「比哪兩個元素，就交換哪兩個元素」而已。在所有的排序法中傳入了type的引數，主要是來控制排序的方向，type爲1時降冪排序，type爲2時升冪排序

5. 選擇排序法與交換排序法的第2層迴圈變數j的範圍是一樣的，不同的是選擇排序法在j迴圈裡並不做交換的動作，只是找出最大(小)值元素的位置(索引值idx)，j迴圈結束後才做交換的動作。其中第79行是很關鍵的指令，在進入j迴圈之前，先令索引值idx爲i，即爲第i次搜尋範圍內的第1個元素的索引值。假如在j迴圈中(第80~93行)並沒有找到任何一個A[j]比A[i]大，那麼idx的值會一直維持不變，乃至於在第48行指令雖然還是有執行交換的動作，但也只是A[i]跟A[i]交換而已，並沒有改變陣列元素的順序。

6. swap函數本來是可以只傳欲交換的2個陣列元素的指標當作引數，例如使用swap(&A[i], &A[j])的函數來交換A陣列的第i個跟第j個元素。但是因爲Java程式語言沒辦法傳遞變數(或陣列元素)的位址給一個函數，所以在此統一傳遞陣列的指標及2個欲交換元素的索引值。如此，程式碼才能很快的在不同語言間做轉換。

程式碼3-1

幾個比較簡單且容易了解的排序演算法(C/C++)

名稱	程式碼

主程式

```
1  int main(void)
2  {
3      const int N = 10; //#define N 10
4      const int MN = 10; //#define MN 10
5      const int MX = 100; //#define MX 100
6      int i, A[N]; // 10 表示元素個數，所以索引值可以到 9
7      GenerateData(A, N, MN, MX);
8      printArr(A, N, "排序前：");
9      BubbleSort(A, N, 2);
10     printArr(A, N, "排序後：");
11 }
```

產生資料

```
12 void GenerateData(int *A, int n, int mn, int mx)
13 {
14     int i, r, int F[MX];
15     srand(time(NULL));
16     for (i=0; i<n; i++)
17     {
18         do
19         {
20             r = (rand() % (mx - mn + 1)) + mn;
21         } while (F[r] == 1);
22         F[r] = 1;
23         A[i] = r; // 產生10~100之間的不重複的整數亂數
24     }
25 }
```

列印陣列

```
26 void print1DArr(int *A, int n, char* message)
27 {
28     int i, j;
29     printf("%s\n", message);
30     for (i=0; i<n; i++)
31         printf("%3d ", A[i]);
32     printf("\n");
33 }
```

名稱	程式碼

氣泡排序	34 void BubbleSort(int *A, int n, int type) // type==1 降冪，type = 2 升冪
	35 {
	36 int i, j;
	37 for (i=0; i<=n-2; i++)
	38 {
	39 for (j=0; j<=n-i-2; j++)
	40 {
	41 switch (type)
	42 {
	43 case 1:

	44 if (A[j]<A[j + 1]) 45 swap(A, j, j + 1); 46 break; 47 case 2: 48 if (A[j]>A[j + 1]) 49 swap(A, j, j + 1); 50 break; 51 } 52 } 53 } 54 }

名稱	程式碼

交換排序	55 void ExchangeSort(int *A, int n, int type)
	56 {
	57 int i, j;
	58 for (i=0; i<=n-2; i++)
	59 for (j=i+1; j<=n-1; j++)
	60 {
	61 switch (type)
	62 {
	63 case 1:
	64 if (A[i]<A[j])
	65 swap(A, i, j);
	66 break;
	67 case 2:
	68 if (A[i]>A[j])
	69 swap(A, i, j);
	70 break;
	71 }
	72 }
	73 }

名稱	程式碼

選擇排序	74 void SelectionSort(int *A, int n, int type)
	75 {
	76 int i, j, idx;
	77 for (i=0; i<=n-2; i++)
	78 {
	79 idx = i;
	80 for (j=i+1; j<=n-1; j++)
	81 {
	82 switch (type)
	83 {
	84 case 1:
	85 if (A[mxIdx]<A[j])
	86 mxIdx = j;
	87 break;
	88 case 2:
	89 if (A[mxIdx]>A[j])
	90 mxIdx = j;
	91 break;
	92 }
	93 }
	94 swap(A, i, idx);
	95 }
	96 }

swap	97 void swap(int *A, int i, int j) 98 { 99 int tmp; 100 tmp = A[i]; 101 A[i] = A[j]; 102 A[j] = tmp; 103 }

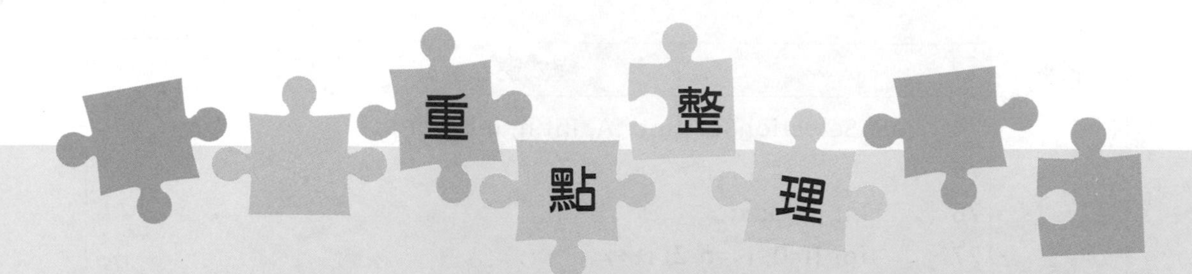

1. 排序演算法有很多種，本書強調的是讀者要能根據演算法寫出程式碼，而不是要讀者去探討哪種排序演算法比較有效率。
2. 本章所列出的3種常用的排序演算法其實差異不大，所以先用比較表(表3-2)來點出這3種演算法的主要想法(也就是到底怎麼比序的)，然後才列出詳細的想法及其演算法，而從它們的演算法應該就不難寫出程式碼。再則，對於程式碼3-1我們也做了差異性的說明。主要是希望讀者能熟悉這3種演算法的基本程式架構，然後再根據其想法的差異，對程式碼做適當的修改。
3. 本章習題列出了其他排序的演算法，希望讀者能理解這些演算法後，自行撰寫出程式碼。

基礎題

(　　) 1. 排序法將數列切成兩部分：已排序數列及未排序數列，每次從未排序數列中找出最小的數，將它移到為排列數列的最前面。稱為：

【97台北大學資訊管理所】

(1)泡沫排序

(2)插入排序

(3)快速排序

(4)選擇排序

(　　) 2. 以下為選擇排序法(Selection Sort)的程式片段：

```
for (i=0; i<=5-2; i++) {
  for (j=i+1; j<=5-1; j++) {
    System.out.println("execute");
```

執行以上程式後，共會印出幾個"execute"？

【98交通大學資訊管理所乙組】

(1)9

(2)10

(3)11

(4)12

(　　) 3. 將欲排序的資料全部載到主記憶體中進行排序的方法稱為：

(1)外置排序

(2)中置排序

(3)外部排序

(4)內部排序

(　　)4. 數列(21, 19, 37, 15, 12)經由氣泡排序法(Bubble Sort)由小到大排序，在第一次執行交換(Swap)之後所得的結果為：

(1)19, 21, 37, 15, 12

(2)21, 19, 15, 37, 12

(3)21, 19, 37, 12, 15

(4)12, 21, 19, 37, 15

(　　)5. 數列(15, 25, 10, 30, 20)經由氣泡排序法(Bubble Sort)遞減排序，在第一回合(循環)之後所得的結果為：

(1)15, 25, 30, 20, 10

(2)25, 15, 30, 20, 10

(3)10, 15, 20, 25, 30

(4)15, 20, 25, 30, 10

(　　)6. 使用選擇排序法，將數列(10, 5, 25, 30, 15)由大到小排序，需進行幾次比較？

(1)8

(2)9

(3)10

(4)11

(　　)7. 使用選擇排序法排列10筆資料的順序，最多做幾次的排序循環(回合)？

(1)7

(2)8

(3)1

(4)9

(　　)8. 下列何者不屬於穩定地排序法？

(1)氣泡

(2)插入

(3)合併

(4)堆積(Heap)

(　　) 9. 若要依照學生成績的高低，以選擇排序法來排列50位學生的名次，需要執行幾次的排序循環？

(1)40

(2)48

(3)51

(4)49

(　　) 10. 給定15個整數亂數，如果要以氣泡排序法，由小到大排序，使用巢狀for迴圈處理，請問至少需要幾層巢狀for迴圈？

(1)2

(2)1

(3)14

(4)15

實作題

1. 插入排序法

● 想法

通過構建有序序列，對於未排序數據，在已排序序列中從後向前掃描，找到相應位置並插入。插入排序在實現上，通常採用in-place排序（即只需用到O(1)的額外空間的排序），因而在從後向前掃描過程中，需要反覆把已排序元素逐步向後挪位，為最新元素提供插入空間。

● 演算法

(1)從第一個元素開始，該元素可以認為已經被排序。

(2)取出下一個元素，在已經排序的元素序列中從後向前掃描。

(3)如果該元素（已排序）大於新元素，將該元素移到下一位置。

(4)重複步驟(3)，直到找到已排序的元素小於或者等於新元素的位置。

(5)將新元素插入到該位置後。

(6)重複步驟(2)~(5)。

排序過程示意圖

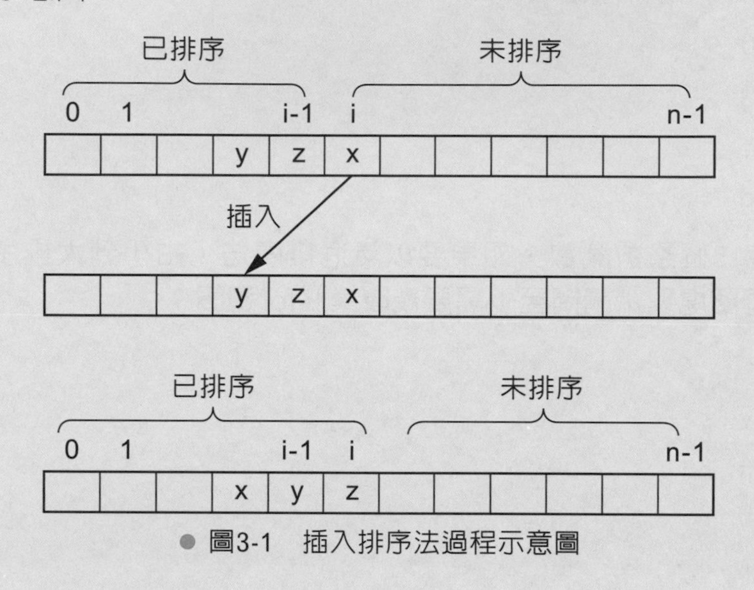

● 圖3-1 插入排序法過程示意圖

2. 希爾排序法

● 想法

前面介紹過的氣泡排序法、交換排序法、選擇排序法及插入排序法等這幾種演算法中，所比較與交換的元素大多位於鄰近的位置，所以效率可能比較差。於是D.L. Shell在1959年提出了一個新的排序演算法，這個方法源自於插入排序法，只不過元素比較與交換的位置比較遠。

所以它的做法是先將資料以固定間隔位置分組(如每隔4個一組，則第一組的資料索引值為0、4、8、…，第二組的資料索引值為1、5、9、…，以此類推)。再分別對各組中的小部分資料排序，然後再以較小間隔分組(如這次每隔2個一組)，再分別對各組中的小部分資料排序，最後將全部資料一起排序。

● 演算法

(1) 由上述的想法可知希爾排序法是利用h-組排序數列的原理逐步逼近到1-組排序數列。所以在排序前要先選出h的數列h_k、h_{k-1}、h_{k-2}、…、$h_1=1$。當資料量很大時，D.E.Knuth建議h數列可用1, 4, 13, 40, 121, …，即$h_{m+1}=3h_m+1$，且$h_1=1$。

(2) 分別對每一組(以h_k分組)資料使用插入排序法排序。

(3) 然後將所有資料以h_{k-1}分組後。

(4) 再分別對每一組資料排序。

(5) 重複步驟(3)~(4)，每次使用下一個h分組，直到使用$h_1=1$為止。

排序過程示意圖

	0	1	2	3	4	5	6	7	8	9	10	11
原資料	49	6	89	30	5	44	93	81	66	58	1	77

Setp1 資料分成$h_k=4$組

	0	1	2	3	4	5	6	7	8	9	10	11
第1組資料	49				5				66			
第2組資料		6				44				58		
第3組資料			89				93				1	
第4組資料				30				81				77

Step2 分別對每一組資料使用插入排序法排序。

	0	1	2	3	4	5	6	7	8	9	10	11
第1組資料	5*				49				66			
第2組資料		6				44				58		
第3組資料			1*				89				93	
第4組資料				30				77*				81

Setp3 將所有資料以$h_{k-1}=2$分組

	0	1	2	3	4	5	6	7	8	9	10	11
第1組資料	5		1		49		89		66		93	
第2組資料		6		30		44		77		58		81

Step4 再分別對每一組資料使用插入排序法排序。

	0	1	2	3	4	5	6	7	8	9	10	11
第1組資料	1*		5		49		66*		89		93	
第2組資料		6		30		44		58*		77		81

Setp5 將所有資料以h_1=1分組

	0	1	2	3	4	5	6	7	8	9	10	11
第1組資料	1	6	5	30	49	44	66	58	89	77	93	81

Step6 將所有資料排序

	0	1	2	3	4	5	6	7	8	9	10	11
排序完	1	5*	6	30	44*	49	58*	66	77*	81*	89*	93

● 圖3-2　希爾排序法過程示意圖

3. 基數排序法

● 想法

基數排序法是一種非比較型整數排序演算法，其原理是將整數按位數切割成不同的數字，然後按每個位數分別比較。由於整數也可以表達字元串（比如名字或日期）和特定格式的浮點數，所以基數排序也不是只能使用於整數。

基數排序法是這樣實作的：將所有待比較的數值（正整數）統一為同樣的數位長度，數位較短的數前面補零。然後，從最低位開始，依序進行一次排序。這樣從最低位排序一直到最高位排序完成以後，數列就變成一個有序序列。基數排序的方式可以採用LSD（Least significant digital）或MSD（Most significant digital），LSD的排序方式由鍵值的最右邊開始，而MSD則相反，由鍵值的最左邊開始。

● 演算法

(1) 先將數字資料A[n]依個位數來分類，放入由數字0, 1, 2, …, 9的暫存陣列D[10][n]中，再依數字的順序放回原陣列。則資料已依個位數排序。

(2) 先將數字資料A[n]依十位數來分類，放入由數字0, 1, 2, …, 9的暫存陣列D[10][n]中，再依數字的順序放回原陣列。則資料已依十位數和個位數排序。

(3) 同理，再做百位數、千位數、…即可得到排序好的數列。

排序過程示意圖

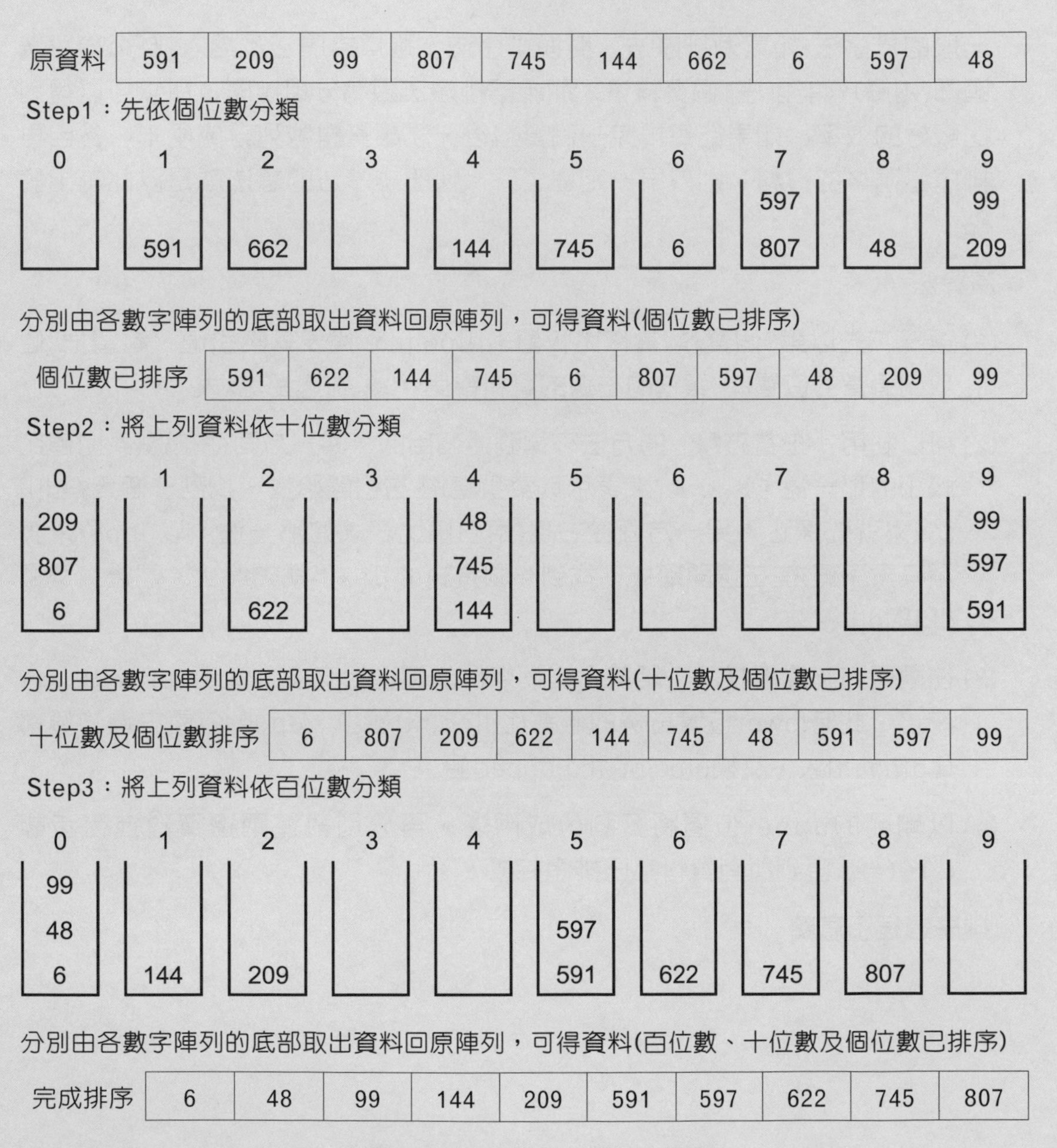

● 圖3-3　基數排序法過程示意圖

4. 快速排序法

● 想法

一般的排序法(如氣泡排序法、交換排序法、選擇排序法及插入排序法)每次迴圈(兩層)只能排序1個資料量，而希爾排序法因為分組排序，所以可以得到比較好的效率。如果能每排完一個資料後，就讓資料數列分成兩半，各自再排序這兩半的資料，則效果一定會更好。快速排序法的想法就是以此為出發點。

● 演算法

(1) 第一次先以第0個資料x當作比較值，用point來代表其索引值，希望把x值放到適當的位置k，讓它的左邊的資料都比x小，右邊都比x大。

(2) 可以利用「左右夾擊」的方法來達到這個目的。即一方面從左邊(索引值比較小的那一邊，以lower來表示其索引值)往右邊開始找，找到一個資料d[i]比x大就先停止；另一方面從右邊(索引值比較大的那一邊，以upper來表示其索引值)往左邊開始找，找到一個資料d[j]比x小就先停止。然後，交換d[i]與d[j]。

(3) 往兩個方向繼續找下一組符合交換條件的值進行交換，直到upper<lower為止，此時lower位置左邊的值都比d[point]值小，upper位置右邊的值都比d[point]大，交換d[point]和d[upper]值。

(4) 以剛剛的upper位置將資料分成兩邊，再分別對這兩邊資料進行步驟(2)~(4)，直到所有資料都已排序完成。

排序過程示意圖

Step1：先從第0個位置開始，point=0、lower=1、upper=11。

[0	1	2	3	4	5	6	7	8	9	10	11]
49	6	89	30	5	44	93	81	66	58	1	77

lower→　　　　　　　　　　　　　　　　　　←upper

Step2：lower=2時，49<89；upper=10時，49>1，所以交換位置2跟10，得到：

[0	1	2	3	4	5	6	7	8	9	10	11]
49	6	1*	30	5	44	93	81	66	58	89*	77

繼續分別往左右方向尋找。

[0	1	2	3	4	5	6	7	8	9	10	11]
49	6	1	30	5	44	93	81	66	58	89	77

upper↑　　↑lower

Step3：lower=6時，49<93；upper=5時，49>44，但此時upper<lower，所以交換位置point跟upper，得到：

[0	1	2	3	4	5	6	7	8	9	10	11]
44*	6	1	30	5	49*	93	81	66	58	89	77

Step4：此時upper(=5)位置為已經排序好的資料。從這個位置將數列分成兩半，一為索引值0~4，另一為索引值6~11。然後分別對這兩半的資料再重複剛剛排序的動作：

[0	1	2	3	4]	5	[6	7	8	9	10	11]
44	6	1	30	5	49	93	81	66	58	89	77

lower1→　　←upper1　　lower2→　　←upper2

然後一直重複步驟(2)~(4)直到排序完成。

● 圖3-4　快速排序法過程示意圖

NOTE

CH04 搜尋

本章內容

- 4-1　搜尋演算法的定義與分類
- 4-2　搜尋演算法的比較與整理
- 重點整理
- 本章習題

4-1
搜尋演算法的定義與分類

搜尋(Search)就是在資料序列中尋找符合特定條件的資料。而搜尋之主要核心動作爲「比較」，必須透過比較運算子(如>=、<=、==(或=)、>、<、!=(或<>))才有辦法判斷是否尋找到特定資料。若是大範圍的搜尋可以看成篩選，即找出的資料可能不只一筆，而本章所要探討的運算子爲==(或=)的搜尋方法。當資料量少時很容易，當資料量龐大時，如何快速搜尋爲一重要課題。

底下簡單介紹幾種搜尋演算法的分類：

1. 依照搜尋資料量的大小

(1) 內部搜尋法：當欲搜尋的資料量比較小，在搜尋時可以把資料一次全部載入主記憶體中，進行搜尋動作。由於主記憶體是內嵌在電腦主機板上，所以稱爲「內部」搜尋法。

(2) 外部搜尋法：當欲資料的資料量過大，在搜尋時無法一次全部載入主記憶體中，必須借助輔助記憶體來分批處理。由於輔助記憶體「不是」內嵌在電腦主機板上，所以稱爲「外部」搜尋法。

2. 依搜尋時資料表格是否異動

(1) 靜態搜尋：搜尋過程中，資料表格不會有任何異動(如：新增、刪除或更新)。例如：查閱紙本字典、電話簿。

(2) 動態搜尋：搜尋過程中，資料表格會經常異動。

3. 依所使用到的技術

(1) 比較搜尋法：一般是採用鍵值比對的方法。

(2) 分配搜尋法：不採用比對的方法，主要是依鍵值的分佈來搜尋。

4-2 搜尋演算法的比較與整理

一般搜尋常見之演算法有，「循序(線性)搜尋」(Sequential/Linear Search)、「二分(二元)搜尋」(Binary Search)、「插補(內插)搜尋」(Interpolation Search)、「費氏」(Fibonacci Search)、「二元樹搜尋」(Binary Tree Search)、「雜湊搜尋」(Hashing Search)。

根據前一小節的敘述，茲將一些常用的搜尋演算法做一個比較簡表，如表4-1所示。大部分的搜尋演算法都可以使用「陣列」來實作，也可以使用「鏈結串列」(Link List)、「樹狀結構」或數學的雜湊函數來實作。由於「鏈結串列」及「樹狀結構」在後面的章節才會介紹，所以相關的演算法會在適當的時機再做介紹。表4-2介紹了幾個比較簡單且容易了解的搜尋演算法。

表4-1　搜尋演算法的簡單比較表

名稱	資料物件	資料先排序	速度	優缺點與適用時機
循序搜尋	陣列、鏈結串列	×	慢	◆適用於資料量小
二元樹搜尋	陣列及樹	✓	快	◆需先將資料序列建立成「二元搜尋樹」 ◆需要較大記憶體空間
二分搜尋	陣列	✓	快	◆適用於資料量大
插補(內插)搜尋	陣列	✓	快	◆適用於資料分佈均勻
雜湊搜尋	陣列	×	最快	◆搜尋速度與資料量大小無關 ◆保密性高 ◆不適合循序型媒體

表4-2　幾個比較簡單且容易了解的搜尋演算法

名稱	想法
循序搜尋	資料不用先排序，依指定順序逐一比較。
二分搜尋	資料一定要先排序好，每次都先比較資料範圍的中間位置，然後利用二分法，調整欲搜尋的資料範圍。

名稱	想法
插補(內插)搜尋	資料一定要先排序好。插補搜尋法是改良二分搜尋法每次都先比較中間位置的缺點，利用內插法每次找到更適合的比較位置，再調整欲搜尋的資料範圍。如果資料分佈夠均勻，可更快速完成搜尋。
雜湊搜尋	先將原先資料利用雜湊函數建立雜湊表，將要搜尋的資料用同樣的雜湊函數計算出位址，比較此位址的值是否為欲搜尋的資料。
二元樹搜尋	先將原先資料建立成二元搜尋樹，再依樹的走訪順序逐一比對欲搜尋的資料。

4-2-1 循序搜尋法

想法

循序搜尋法(Sequential Search，或稱線性搜尋法)是最簡單的搜尋方法。將所有資料存放於陣列或鏈結串列中，然後逐一檢視搜尋。

演算法

只要利用一個不定迴圈while來逐一走訪整個陣列或鏈結串列，直到找到欲搜尋的資料或所有資料均已搜尋完爲止。

1. 利用線性掃描方式(以一定的順序一個接著一個檢視資料的方式)，掃描一定範圍的資料，逐一比較。
2. 如果欲搜尋的資料與比較的資料d_i相同時，則回傳資料d_i的索引值i(回傳值爲正值，表示搜尋成功)，搜尋程序結束，否則取下一個資料值d_{i+1}，繼續比較。
3. 若所有資料都已搜尋完畢仍找不到所欲搜尋的資料，則回傳-1(回傳值爲負值，表示搜尋失敗)，搜尋程序結束。

搜尋過程示意圖

1. 與搜尋的資料序列(n筆，本例n爲5)儲存於陣列中，並不需要排序。
2. 使用索引值i來控制搜尋何筆資料，開始搜尋前設定索引值i爲0。
3. 使用不定迴圈while在搜尋範圍i<=n-1，在搜尋範圍內找到欲搜尋的資料，則回傳索引值i的值。

4. 若在搜尋範圍內找不到欲搜尋的資料，亦即索引值i已超過陣列的最大索引值n-1，則回傳-1，表示搜尋失敗。

假設資料序列如下圖，欲搜尋的資料key爲76，假設搜尋索引值i爲0：

0	1	2	3	4
59	7	76	57	81

Step 01

0	1	2	3	4
59	7	76	57	81

i=0，A[i]=59 != 76，則i++，繼續往下搜尋。

Step 02

0	1	2	3	4
59	7	76	57	81

i=1，A[i]=7 != 76，則i++，繼續往下搜尋。

Step 03

0	1	2	3	4
59	7	76	57	81

i=2，A[i]=76 == 76，則搜尋成功，傳回索引值i的值2。

4-2-2 二分搜尋法

想法

二分搜尋法是簡單又有效率的搜尋法之一，其先決條件是要搜尋的資料必須先排序過。對一個已經排序(假設由小到大排序)的資料做搜尋時，可以先從資料的中間位置開始搜尋。假如欲搜尋資料的值等於中間位置資料的值，則搜尋成功；假如欲搜尋資料的值比中間位置資料的值還大，表示欲搜尋的資料，有可能在索引值位置比中間位置還大的範圍；反之，欲搜尋的資料有可能在索引值位置比中間位置還小的範圍。然後，再從新的搜尋範圍的中間位置開始搜尋，不斷的切割搜尋範圍，直到搜尋到欲搜尋的資料，或是所有切割的範圍都已搜尋完畢爲止。

演算法

假設有n筆資料存放於陣列A，且陣列A裡的資料已經由小到大排序。

1. 假設欲搜尋的資料範圍，其下界索引值爲lower，上界索引值upper，而key爲欲搜尋的資料。可以先從資料的中間索引值mid開始搜尋，其中⌊·⌋指無條件捨去取整數的意思。

$$\text{mid} = \left\lfloor \frac{lower + upper}{2} \right\rfloor \tag{4.1}$$

2. key和A[mid]比較有三種情況：

   (1) 如果key=A[mid]，則搜尋成功。

   (2) 如果key>A[mid]，代表有可能找到的資料位於mid+1和upper之間。

   (3) 如果key<A[mid]，代表有可能找到的資料位於lower和mid-1之間。

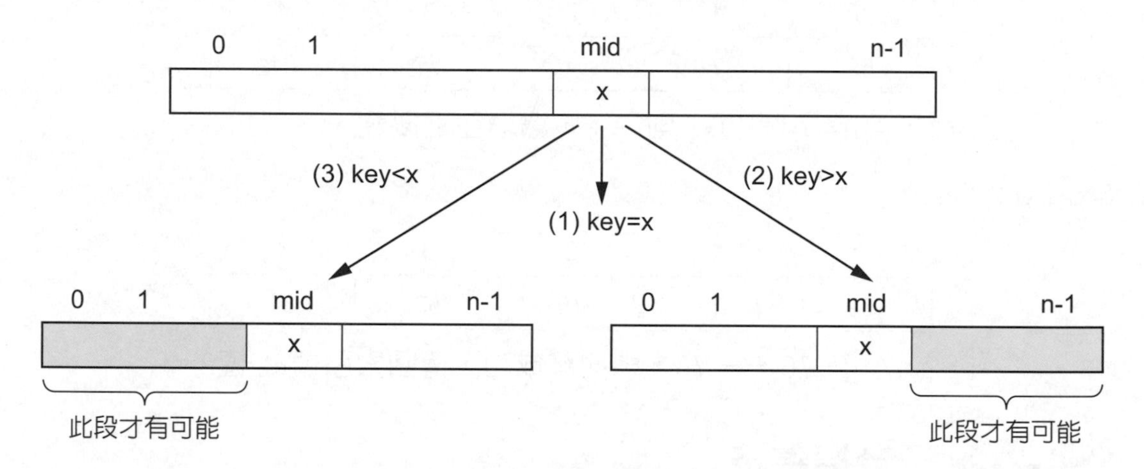

3. 如果不是上述(1)的情況，只要調整欲搜尋資料的範圍，即情況(2)是low=mid+1，upper不變；情況(3)是upper=mid-1，lower不變。若調整後的upper<lower，則代表資料已搜尋完畢，且搜尋失敗；否則再根據公式(4.1)來計算新的mid值，然後重複步驟2繼續搜尋。

搜尋過程示意圖

由此可知，二元搜尋法並不會對每筆資料做搜尋，而是不斷地將搜尋範圍做切割，然後就切割後範圍的中間位置做比較。

1. 假如欲搜尋的資料存於陣列A爲{8, 11, 16, 32, 52, 58, 62, 84, 99}，共9筆資料，已由小到大排列，設定lower爲0、upper爲8、key爲欲搜尋的資料。

2. 使用不定迴圈while在lower <= upper 的條件下

   (1) 根據公式(4.1)計算mid值。

   (2) 如果key=A[mid]，則搜尋成功，回傳索引值mid。

   (3) 如果key>A[mid]，則設定lower爲mid+1。

   (4) 如果key<A[mid]，則設定upper爲mid-1。

3. 若在lower <= upper 的條件下找不到欲搜尋的資料，則回傳-1，表示搜尋失敗。

假設資料序列如下圖，欲搜尋的資料key爲84。

Step 01 lower為0，upper為8；根據公式(4.1)，$\text{mid} = \left\lfloor \frac{0+8}{2} \right\rfloor = 4$。

0	1	2	3	4	5	6	7	8
8	11	26	32	52	68	72	84	99

key=84>A[mid]=52，所以可能的資料範圍在右邊，調整lower=mid+1=5。

Step 02 lower為5，upper為8；根據公式(4.1)，$\text{mid} = \left\lfloor \frac{5+8}{2} \right\rfloor = 6$。

0	1	2	3	4	5	6	7	8
8	11	26	32	52	68	72	84	99

key=84>A[mid]=72，所以可能的資料範圍在右邊，調整lower=mid+1=7。

Step 03 lower為7，upper為8；根據公式(4.1)，$\text{mid} = \left\lfloor \frac{7+8}{2} \right\rfloor = 7$。

0	1	2	3	4	5	6	7	8
8	11	26	32	52	68	72	84	99

key=84==A[mid]=84，所以搜尋成功，回傳索引值mid(=7)。

4-2-3 插補(內插)搜尋法

想法

插補搜尋法非常類似於二元搜尋法，不一樣的地方是二元搜尋法每次都把欲搜尋的範圍切一半，而插補搜尋法則是根據資料的分佈，嘗試以更準確的計算方式，預測出欲搜尋資料的位置，而不是盲目挑選中間位置做比較，再以此位置進行切割，以得到更好的搜尋範圍。

插捕搜尋法比較適合用在資料分佈很均勻的情況，所謂「均勻」的意思，可以簡單看成相鄰資料的差距很接近；或者是資料分佈呈現「線性關係」，如圖4-1所示，可以看出所有資料點距離第0點與最後一點的連線(黑色線)都很近。

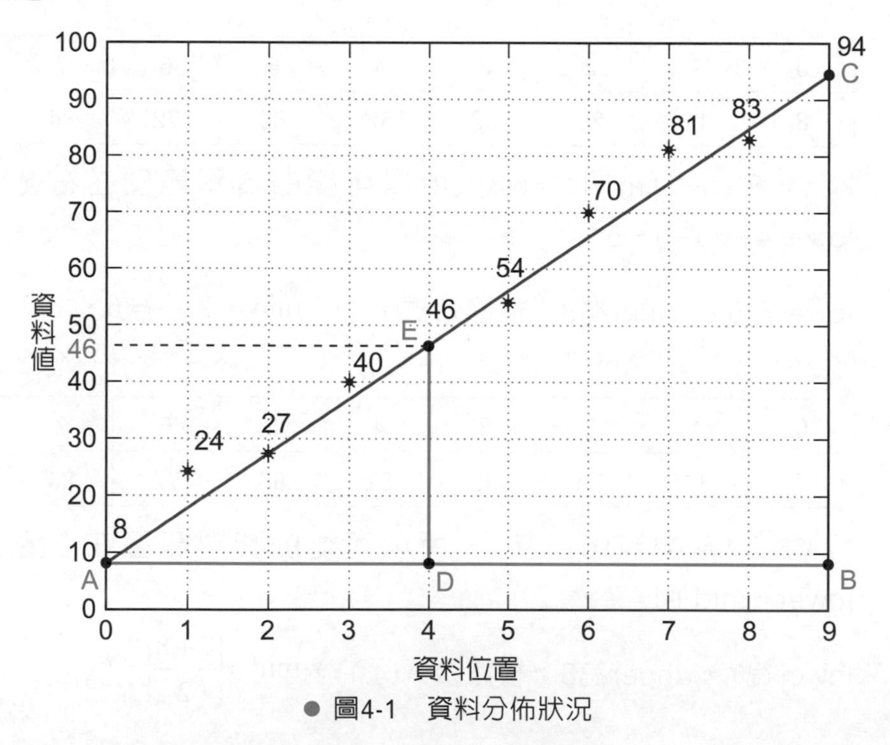

● 圖4-1　資料分佈狀況

演算法

假設有n筆資料存放於陣列A，且陣列A裡的資料已經由小到大排序。

1. 假設欲搜尋的資料範圍，其下界索引值爲lower，上界索引值upper，key爲欲搜尋的資料，而欲搜尋的位置爲mid可以根據內插法的公式求得。

內插法的公式可以根據「相似三角形」的公式簡單推導。圖4-1中三角形ABC相似於三角形ADE(記做ΔABC~ΔADE)，根據相似三角形的特性，可得知其三個對應邊長成比例，如公式(4.2)所示。以圖4-1來說，$\overline{AB}$就是upper-lower、$\overline{BC}$就是A[upper]-A[lower]、$\overline{AD}$就是mid-lower、$\overline{DE}$就是key-A[lower]，將這些值帶入公式(4.2)的前兩項並化簡可得公式(4.4)。

$$\frac{\overline{AD}}{\overline{AB}} = \frac{\overline{DE}}{\overline{BC}} = \frac{\overline{AE}}{\overline{AC}} \tag{4.2}$$

$$\frac{mid - lower}{upper - lower} = \frac{key - A[lower]}{A[upper] - A[lower]} \tag{4.3}$$

$$mid = \left\lfloor \left(\left(key - A[lower] \right) / \left(A[upper] - A[lower] \right) \right) * \left(upper - lower \right) + lower \right\rfloor \tag{4.4}$$

其中$\lfloor \cdot \rfloor$指無條件捨去取整數的意思。

2. key和A[mid]比較有三種情況：

   (1) 如果key=A[mid]，則搜尋成功。

   (2) 如果key>A[mid]，代表有可能找到的資料位於mid+1和upper之間。

   (3) 如果key<A[mid]，代表有可能找到的資料位於lower和mid-1之間。

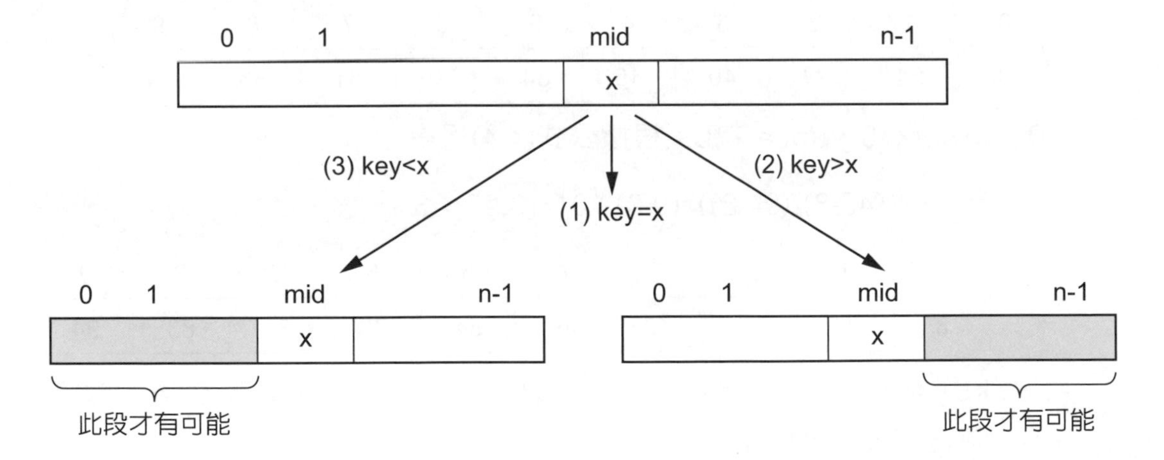

3. 如果不是上述(1)的情況，只要調整欲搜尋資料的範圍，即情況(2)是low=mid+1，upper不變；情況(3)是upper=mid-1，lower不變。若調整後的upper<lower，則代表資料已搜尋完畢，且搜尋失敗；否則再根據公式(4.4)來計算新的mid值，然後重複步驟2繼續搜尋。

搜尋過程示意圖

在使用插補搜尋法時要特別注意第一次計算出的mid值是否有超出lower和upper的範圍，若有則指定mid=upper(超出上界)或mid=lower(超出下界)，然後再繼續搜尋步驟。

1. 假如欲搜尋的資料存於陣列A爲{8, 24, 27, 40, 46, 54, 70, 81, 83, 94}，共10筆資料，已由小到大排列，設定lower爲0，upper爲9，key爲欲搜尋的資料。
2. 使用不定迴圈while在lower <= upper 的條件下
   (1) 根據公式(4.4)計算mid值。
   (2) 如果key=A[mid]，則搜尋成功，回傳索引值mid。
   (3) 如果key>A[mid]，則設定lower爲mid+1。
   (4) 如果key<A[mid]，則設定upper爲mid-1。
3. 若在lower <= upper的條件下找不到欲搜尋的資料，則回傳-1，表示搜尋失敗。

▶ 假設資料序列如下圖，欲搜尋的資料key爲46。

0	1	2	3	4	5	6	7	8	9
8	24	27	40	46	54	70	81	83	94

Step 01 lower為0，upper為9；根據公式(4.4)可得

$mid=\lfloor((46-8)/(94-8))*(9-0)+0\rfloor=\lfloor 3.97\rfloor=3$。

0	1	2	3	4	5	6	7	8	9
8	24	27	40	46	54	70	81	83	94

key=46>A[mid]=40，所以可能的資料範圍在右邊，調整lower=mid+1=4。

Step 02 lower為4，upper為9；根據公式(4.4)可得

$mid=\lfloor((46-46)/(94-46))*(9-4)+4\rfloor=\lfloor 4\rfloor=4$。

0	1	2	3	4	5	6	7	8	9
8	24	27	40	46	54	70	81	83	94

key=46==A[mid]=46，所以搜尋成功，回傳索引值mid(=4)。

另一例，假設欲搜尋的資料key為81。

Step 01 lower為0，upper為9；根據公式(4.4)可得

mid=⌊((81-8)/(94-8))*(9-0)+0⌋=⌊7.64⌋=7。

0	1	2	3	4	5	6	7	8	9
8	24	27	40	46	54	70	81	83	94

key=81==A[mid]=81，所以搜尋成功，回傳索引值mid(=7)。

再一例，假設欲搜尋的資料key為24。

Step 01 lower為0，upper為9；根據公式(4.4)可得

mid=⌊((24-8)/(94-8))*(9-0)+0⌋=⌊1.67⌋=1。

0	1	2	3	4	5	6	7	8	9
8	24	27	40	46	54	70	81	83	94

key=24==A[mid]=24，所以搜尋成功，回傳索引值mid(=1)。

4. 由上述幾個例子可以看出來，若資料分佈均勻，可以在比較少的次數下，完成搜尋的動作。公式(4.4)計算mid時，取無條件捨去或是四捨五入法，會影響搜尋次數約1次左右。

程式碼4-1爲上述3個簡單搜尋演算法的程式碼片段，茲簡單說明如下：

1. 由於搜尋演算法的資料必須先經過排序，基本上承接第3章的程式繼續寫。所以第3~10行爲原本產生資料、列印陣列及排序的程式碼，請參照程式碼3-1，在此則省略不寫。
2. 第11行是以亂數選擇資料陣列中的一個元素當作欲搜尋的資料(key)值。
3. 第12~14行則是呼叫LinearSearch()、BinarySearch ()、InterpolationSearch ()函數分別進行循序搜尋、二分搜尋、插補搜尋。
4. 循序搜尋法的程式碼要逐一走訪資料陣列A的所有元素，在此用while迴圈取代for迴圈，原因是因爲無法事先知道需要執行幾次迴圈才能搜尋到。若在資料陣列A中有搜尋到欲搜尋的資料key，則會透過第26行的指令以return直接離開while迴圈並回傳索引值i；若在資料陣列A中搜尋不到欲搜尋的資料key，則會透過第29行的指令以return -1來回傳錯誤碼。

5. 二分搜尋及插補搜尋的程式碼相當類似(甚至習題的費氏搜尋也是)，主要是透過lower是否小於等於upper來決定是否搜尋過整個資料陣列。程式碼最大的差異在於第36及51行計算mid的公式不一樣。二分搜尋法根據公式(4.1)來計算mid的值；而差補搜尋法則根據公式(4.4)。程式碼第37~42及52~57在處理key值與A[mid]比較的結果。有搜尋到資料會透過程式碼第38及53行回傳索引值mid，否則透過程式碼第44及59行回傳錯誤碼-1。

程式碼4-1

幾個比較簡單且容易了解的搜尋演算法(C/C++)

名稱	程式碼

主程式	1 int main(void)
	2 {
	3 const int N = 10; //#define N 10
	4 const int MN = 10; //#define MN 1
	5 const int MX = 10; //#define MX 100
	6 int i, A[N], key, idx; // 10 表示元素個數，所以索引值可以到 9
	7 GenerateData(A, N, MN, MX);
	8 printArr(A, N, "排序前：");
	9 BubbleSort(A, N, 2);
	10 printArr(A, N, "排序後：");
	11 key = A[(rand() % N)];
	12 idx = LinearSearch(A, N, key);
	13 //idx = BinarySearch(A, N, key);
	14 //idx = InterpolationSearch(A, N, key);
	15 if (idx!=-1)
	16 printf("欲搜尋的資料 %d 在陣列 A 的第 %d 個元素\n", key, idx);
	17 else
	18 printf("欲搜尋的資料 %d 不在陣列 A 裡面\n", key);
	19 }

名稱	程式碼

循序搜尋	20 int LinearSearch(int *A, int n, int key)
	21 {
	22 int i = 0;
	23 while (i<=n-1)
	24 {
	25 if (A[i]==key)
	26 return i;
	27 i++;
	28 }
	29 return -1;
	30 }

二分搜尋	31 int BinarySearch(int *A, int n, int key)
	32 {
	33 int lower = 0; int upper = n-1; int mid;
	34 while (lower<=upper)
	35 {
	36 mid = (lower+upper)/2;
	37 if (key==A[mid])
	38 return mid;
	39 else if (key>A[mid])
	40 lower = mid+1;
	41 else
	42 upper = mid-1;
	43 }
	44 return -1;
	45 }

名稱	程式碼

差補搜尋	46 int InterpolationSearch(int *A, int n, int key)
	47 {
	48 int lower = 0; int upper = n-1; int mid;
	49 while (lower<=upper)
	50 {
	51 mid = (key-A[lower])/(A[upper]-A[lower])*(upper-lower)+lower;
	52 if (key==A[mid])
	53 return mid;
	54 else if (key>A[mid])
	55 lower = mid+1;
	56 else
	57 upper = mid-1;
	58 }
	59 return -1;
	60 }

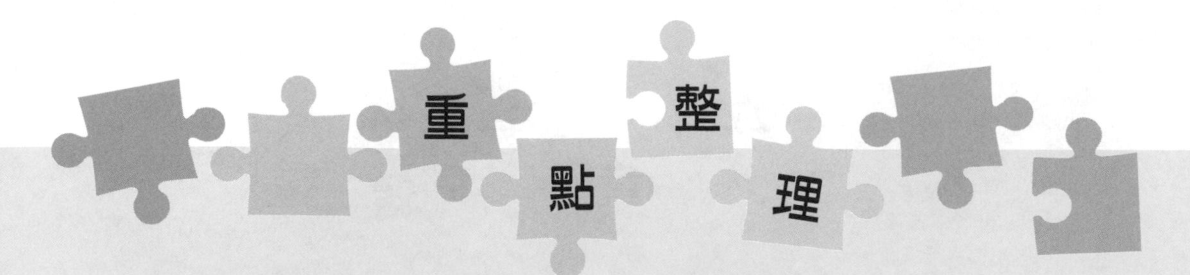

1. 使用陣列資料結構的搜尋演算法並不多，最常見的三種方法(循序搜尋、二分搜尋、插補搜尋)在本章已做過簡單的介紹。還有費氏搜尋法作為習題給讀者練習。
2. 循序搜尋法可用於沒排序的資料串列，是最直覺的搜尋方法。雖然平均搜尋時間比較長，但演算法簡單，容易了解。
3. 二分搜尋法、插補搜尋法、費氏搜尋法都是利用分割搜尋資料範圍的方式，來提升搜尋的速度。讀者只要瞭解分割點的計算規則(或公式)及下次的搜尋範圍之設定，很快就可以完成程式的實作。

基礎題

( )1. 下列何種搜尋方法不是資料結構課程中會探討的方法？

(1)循序搜尋

(2)二分搜尋

(3)二元樹搜尋

(4)資料庫搜尋

( )2. 欲搜尋的資料量比較小，可以全部載入記憶體中再進行搜尋的動作，稱為：

(1)循序搜尋

(2)外部搜尋

(3)內部搜尋

(4)靜態搜尋

( )3. 下列哪一個不是循序搜尋的優點？

(1)資料量越多，循序搜尋比二元搜尋快

(2)資料量越少，循序搜尋比二元搜尋快

(3)資料無需事先排序

(4)程式撰寫很簡單

( )4. 循序搜尋法又稱為何種搜尋法？

(1)二元搜尋法

(2)線性搜尋法

(3)費氏搜尋法

(4)二元樹搜尋法

(　)5. 欲在n筆資料中作搜尋(欲搜尋資料可能不再其中)，下列哪一個敘述不正確？

(1)若使用循序搜尋法，平均需要比較(n+1)/2次

(2)若使用二分搜尋法，所需比較次數不會超過$\log_2 n+1$次

(3)欲使用循序搜尋法，必須先將資料排序

(4)欲使用二分搜尋法，必須先將資料排序

(　)6. 有一個已排序的數列{1, 2, 3, 4, 5, 6, 7, 8, 9, 10, 11, 12, 13, 14, 15}，以二分搜尋法尋找資料值15時需做幾次比較？

(1)3

(2)2

(3)4

(4)5

(　)7. 二分搜尋法從何處開始搜尋資料？

(1)第一個元素

(2)中間元素

(3)最後一個元素

(4)任意元素

(　)8. 若要從英文字典中搜尋某個單字時，往往會使用逼近的方法來搜尋，此方法屬於下列哪一種搜尋法？

(1)二分搜尋法

(2)循序搜尋法

(3)差補搜尋法

(4)雜湊搜尋法

(　)9. 關於排序與搜尋的敘述，下列何者整正確？

(1)所謂排序就是將資料排列成某種特定的順序

(2)在一群資料中，尋找合乎條件的資料，稱之為資料搜尋

(3)經排序後的資料，比較有利於後續的資料處理

(4)以上皆是

(　　) 10. 關於二分搜尋法，下列哪一項敘述不正確？

(1)每一次循環，搜尋的資料範圍皆會縮小一半

(2)若找到欲搜尋的資料即停止搜尋

(3)若欲搜尋資料不再數列中，則會不斷搜尋下去

(4)適用於搜尋已排序的數列

實作題

費氏搜尋法

● 想法

費氏搜尋法又稱為費伯那搜尋法，此法跟二分搜尋法及插補搜尋法類似，都是以切割搜尋範圍來進行搜尋，不同的是費氏搜尋法是以費氏級數來切割。

費氏級數為0, 1, 1, 2, 3, 5, 8, 13, 21, 34, 55, 89, …。也就是第0項為0、第1項為1，其餘每項都是前兩項的和。將費氏級數儲存於一維陣列F中，則

$F[0]=0$，$F[1]=1$，$F[i]=F[i-1]+F[i-2]$，$i\geq 2$(費氏級數的定義)　　(4.5)

將剛剛的式子兩邊都減1，得：

$F[i]-1=F[i-1]+F[i-2]-1=(F[i-1]-1)+1+(F[i-2]-1)$　　(4.6)

● 演算法

假設有n筆資料存放於陣列A，且陣列A裡的資料已經由小到大排序。

1. 假設有n個欲搜尋的資料，儲存於陣列A中(假設從A[0]到A[n-1])。假設可找到一個k使得$F[k]-1=n$，否則找到一個最小的k使得$F[k]-1>n$，然後將欲搜尋資料的個數擴充至F[k]-1個(將A[n]～A[F[k]-2]填入A[n-1])。假設欲搜尋的資料範圍，其下界索引值為lower，上界索引值upper，key為欲搜尋的資料，而欲搜尋的位置為mid。把公式(4.6)與搜尋範圍的上下界索引值做結合可得下圖：

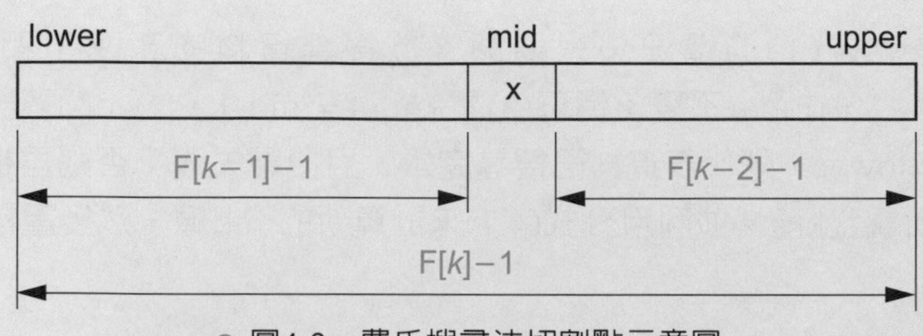

圖4-2　費氏搜尋法切割點示意圖

則

mid＝lower＋F[k-1]-1　(4.7)

2. key和A[mid]比較有三種情況：

(1) 如果key＝A[mid]，則搜尋成功。

(2) 如果key＞A[mid]，代表有可能找到的資料位於mid＋1和upper之間，此範圍的資料個數為F[k-2]-1，仍為某個費數級數減1。

(3) 如果key＜A[mid]，代表有可能找到的資料位於lower和mid-1之間，此範圍的資料個數為F[k-1]-1，仍為某個費數級數減1。

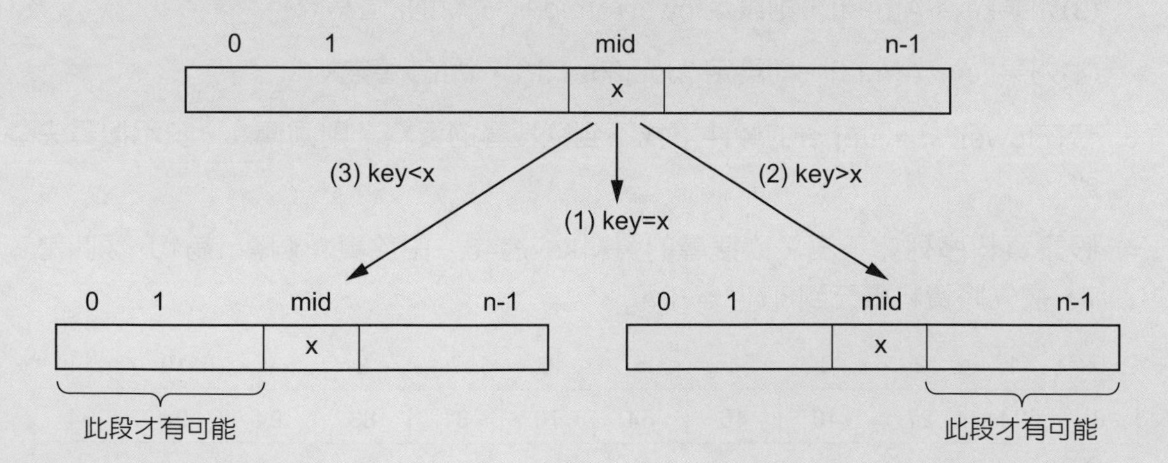

3. 如果不是上述(1)的情況，只要調整欲搜尋資料的範圍，即情況(2)是low=mid+1，upper不變；情況(3)是upper=mid-1，lower不變。若調整後的upper<lower，則代表資料已搜尋完畢，且搜尋失敗；否則再根據lower及upper重新調整k值，並利用公式(4.7)來計算新的mid值，然後重複步驟2繼續搜尋。

● 搜尋過程示意圖

在使用費氏搜尋法時要先根據欲搜尋資料個數n來找出適合的k值，然後再繼續搜尋步驟。

1. 假如欲搜尋的資料存於陣列A為{8, 24, 27, 40, 46, 54, 70, 81, 83, 94}，共10筆資料，已由小到大排列，設定lower為0，upper為9，key為欲搜尋的資料。搜尋資料個數n為10，則使得F[k]-1>n的最小k值為7(F[7]=13，13-1>10)。
2. 使用不定迴圈while在lower <= upper 的條件下

   (1)根據公式(4.7)計算mid值。

   (2)如果key=A[mid]，則搜尋成功，回傳索引值mid。

   (3)如果key>A[mid]，則設定lower為mid+1，新的k值為k-2。

   (4)如果key<A[mid]，則設定upper為mid-1，新的k值為k-1。
3. 若在lower <= upper的條件下找不到欲搜尋的資料，則回傳-1，表示搜尋失敗。
4. 假設資料序列如下圖，欲搜尋的資料key為46。由於資料個數n為10，則k為7，需先將資料擴充到F[7]-1=12筆：

0	1	2	3	4	5	6	7	8	9	10	11
8	24	27	40	46	54	70	81	83	94	94	94

Step 01 lower為0，upper為9，k=7；根據公式(4.7)可得mid=0+8-1=7。

0	1	2	3	4	5	6	7	8	9	10	11
8	24	27	40	46	54	70	81	83	94	94	94

key=46<A[mid]=87，所以可能的資料範圍在左邊，調整upper=mid+1=6，k=k-1=6。

Step 02 lower為0，upper為6，k=6；根據公式(4.7)可得mid=0+5-1=4。

0	1	2	3	4	5	6	7	8	9	10	11
8	24	27	40	46	54	70	81	83	94	94	94

key=46==A[mid]=46，所以搜尋成功，回傳索引值mid(=4)。

NOTE

CH05

鏈結串列1

本章內容

- 5-1 鏈結串列的概念
- 5-2 以單一陣列實作各式鏈結串列
- 5-3 以結構體陣列實作各式鏈結串列
- 重點整理
- 本章習題

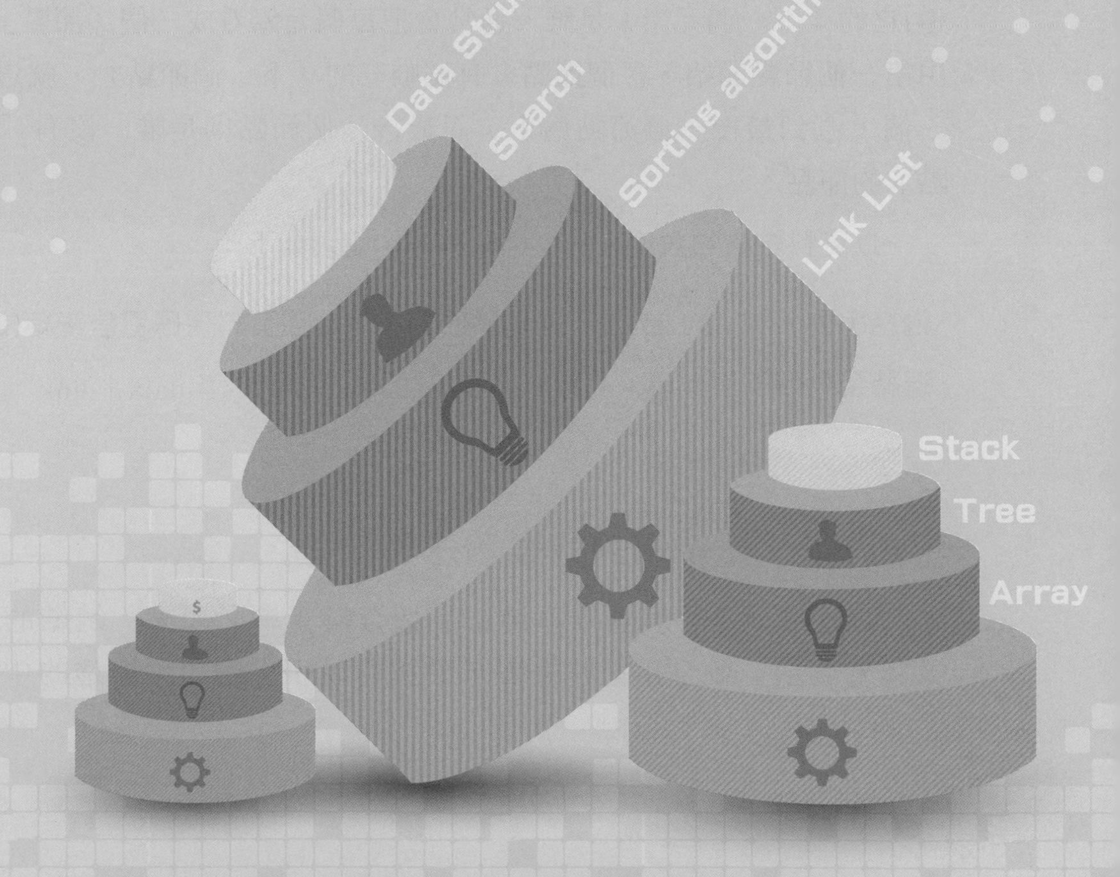

5-1 鏈結串列的概念

5-1-1 什麼是鏈結串列

前幾章介紹的是陣列及其應用，如排序、搜尋、成績表、矩陣等，都是利用索引值直接存取陣列裡的元素，而且在程式執行時，很少會去做插入或刪除非末端元素的動作。因爲這會花費大量的時間去做資料的搬移，而使得相關演算法的複雜度提升。但是有些時候這些動作是不可避免的，例如多項式及稀疏矩陣的例子。因此，本章將介紹另一種資料結構——鏈結串列(Linked List)，以改善上述的問題。

鏈結串列簡單的說，是由許多相同資料型態的元素(項目)，依特定順序線性排列而成的一種有序集合。也就是說鏈結串列中的元素是有順序性的，任兩個元素之間一定存在著前後的關係；而單純「集合」裡的元素，彼此之間是沒有前後之分的。因此，鏈結串列中的每個元素一定知道(而且只知道)它的「下一個元素」是誰。通常會把每個元素看成一個「節點」(node)。由第一個節點開始，每個節點會有個唯一的「下一個節點」，就這樣一個串一個，直到最後一個節點爲止，而最後一個節點則是唯一沒有「下一個節點」的節點。

以資料結構的角度來看，鏈結串列的定義如下：

> 鏈結串列(Linked List)是一種有順序的串列，且資料項應包含鏈結(Link)，可連結至其他的資料項。此資料項稱為節點，其形式為 | data | link |

5-1-2 鏈結串列的表示法與類型

鏈結串列是將資料用「鏈結」把資料「串」起來，鏈結的關係會用線條來表示；並且用箭號來表示串接的順序。例如大樂透的中獎號碼爲

18、11、05、25、38、03（開獎順序）如圖5-1(a)所示，而由小到大的鏈結串列則如圖5-1(b)所示。

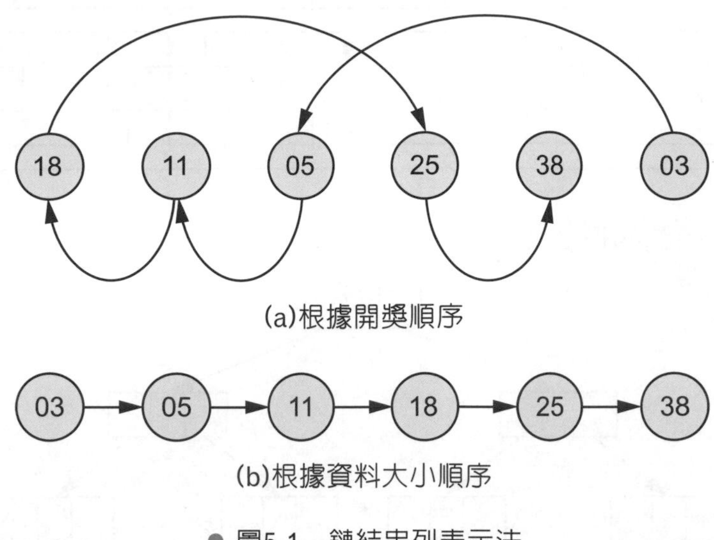

● 圖5-1　鏈結串列表示法

依鏈結的型態不同，鏈結串列可分爲下列幾類：

- **單向鏈結**：節點之間按照順序，一個鏈結一個。最後沒有鏈結者，其link值爲null或其他特定值。其中第一個節點(稱爲串列首)是相當重要的，如果串列首的指標被破壞或遺失，則整個串列就會遺失，或甚至造成串列的記憶體無法被釋放的問題。

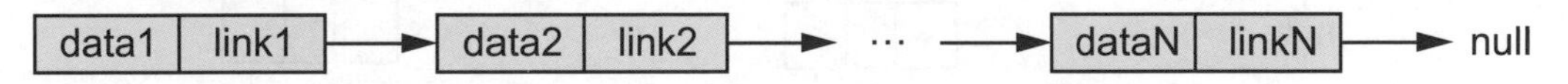

- **環狀鏈結**：同單向鏈結的形式，且最後一個節點指向第1個節點。如此，每個節點都可以搜尋到其他節點，就不用擔心串列首遺失的問題了。

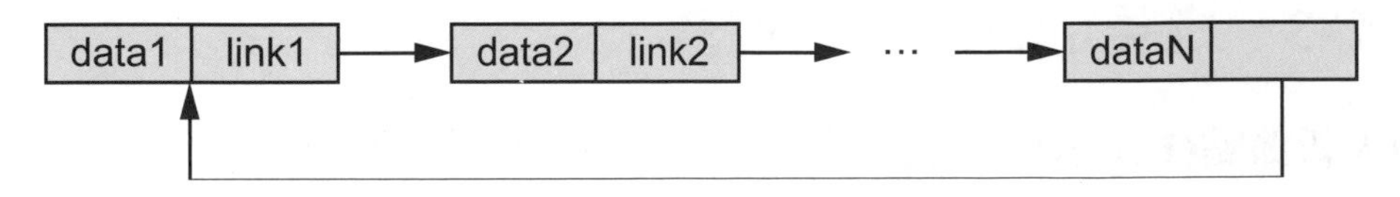

- **雙向鏈結**：每個節點包含資料與左右兩個節點。在單向串列或環狀串列中，只能延同一個方向搜尋節點，但如果不小心有一個鏈結斷裂，則後面的節點可能就無法再被搜尋到。雙向鏈結可改善這個問題。

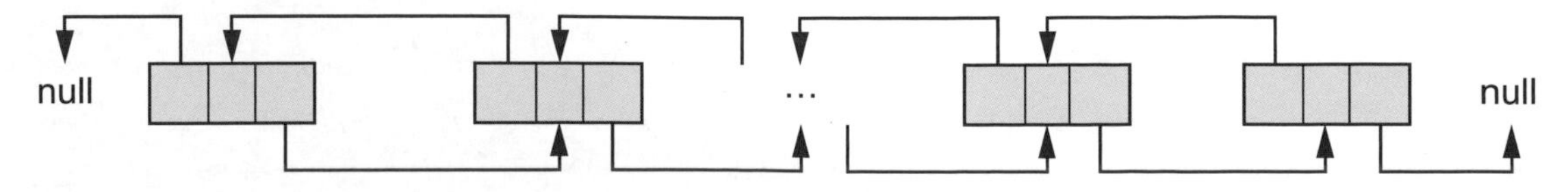

- **環狀雙向鏈結**：每個節點包含資料與左右兩個節點，且最後一個節點指向第1個節點，第1個節點指向最後一個節點。

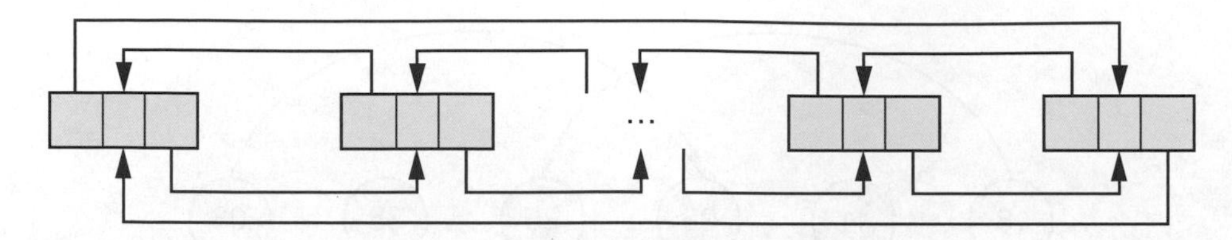

- **樹狀鏈結**：鏈結的形式如樹狀結構。

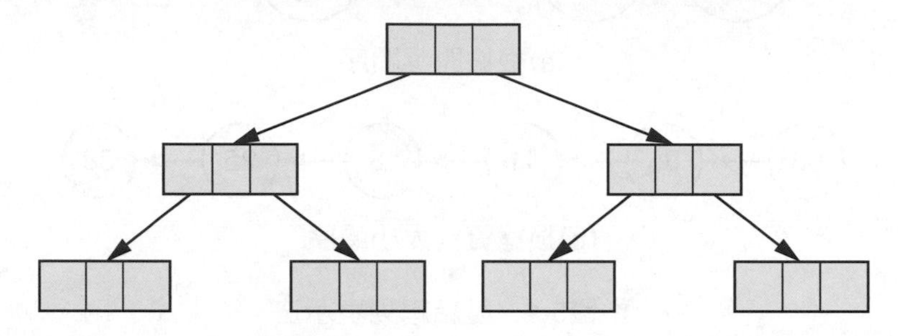

- **圖形鏈結**：鏈結的形式如圖形結構。

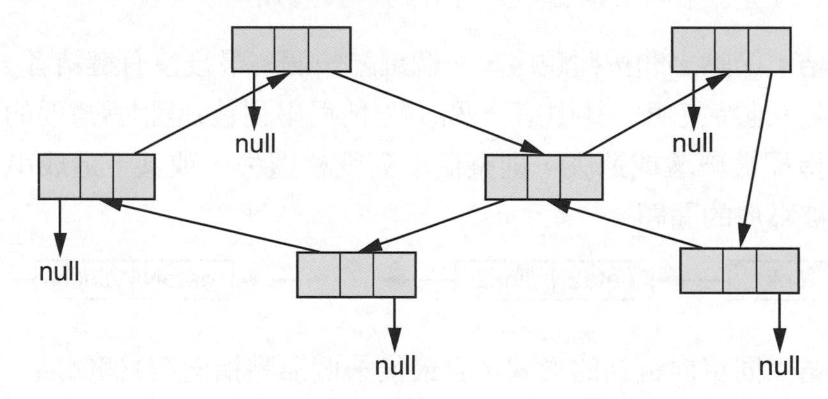

5-1-3　常見的鏈結串列運算

1. 插入新節點(Insert)：在原本的串列中加入一個新的節點。

依照需求不同，可以將新的節點插入在串列的最前面，也可以串在最後面，或者將節點插入特定的位置。比較常見的作法是依照原本串列所定義的順序，將節點插入正確的位置。插入節點後要注意鏈結的正確性。

2. **刪除某節點(Delete)**：將某一個節點從原本的串列中移除。

   移除的對象可以是第一個、最後一個，或者是所指定的第幾個節點；當然也可以指定移除具有某個特定值的節點。移除節點後仍須注意鏈結的正確性。

3. **查詢節點(Find)**：依照需求，將所指定的節點值讀出來；或找尋具有某個特定值的節點所在。

   可以要求找出第一個或最後一個節點的值；也可以指定讀出第幾個節點的值(如讀出第5個節點的值)。當然也可以查詢串列中，是否具有某個特定值的節點？若存在，應是第幾個的節點？

5-1-4 串列的實作方式(或資料結構)

串列的實作可分為「循序配置串列」(Sequential Allocation List)與「鏈結配置串列」(Linked Allocation List)兩大類。所謂的「循序配置」與「鏈結配置」指的是實際記憶體配置的狀況。

「循序配置」指的是串列中節點的內容，會依序儲存於連續記憶體中，而陣列資料結構所使用的剛好也是連續記憶體空間。因此，「循序配置串列」可以用陣列資料結構來實作。

而「鏈結配置」指的是各節點不需要依序儲存於連續記憶體中，只需要有「邏輯」上的順序存在即可；而「鏈結」就是用來維持節點順序的工具，它可以告訴我們「下一個節點在哪裡」。但是如何實作「鏈結配置串列」呢？

大致上有兩種方式：「結構體陣列」與「動態配置節點」。「結構體陣列」本質上還是陣列，那跟「循序配置」所使用的陣列有何不同？差別在於「結構體」[1]。而「動態配置節點」就不是以陣列的觀點來實作，在需要節點時才「動態配置」一個「結構體」，然後透過「鏈結」把節點的結構體串起來。

所以實作的方式可分為三種：單一陣列[2]、結構體陣列、動態配置結構體。茲將這三種方法的優缺點比較如下：

---

1. 「結構體」是早期C或C++語言用來自訂資料結構的一種複合資料型別，但不見得所有程式語言(在此筆者指的是VB、C#、Java)都有結構體這樣的複合資料型別。事實上C#有Struct關鍵字，但VB和Java沒有，不過可用Class來取代。
2. 之所以稱為「單一陣列」是因為「結構體陣列」有時可用二維陣列來實作。

✤ 表5-1　單一陣列、結構體陣列、動態配置結構體之優缺點比較

類型	優點	缺點
單一陣列	節點依序儲存於陣列中，所以可以很快速的查詢到第幾個元素的值。	插入或刪除節點時，為了保持節點的順序與連續性，需要花費額外的時間與空間，對陣列的元素做搬移的動作。
結構體陣列	插入與刪除節點的動作不需要進行資料搬移，只要修改結構體內「鏈結」欄位的內容即可。	必須先宣告陣列大小。宣告太大，可能造成浪費記憶體空間；宣告太小，可能會不夠用。所以比較缺乏彈性。
動態配置結構體	需要用到節點時才動態配置，具有彈性。使用動態配置不需要連續記憶體空間，比較適合處理節點數較多的串列。	有些程式語言需自行處理記憶體空間釋放的問題，否則容易造成記憶體配置失敗。

總之，常用的鏈結串列有四種：單向鏈結、環狀鏈結、雙向鏈結、環狀雙向鏈結[3]；鏈結串列常用的動作有三種：新增節點、刪除節點、查詢節點；而實作的方式(資料結構)也有三種：單一陣列、結構體陣列、動態配置結構體。

以下的章節則以實作的方式(資料結構)為主，來介紹如何以該種資料結構，來實作各種鏈結串列的常用動作。單一陣列與結構體陣列都屬於陣列的資料結構，程式碼會比較接近，在本章做說明；而動態配置結構體則留到下一章再做說明。由於Microsoft .NET Framework及Java API都有提供現成的LinkedList類別，所以除了C/C++語言外，其他的程式語言可直接使用現成的類別來實作鏈結串列。這個部分會在下一章一併介紹。

3. 樹狀鏈結與圖形鏈結，留在後面對應的章節再詳細介紹。

5-2 以單一陣列實作各式鏈結串列

單一陣列是最不適合用來實作鏈結串列的一種資料結構，因為在新增節點與刪除節點的動作上，經常需要做陣列元素搬移的動作。使用單一陣列實作鏈結串列，最容易完成的動作便是「查詢節點」了，因為串列中所有的節點是依序排列於陣列中，所以可以很容易得知「第幾個節點」是對應到陣列的哪個「索引值」的元素。

對於單向鏈結與環狀鏈結，每一個節點只能連結到下一個節點(也就是本身節點對應到的索引值加1的節點)；而雙向鏈結與環狀雙向鏈結，則是每一個節點可以連結到下一個與上一個節點(也就是本身節點對應到的索引值減1的節點)。

為簡化程式的複雜度，不管是單向鏈結、環狀鏈結、雙向鏈結或是環狀雙向鏈結串列，所有串列的節點都從陣列第0個元素開始依序擺放。也就是說，單向、雙向或環狀鏈結對單一陣列的資料結構來說，並沒有太大的差異。因此，本小節著重於移動陣列元素的動作。

以下則針對使用單一陣列，實作鏈結串列所需的資料結構、所需的其他資訊(變數)的定義、各種動作(以副程式的方式實作)做詳細的介紹。

5-2-1 資料結構與全域變數(或常數)

所謂的「單一陣列」指的是一個一維陣列，主要用來儲存資料。所以其資料型別需視實際狀況而定，本書以整數型別做例子。宣告陣列除了資料型別以外，還需要變數(陣列)名稱及元素個數。為簡化程式，陣列名稱定為A，元素個數以變數(或常數)MAXSIZE的值來決定。各種程式語言的語法如下：

✣ 表5-2　各種程式語言的資料結構與全域變數語法

程式語言	語法	備註
C系列(C、C++)	#define MAXSIZE 100 int A[MAXSIZE];	◆由於C、C++不能用變數來指定陣列大小，所以必須使用常數，但C語言也無法使用const所定義的常數來指定陣列大小，所以最好的方法是使用#define來定義巨集。 ◆#define MAXSIZE 100 這道指令通常放在主程式main() 的外面。
Java系列(C#、Java)	int MAXSIZE = 100; int[] A = new int[MAXSIZE];	◆VB、C#、Java在做陣列宣告時，可以使用變數來指定陣列大小。 ◆但要注意的是：VB是指定陣列的最大索引值，不是陣列的元素個數。
VB	Dim MAXSIZE As Integer = 100 Dim A(MAXSIZE-1) As Integer	

5-2-2　動作副程式

以單一陣列實作單向鏈結、環狀鏈結、雙向鏈結、環狀雙向鏈結的動作，除了原本提到的新增節點、刪除節點、查詢節點等動作外，還需要一些工具副程式，如「檢查是否爲空串列」、「檢查串列空間是否已滿」、「移動串列元素」等，通常這些工具副程式僅提供給主要動作做副程式用。而要完成這些動作，除了上一小節提到的串列A及MAXSIZE全域變數外，還需head及tail等全域變數來表示目前串列的起始索引值(head)，及目前可放置資料的索引值(tail)。

由於使用不同的資料結構，各種鏈結串列的主要動作之細節會有所不同，以下先說明單一陣列實作新增節點、刪除節點、查詢節點的動作細節：

插入新節點(Insert)

如要在原本串列的idx索引位置插入一個資料值爲6的節點(如圖5-2(a)所示)，則需先將索引值idx~(tail-1)的陣列元素(如圖5-2(a)陰影區所示)往後搬動一格，這樣做是爲了讓插入節點後的串列，其節點仍依序排列於陣列中(如圖5-2(b)所示，陰影區爲新插入的節點)。

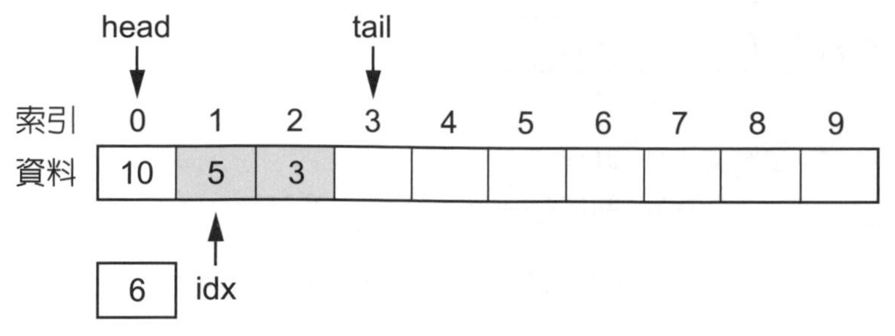

(a)陰影區為需要往後挪動的區域。

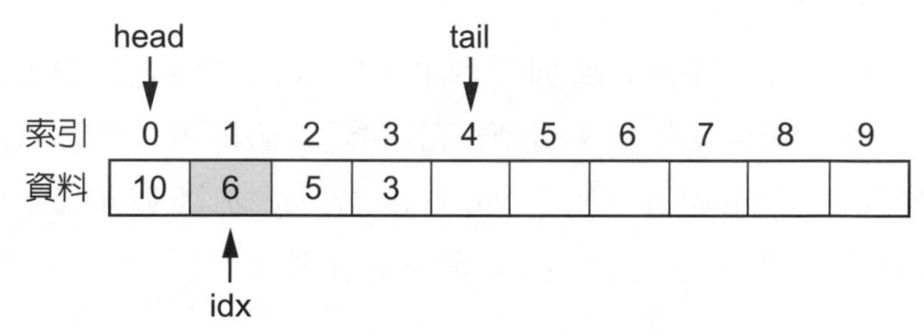

(b)往後挪動後空出一個空間，以便插入新節點。插入節點後，串列節點仍依序排列於陣列中。

● 圖5-2　單一陣列插入節點示意圖

刪除某節點(Delete)

如要在原有的串列中刪除idx所在的節點(如圖5-3(a)所示)，則只需將索引值(idx+1)~(tail-1)的陣列元素(如圖5-3(a)陰影區所示)往前挪動一格即可(如圖5-3(b)所示，陰影區爲剛剛移動的陣列元素)。

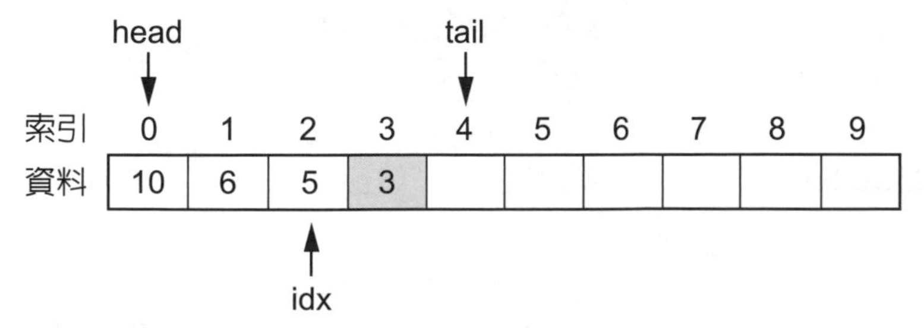

(a)陰影區為需要往前挪動的區域。

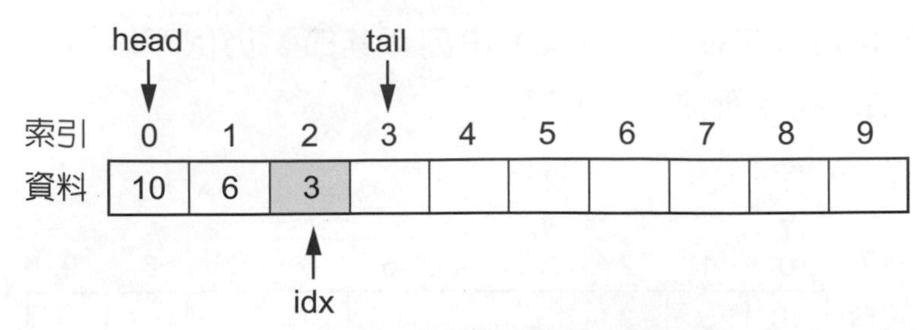

(b)往前挪動一格，便可刪除節點。

● 圖5-3　單一陣列刪除節點示意圖

查詢節點(Search)

由於串列節點依序排列於陣列元素中，所以如果要查詢第幾個(如第idx個)節點的值，則直接回傳陣列索引值爲idx的元素值即可；若要查詢串列中是否具有某個特定資料值(如資料值爲data)的節點，則於陣列元素中依序搜尋陣列元素值爲data的元素，然後回傳該元素的索引值[4]。

❖ 表5-3　列出以單一陣列實作鏈結串列的各種動作(副程式)及其說明

副程式名稱	動作說明	備註
isEmpty()	檢查是否為空串列。	tail==0
isFull()	檢查串列空間是否已滿。	tail==MAXSIZE
isValidIndex(idx)	檢查串列索引值idx是否在陣列索引範圍內。	(idx >= head && idx < tail)
getNextNode(idx)	回傳串列索引值的下一個節點的索引值。	用來模擬指標。
getPrevNode(idx)	回傳串列索引值的上一個節點的索引值。	用於雙向鏈結。
getNextNodeC(idx)	用於環狀鏈結，回傳串列索引值的下一個節點的索引值。	環狀鏈結的下一個節點求法不同。
getPrevNodeC(idx)	用於環狀鏈結，回傳串列索引值的上一個節點的索引值。	用於雙向環狀鏈結。

4. 既然是依序搜尋，當然只會回傳第一個元素值爲data的索引值，不管後面是否有沒有值爲data的元素。

副程式名稱	動作說明	備註
moveElement(from, dir)	移動陣列元素。移動資料的範圍為從from索引值開始到最後一個串列元素(tail-1)；dir指的是移動方向，+1為往後移動(插入節點使用)，-1為往前移動(刪除節點使用)。	往後移動時要由索引值較高的元素開始移動；往前移動時要由索引值較低的元素開始移動。
searchByData(data)	以資料查詢節點。查詢串列中是否有data這個資料值的節點。如果有，回傳第一個符合條件的索引值，否則回傳錯誤碼。	主要動作之一，回傳索引值。
searchByIdx(idx)	以索引值查詢節點。查詢串列中索引值為idx的資料值，需先判斷idx索引值位置上是否有資料。	主要動作之一，回傳資料值。
insertNode(data, idx)	新增節點。將資料data放置於idx索引值的位置上。此動作需自動判斷串列是否已滿？idx是否在[head, tail]範圍內？以及是否需移動串列元素？	主要動作之一。
insertIntoFirstNode(data)	新增節點至串列的第一個節點前。	主要動作之一。
insertAppendLastNode(data)	新增節點至串列的最後一個節點後。	主要動作之一。
deleteNodeByIdx(idx)	以索引值刪除節點。刪除idx索引值的節點，需先判斷idx索引值位置上是否有資料，然後再移動串列元素。	主要動作之一。
deleteNodeByData(data)	以資料值刪除節點。刪除資料值為data的節點，需先搜尋串列中是否有資料值為data的節點，然後再移動串列元素。	主要動作之一。

副程式名稱	動作說明	備註
printAllList()	輸出串列所有節點至螢幕。	主要動作之一。
printList(from, to)	輸出串列部分節點(索引值從from至to)至螢幕。	主要動作之一。

根據表5-3的說明，實作出每個副程式的程式碼請參考程式碼5-1，對於程式碼的說明大部分皆註記在程式碼旁邊，請讀者自行參閱。而程式設計的概念與一些進階技巧的部分特別說明如下：

1. 表5-3中有四個主要動作(包含九個副程式)會被用在主程式中，就是新增節點insertNode(data, idx)、insertIntoFirstNode(data)、insertIntoLastNode(data)；刪除節點deleteNodeByIdx(idx)、deleteNodeByData(data)；查詢節點searchByData(data)、searchByIdx(idx) 及列印節點printAllList()、printList(fromIdx, toIdx)。

   其中新增節點除可新增到指定節點，也可以直接新增到第一個或最後一個節點上；刪除節點及查詢節點都分別可根據索引值及資料值來完成動作；而列印節點則可指定範圍或全部列印。而其餘的副程式則是主要動作會用到的工具副程式。

2. 在實作時，大部分的副程式都會回傳一個整數值(但isEmpty()、isFull()及isValidIndex(idx)回傳的是布林值)，除回傳必要的索引值或資料值[5]外，就是用來回傳執行狀態(通常用FAIL(-1)表示動作有錯誤[6]；SUCCESS(0)表示動作正常[7])。

3. 程式碼5-1第1~6行，爲常數及全域變數的宣告與初始化。其中第1~2行，爲執行狀態值的定義，目前暫定執行成功的狀態碼(SUCCESS)爲0、執行失敗的狀態碼(FAIL)爲 -1。若與串列的資料值相衝突時，可自行更改狀態碼。

---

5. 若串列內容的資料型別不是整數，則須自行更改爲所需的資料型別，而且執行狀態的回傳要另外處理。

6. 在此僅概略表示有錯誤發生，如須回傳更詳細的錯誤狀態，可自行定義其他錯誤碼(如串列是空的、串列空間已滿等)

7. 若串列內容的資料型別是整數，則回傳的執行狀態可能會跟串列資料值或索引值一樣，此時須做適當的修改，本書中假設執行狀態值不會與串列資料相同。

4. 幾個常用來檢視串列狀態的動作副程式isEmpty()、isFull()、isValidIndex(idx)，目前是以C++語言撰寫，但C語言沒有布林資料型別，可用整數資料型別取代。而且要注意，VB的「等於」關係運算子與其他程式語言不同。

5. 大部分的副程式(應該是除了searchByData、moveElement、printAllList、printList外)都以「條件運算子」(就是 ? :)或一道簡單的邏輯運算式來完成，主要是爲了簡化程式碼。但VB沒有「條件運算子」，取而代之的是Iif()函數。

6. searchByData(data)副程式主要是依序走訪串列節點，以比對節點的值是否等於data，如果有找到，則回傳節點的索引值(就是陣列的索引值)，如程式碼第45行所示。在搜尋的過程中(程式碼第41~47行)使用了getNextNode(p)副程式來取得下一個節點的索引值，而不是單純的使用p++，爲的是要有從某個節點取得下個節點的感覺。printAllList()及printList(fromIdx, toIdx) 副程式也是使用相同的概念。

7. moveElement(from, dir)副程式是所有副程式中耗時最多的部分，試想如果串列節點很多時，表示tail值會很大，若from與tail的差距很大，那程式碼第60~79行中的for迴圈就會很耗時(不管是往前移或往後移)。

8. 以上各個副程式中使用了一些進階的程式設計技巧以精簡程式的複雜度。至於主程式，原則上應該只會用到四個主要動作的九個副程式，要怎麼用，端看題目的需求了。

程式碼5-1

單一陣列實作鏈結串列的各種動作(副程式)的程式碼(以C++為例)

```
//常數及全域變數的宣告與初始化。
//定義執行成功的狀態碼。若串列內容的資料型別是整數，則可能會跟串列資料一樣，此時須做適當的修改。
1   #define SUCCESS 0
2   #define FAIL -1
3   #define MAXSIZE 100 //定義串列大小。
4   int A[MAXSIZE]; //陣列名稱與資料型別暫定。
5   int head = 0; //串列的第0個節點存放於陣列的哪一個索引值。
6   int tail = 0; //串列的最後1個節點存放於陣列的第(tail-1)個元素。
7   bool isEmpty() //檢查是否為空串列。
8   {
9       return tail == 0;
10  }
11  bool isFull() //檢查串列空間是否已滿。
12  {
13      return tail == MAXSIZE;
14  }
15  bool isValidIndex(int idx) //檢查串列索引值是否在陣列索引範圍內。
16  {
17      return (idx >= head && (isEmpty() || idx < tail));
18  }
19  int getNextNode(int idx) //回傳串列索引值的下一個節點的索引值。
20  {
21      return (isEmpty() || !isValidIndex(idx + 1)) ? FAIL : idx + 1;
22  }
23  int getPrevNode(int idx) //回傳串列索引值的上一個節點的索引值。
24  {
25      return (isEmpty() || !isValidIndex(idx - 1)) ? FAIL : idx - 1;
26  }
27  int getNextNodeC(int idx)
    //用於環狀鏈結，回傳串列索引值的下一個節點的索引值。
28  {
29      return (isEmpty() || !isValidIndex(idx)) ? FAIL : (idx + 1) % tail;
30  }
```

```
31  int getPrevNodeC(int idx)
    //用於環狀鏈結，回傳串列索引值的上一個節點      的索引值。
32  {
33      return (isEmpty() || !isValidIndex(idx)) ? FAIL : (idx - 1 + tail) % tail;
34  }
35  int searchByData(int data)
    //以資料查詢節點。查詢串列中是否有data這個資料值的節點。
    //如果有，回傳第一個符合條件的索引值，否則回傳錯誤碼。
36  {
37      if (isEmpty())
38      {
39          return FAIL;
40      }
41      for (int p = head; p < tail && isValidIndex(p); p = getNextNode(p))
42      {
43          if (A[p] == data)
44          {
45              return p;
46          }
47      }
48      return FAIL;
49  }
50  int searchByIdx(int idx)
    //以索引值查詢節點。查詢串列中索引值為idx的資料值，
    //需先判斷idx索引值位置上是否有資料。
51  {
52      return (isEmpty() || !isValidIndex(idx)) ? FAIL : A[idx];
53  }
54  int moveElement(int from, int dir)
    //移動陣列元素。給InsertNode及DeleteNode用
    //移動資料的範圍為從from索引值開始到最後一個串列元素(tail-1)；
    //dir指的是移動方向，
    //+1為往後移動(插入節點使用)，-1為往前移動(刪除節點使用)。
55  {
56      if (isFull() /* || isEmpty() */)        //照理說空串列不需要移動元素
        的，但為了讓空串列在新增節點至第一個節點時，
```

```
        //能進來本副程式執行 tail++ 的指令，所以去掉限制空串列不用移動
        元素的限制。
57      {
58          return FAIL;
59      }
60      switch (dir)
61      {
62      case 1:
63          for (int i = tail - 1; i >= from; i--) //因為是移動陣列元素，所以用
                                                  for 迴圈
64          {
65              A[i + 1] = A[i]; //往後移，所以後一個被前一個取代，會空出
                                   A[from]
66          }
67          tail++; //tail在這裡改變是為了簡化後續程式碼的複雜度
68          break;
69      case -1:
70          for (int i = from; i <= tail - 1; i++) //因為是移動陣列元素，所以用
                                                  for 迴圈
71          {
72              A[i] = A[i + 1]; //往前移，所以前一個被後一個取代。會蓋掉
                                   A[from]
73          }
74          tail--; //tail在這裡改變是為了簡化後續程式碼的複雜度
75          break;
76      default:
77          return FAIL;
78          break;
79      }
80      return SUCCESS;
81  }
82  int insertNode(int data, int idx)
    //新增節點。將資料data放置於idx索引值的位置上。
    //此動作需自動判斷串列是否已滿？
    //idx是否在[head, tail]範圍內？以及是否需移動串列元素？
83  {
```

```
84      return (!isFull() && isValidIndex(idx) && moveElement(idx, 1) ==
            SUCCESS) ? A[idx] = data : FAIL;
85  }
86  int insertIntoFirstNode(int data) //新增節點至串列的第一個節點前。
87  {
88      return insertNode(data, head);
89  }
90  int insertAppendLastNode(int data)
    //新增節點至串列的最後一個節點前。
91  {
92      return insertNode(data, tail);
93  }
94  int deleteNodeByIdx(int idx)
    //以索引值刪除節點。刪除idx索引值的節點，
    //需先判斷idx索引值位置上是否有資料，然後再移動串列元素。
95  {
96      return (isEmpty() || !isValidIndex(idx)) ? FAIL : moveElement(idx, -1);
97  }
98  int deleteNodeByData(int data)
    //以資料值刪除節點。刪除資料值為data的節點，
    //需先判斷idx索引值位置上是否有資料，然後再移動串列元素。
99  {
100     int idx;
101     return ((idx = searchByData(data)) != FAIL) ? deleteNodeByIdx(idx) :
            FAIL;
102 }
103 int printAllList()
104 {
105     if (isEmpty())
106     {
107         return FAIL;
108     }
109     for (int p = head; p < tail && isValidIndex(p); p = getNextNode(p))
110     {
111         printf("%d ", A[p]);
112     }
```

```
113         printf("\n");
114         return SUCCESS;
115 }
116 int printList(int fromIdx, int toIdx)
117 {
118         if (isEmpty() || !isValidIndex(fromIdx) || !isValidIndex(toIdx))
119         {
120             return FAIL;
121         }
122         for (int p = fromIdx; p < toIdx && isValidIndex(p); p = getNextNode(p))
123         {
124             printf("%d ", A[p]);
125         }
126         printf("\n");
127         return SUCCESS;
128 }
```

5-2-3　範例1：新增、刪除與搜尋節點測試

題目：請依下表完成指定動作

順序	動作	資料值	索引值	使用副程式
1	新增節點	10	First	insertIntoFirstNode()
2	新增節點	5	First	insertIntoFirstNode()
3	新增節點	3	Last	insertAppendLastNode()
4	新增節點	8	2	insertNode()
5	新增節點	6	1	insertNode()
6	搜尋節點	10		searchByData()
7	搜尋節點	15		searchByData()
8	搜尋節點		3	searchByIdx()
9	刪除節點	7		deleteNodeByData()
10	刪除節點	8		deleteNodeByData()
11	刪除節點		4	deleteNodeByIdx()

程式碼5-2：

(僅列出主程式)

```
1   int main(void)
2   {
3       int tmp;
4       tmp = insertIntoFirstNode(10);      printf("tmp=%d: ", tmp); printAllList();
5       tmp = insertIntoFirstNode(5);       printf("tmp=%d: ", tmp); printAllList();
6       tmp = insertAppendLastNode(3);      printf("tmp=%d: ", tmp); printAllList();
7       tmp = insertNode(8, 2);             printf("tmp=%d: ", tmp); printAllList();
8       tmp = insertNode(6, 1);             printf("tmp=%d: ", tmp); printAllList();
9       tmp = searchByData(10);             printf("tmp=%d: ", tmp); printAllList();
10      tmp = searchByData(15);             printf("tmp=%d: ", tmp); printAllList();
11      tmp = searchByIdx(3);               printf("tmp=%d: ", tmp); printAllList();
12      tmp = deleteNodeByData(7);          printf("tmp=%d: ", tmp); printAllList();
13      tmp = deleteNodeByData(8);          printf("tmp=%d: ", tmp); printAllList();
14      tmp = deleteNodeByIdx(4);           printf("tmp=%d: ", tmp); printAllList();
15      printf("tail=%d\n", tail);
16  }
```

說明：

1. 如果insertIntoFirstNode()、insertAppendLastNode()、insertNode()的動作正確，則回傳新增節點的資料值，如果有錯誤則回傳錯誤碼。
2. 如果searchByData()的動作正確，則回傳資料所在的索引值，如果搜尋不到則回傳錯誤碼；而searchByIdx()則傳回該索引的資料值。
3. deleteNodeByData()的動作會先呼叫searchByData()求得該資料值所在的索引值，再呼叫deleteNodeByIdx()副程式將該索引值所在的節點刪除。
4. 爲了清楚的看出每個插入節點動作後的串列內容，我們在每個動作完成後先印出回傳值，在加入了printAllList()印出目前串列的所有節點。

5. 執行結果如下圖：

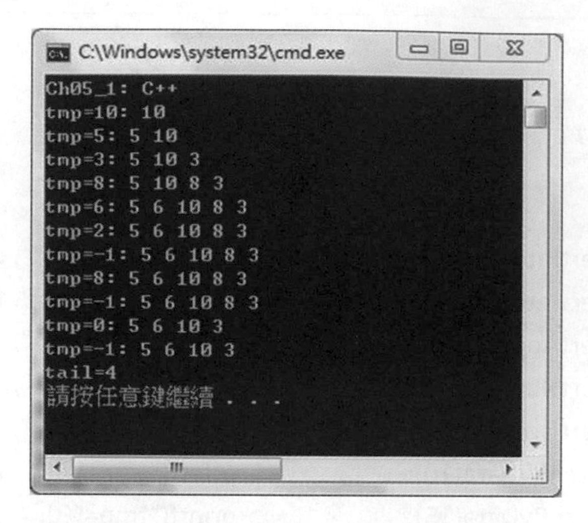

5-2-4 範例2：綜合應用

題目：

隨機產生10個不重複的整數亂數(範圍從1~100)，依產生亂數的順序新增至串列中，使串列成為由小到大的有序串列。

程式碼5-3

(僅列出主程式)

```
1    int main(void)
2    {
3        bool flag[101], insert;
4        int r;
5        srand(time(NULL)); // time() 函數需另外加入 #include <time.h>
6        for (int i = 1; i <= 100; i++) // 設定旗標陣列 flag 的初值
7        {
8            flag[i] = false;
9        }
10       for (int i = 0; i < 10; i++)
11       {
12           do // 利用旗標陣列 flag 來產生不重複亂數
13           {
```

```
14            r = (rand() % 100) + 1;
15        } while (flag[r]);
16        flag[r] = true; // 將 flag[r] 設為 true 表示已經產生過 r 這個亂數
17        printf("%d ", r); //依亂數產生的順序印出來
18        insert = false;
19        //下面的for迴圈用來找到大於等於r的串列節點，如果有找
            到，insert會被設為true
20        for (int p = head; p < tail && isValidIndex(p); p = getNextNode(p))
21        {
22            if (A[p] >= r)
23            {
24                insertNode(r, p);
25                insert = true;
26                break;
27            }
28        }
29        if (!insert) //如果insert沒有被設為true，表示串列的節點都比 r 還
                        小，則將 r 新增到串列的最後面
30        {
31            insertAppendLastNode(r);
32        }
33    }
34    printf("\n");
35    printAllList();
36 }
```

說明：

本題會用到幾個程式設計常用的技巧，請讀者能融會貫通，舉一反三。

產生不重複亂數的技巧：

1. 題目要求產生不重複的整數亂數(範圍從1~100)，所用到的技巧是利用旗標陣列flag[]。利用flag陣列來記錄哪一個亂數曾經產生過，例如第一個產生的亂數是2，就會將flag[2]的值設爲1(或布林值的true)，下次產生的亂數如果是r，就先檢查flag[r]是否爲1(或true)，如果是，就表示r這個亂數已經產

生過了。所以程式碼5-3的第12~15行利用do…while迴圈來檢查亂數r是否已經產生過了。而第16行程式就是設定已產生過的不重複亂數之對應旗標值爲true，這行程式很重要，不要遺漏了。

2. 所以只要flag陣列的元素個數，足夠容納所要產生的整數亂數的範圍即可。以本例來說，亂數範圍從1~100，總共有100個整數，因此flag只要有100個元素就夠了。一般習慣會讓flag陣列的索引值從0~99(共100個)，但爲了避免產生混淆，直接將flag的最大索引值延伸到100，如第3行程式碼所示。

使用額外變數判斷迴圈中是否曾有符合某個特定條件的情況：

3. 程式碼第18~32行主要是將產生出來的亂數，插入串列中的適當節點位置上。演算法如下：

   (1) 依序走訪串列節點(程式碼第20行)，如果找到資料值比要插入的亂數值r大或等於(程式碼第22行)，則將r值插入該節點(程式碼第24行)。

   (2) 如果串列的每個節點值都比亂數r值小，則將r值插入最後一個節點(程式碼第31行)。

   這裡用到一個布林型態的變數insert(程式碼第18及25行)，表示在搜尋整個串列的過程中(程式碼第20~28行)，是否有在串列中找到大於等於r值的節點？如果有，會有插入資料到某個節點的動作，則設定insert爲true(程式碼第25行)。否則，insert值將保持原先的設定值false(程式碼第18行)。所以在搜尋完整個串列都沒有做插入動作時，表示亂數值r必須附加到串列的最後面，可以使用insertAppendLastNode()副程式(程式碼第29~32行)。

簡化第一個亂數插入空串列的流程：

4. 在程式碼第18~32行中，並沒有特別處理第一個亂數插入空串列的部分，是因爲在搜尋整個串列的過程中(程式碼第20~28行)，如果串列是空的，程式是不會進入for迴圈的，所以會直接執行insertAppendLastNode()副程式(程式碼第31行)。既然原本的串列是空的，那麼使用insertIntoFirstNode()還是insertAppendLastNode()就沒有什麼差別了。

5. 執行結果如下圖：

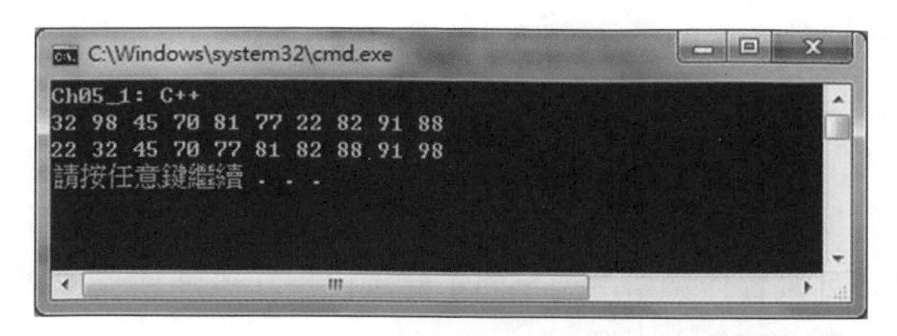

5-3 以結構體陣列實作各式鏈結串列

以單一陣列實作各式鏈結串列時，串列中的節點一定是依序存放於陣列元素中，要走訪下一個或上一個節點時，所依據的是陣列的索引值。因此，鏈結的概念並沒有眞正被實作出來，取而代之的是移動陣列元素來保持串列節點的順序。

那麼，要在單一陣列中加入鏈結的概念有沒有可能？答案當然是不可能，鏈結的資訊一定要用另一個變數(其實是陣列)來儲存才行。在實作上，用2個不同名稱的陣列來處理同一件事，並不是很好的做法，因此有用二維陣列來實作。

如定義一個A[100][2]的陣列，其中列索引用來表示串列節點，而第0行用來儲存資料、第1行用來儲存鏈結，如A[i][0]表示節點i的資料、而A[i][1]表示節點i指向下一個節點的鏈結。既然有用到鏈結的資訊，就不用像單一陣列一樣，所有串節點需依序存放於陣列元素中了；使用鏈結的變數(或陣列)來記錄下一個節點是在哪個陣列索引值位置上即可。

如果是雙向鏈結，則每個節點需要2個鏈結資訊，也就是所使用的陣列還要再多一行。在非環狀的單向或雙向鏈結，記錄鏈結資訊的陣列元素值如果是-1，則表示沒有下一個節點(因爲陣列索引值不會爲-1)；在環狀串列，則將最後一個節點的鏈結存放第一個節點的索引值，而環狀雙向鏈結則再將第一個節點的左鏈結存放最後一個節點的索引值。

至於使用二維陣列與結構體陣列有何差異？其實最大的差異只在於變數名稱而已。像剛剛所說的，二維陣列是用A[i][0]表示節點i的資料、A[i][1]表示節點i指向下一個節點的鏈結；而結構體陣列則是用A[i].data表示節點i的資料、A[i].link表示節點i指向下一個節點的鏈結。而不管是單向鏈結還是雙向鏈結，使用結構體陣列都是一維陣列。以程式的可讀性來說，筆者比較建議使用結構體陣列來實作鏈結串列，而不建議使用二維陣列；雖然以程式複雜度來說，結構體陣列高於二維陣列。

5-3-1 結構體

「結構體」是早期C或C++語言用來自訂資料結構的一種複合資料型別，宣告結構體的關鍵字是struct，而C#用的也是struct關鍵字；但VB和Java並沒有這樣的關鍵字可以用來宣告結構體，不過可用Class來取代。本書建議在C與C++程式語言中使用struct關鍵字來宣告結構體，而C#、VB、Java則使用Class，以簡化宣告時的複雜度。定義結構體與宣告結構體變數的語法，如表5-4所示，而結構體成員的存取方法，則如表5-5所示。茲說明如下：

1. C與C++的結構體關鍵字爲struct，全部是小寫字母。
2. 結構體的定義有時會給兩個名稱：一個稱爲「結構體名稱」，在struct關鍵字後面；另一個是「結構體物件名稱」，在結構體定義的右大括號後面，不管有沒有「結構體物件名稱」，最後面都要有分號「;」。
3. 「結構體名稱」主要是用來宣告結構體變數用的，但由於「結構體名稱」不是資料型別，所以不能直接拿來宣告變數，需在前面加上struct關鍵字。而C++語言可以允許直接用「結構體名稱」來宣告變數，所以前面可以不用再加上struct關鍵字。
4. 「結構體物件名稱」其實已經是該結構體名稱的變數了，不過在定義結構體時，可以不加「結構體物件名稱」，事後再用「結構體名稱」或「結構體物件名稱」來宣告結構體變數即可。
5. 如果希望直接就用「結構體物件名稱」當作資料型別來宣告結構體變數的話，那在定義結構體時，前面還要多加typedef關鍵字來將「結構體物件名稱」轉換成資料型別，如此就可以直接把「結構體物件名稱」當作資料型別來宣告結構體變數。

6. C#、Java及VB則必須使用class關鍵字來宣告結構體(其實就是只有成員變數的類別)，語法上主要的差異是C#和Java的class關鍵字全部是小寫字母，而VB則是第一個字母大寫；C#和Java的結構體定義範圍用左右大括號來包覆，VB則是用Class … End Class。當然成員變數與結構體變數宣告的語法也有差異，請自行參照表5-4。

7. 不管哪種程式語言，「結構成員存取子」都是句點「.」，語法是：*變數名稱.成員名稱*。但如果結構體變數是陣列的話，當然要先寫出陣列的語法，再加上「結構成員存取子」，請參考表5-5。

表5-4　定義結構體與宣告結構體變數的語法

	定義結構體與宣告結構體變數	範例	備註

C、C++	●struct *結構體名稱*
	{
	成員列表
	} [*結構體物件名稱*];
	[struct] *結構體名稱 變數名稱*;
	●typedef struct *結構體名稱*
	{
	成員列表
	} *結構體物件名稱*;
	結構體物件名稱 變數名稱;
		●struct Node {
		int data;
		int link;
		} _Node;
		struct Node A[10];*
		struct Node B;
		●typedef struct Node {
		int data;
		int link;
		} _Node;
		_Node A[10];
		_Node B;
			*C++可省略struct。
			使用typedef可以把結構體物件名稱變成資料型別。

C#、Java	class *結構體名稱*
	{
	成員列表
	}
	結構體名稱 變數名稱;
		class Node
		{
		int data;
		int link;
		}
		Node []A = new Node[10];
		Node B = new Node;	

	定義結構體與宣告結構體變數	範例	備註
VB	Class *結構體名稱* 　　*成員列表* End Class Dim *變數名稱* As *結構體名稱*	Class Node 　　Dim data As Integer 　　Dim link As Integer End Class Dim A(9) As Node Dim B As New Node	

✣ 表5-5　結構體成員的存取方法

	結構體使用方法	範例	備註
C、C++、C#、Java	◆ *變數名稱.成員名稱*	◆ A[0].data ◆ B.link	陣列元素就如同變數，所以使用「結構成員存取子」
VB		◆ A(0).data	VB的陣列是用小括號。

5-3-2　動作副程式

結構體陣列與單一陣列最大的差異在於：結構體陣列多了「鏈結」的資訊，所以在新增或刪除節點時不需要搬動陣列元素，只要直接修改「鏈結」的值即可。也就是因爲串列節點在陣列中可能沒有按照順序存放，所以在實作單向鏈結與雙向鏈結或甚至環狀鏈結與環狀雙向鏈結時，對於「鏈結」的處理方式都有可能不太相同。茲將結構體陣列的表示法、新增節點、刪除節點、查詢節點的動作細節說明如下：

結構體陣列的表示法

1. 假設結構體陣列的名稱仍爲A，元素個數仍爲MAXSIZE，而結構體中的成員變數data用來儲存資料、成員變數link用來儲存下一個節點在陣列中的索引值。爲了方便同時處理雙向鏈結，直接使用兩個「鏈結」的成員變數——nextLink(下一個節點的鏈結)與prevLink(上一個節點的鏈結)。在初始狀態會將陣列A的「鏈結」部分都設爲0，表示該元素沒有存放資料(亦即可以用來存放節點資料)。

2. head全域變數表示目前串列第一個節點的索引值，初始狀態設爲0，表示串列的第一個節點會在陣列A[0]的元素上。

3. 而tail全域變數表示目前串列最後一個節點(亦即沒有下一個節點，會將「鏈結」都設為-1)的陣列索引值。初始狀態亦設為0。

4. 另外，為了方便搜尋可用的陣列元素，特別定一個available全域變數，為陣列中第一個可用的元素。初始狀態為0。表示第一個可用的元素在陣列A[0]上。

● 圖5-4 結構體陣列的表示法及初始狀態

插入新節點(Insert)

1. 如要在原本串列中的某個節點(假設該節點在陣列的idx索引值)後面插入一個資料值為6的節點(如圖5-5(a)所示)，則需先在陣列中找到一個可用的元素位置(索引值)。假如可以在每次插入或刪除節點後，就先找到一個可用的元素位置(索引值)並將它儲存在available全域變數中的話，就可以直接做插入的動作。如圖5-5(c)所示，插入節點的動作只需改變「鏈結」的值。

2. 原本A[idx].nextLink是記錄著A[idx]節點的下一個節點(假設是n節點)的索引值，插入新節點後，n節點會變成新節點的下一個節點。所以，必須先將新節點(A[available])的「鏈結」的值設為n節點的索引值(也就是A[idx].nextLink)，如圖5-5(b)①，寫成程式碼為A[available].nextLink = A[idx].nextLink;。然後才可以將A[idx]. nextLink的值設定為新節點的索引值(也就是available)，如圖5-5(b)④，寫成程式碼為A[idx]. nextLink = available;。特別注意，剛剛這兩個改變「鏈結」值的順序不可以顛倒，否則將會遺失節點A[idx]的下一個節點的索引值資訊。

3. 至於新節點的資料何時填入A[available].data中，就不是那麼重要了，只要記得要寫A[available].data = 6;這段程式碼就可以了。

4. 至於插入新節點之後，如何找尋下一個可用的元素位置(索引值)？如果原本的available是陣列中第一個可用元素的索引值，則下一個可用的元素索引值一定會在available的後面。所以只要從available往後面搜尋到第一個link值爲0的元素，然後將available的值設定爲該元素的索引值即可。

5. 如果，已經搜尋過陣列所有元素也找不到任何一個link值爲0的元素，那就表示陣列空間已滿。此時，可以設定另一個全域變數FULL爲true。之後只要先檢查FULL的值，就可以馬上知道陣列空間是否已滿，如此可避免從頭搜尋陣列元素，以節省時間。

6. 如果是要將節點插到串列的最後面，也就是idx等於tail，其實所做的動作跟前面(2)~(5)一樣，如圖5-7所示。如果在插入新節點後，仍然要保持tail是記錄著最後一個節點的索引值的話，那就必須加入tail = available;這段程式碼，如圖5-7(c)所示。

7. 如果是要將節點插到串列的最前面，也就是在head所指到的節點前面插入新節點(如圖5-6(a)所示)。那麼，head所指到的節點就會變成新節點的下一個節點，如圖5-6(b)①，程式碼將變成A[available].nextLink= head;；而串列的頭(第一個節點)將變成available，如圖5-6(b)③，程式碼爲head = available;。要特別注意，此時串列的頭不再是陣列的頭了。而且前面兩道程式碼的順序也是不能顚倒，否則將遺失所有串列的節點。

8. 一般插入節點的動作都是插到某個特定節點(如索引值idx)的後面，因爲單向鏈結的「鏈結」資料記錄的是下一個節點的索引值。如果是雙向鏈結的話，就可以比較容易將新增節點，插到指定節點的前面。

9. 雙向鏈結基本上只比單向鏈結多了一個成員變數——prevLink，記錄著某個節點的前一個節點的索引值。所以在雙向鏈結做插入節點的動作時，還需適時的改變prevLink的值。所謂「適時」指的是還需要head節點的prevLink或是idx節點的下一個節點的prevLink等資訊前，不要先改變head(如圖5-6(b)③)或A[idx].nextLink的值(如圖5-5(b)④)，必須先等圖5-6(b)②或圖5-5(b)③先做完才行。

head: 0　tail: 2

index	0	1	2	3	4	5	6	7	8	9
data	10		5	3						
nextLink	3	0	-1	2	0	0	0	0	0	0
prevLink	-1	0	3	0	0	0	0	0	0	0

6

available: 1　idx: 3

(a)新節點(資料值6)要插到陣列索引值idx的節點後面。

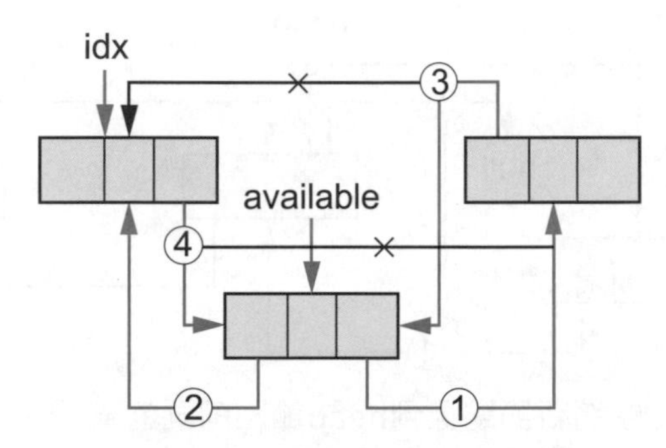

(b)將新節點插到idx節點後面的流程。

head: 0　tail: 2　available: 4

index	0	1	2	3	4	5	6	7	8	9
data	10	6	5	3						
nextLink	3	2	-1	1	0	0	0	0	0	0
prevLink	-1	3	1	0	0	0	0	0	0	0

```
A[available].data=6;
A[available].nextLink=A[idx].nextLink; ①
A[available].prevLink=idx; ②
A[A[idx].nextLink].prevLink=available; ③
A[idx].nextLink=available; ④
```

(c) 插入節點只需改變「鏈結」的值，不需要移動陣列元素。

灰底區為單向鏈結有改變的部分；藍底區為雙向鏈結有改變的部分。

雙向鏈結所增加的程式碼(以斜體標示)必須依這個順序撰寫。

● 圖5-5　結構體陣列插入節點示意圖

head（index 0） tail（index 2）

index	0	1	2	3	4	5	6	7	8	9
data	10		5	3						
nextLink	3	0	–1	2	0	0	0	0	0	0
prevLink	–1	0	3	0	0	0	0	0	0	0

6

idx（index 0） available（index 2）

(a) 新節點(資料值6)要插到head節點的前面。

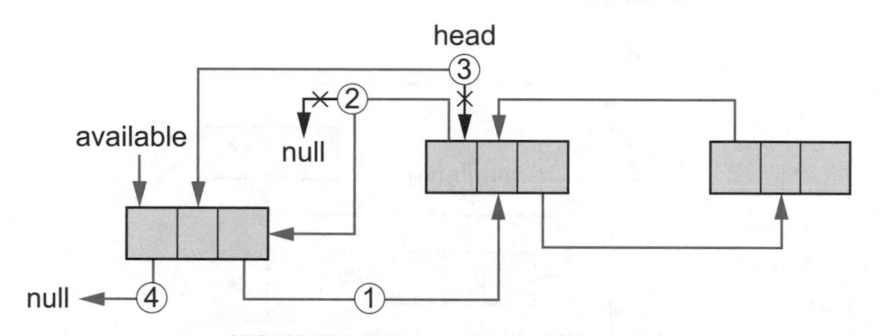

(b) 將新節點插到head節點前面的流程。

head（index 1） tail（index 2） available（index 4）

index	0	1	2	3	4	5	6	7	8	9
data	10	6	5	3						
nextLink	3	0	-1	2	0	0	0	0	0	0
prevLink	1	-1	3	0	0	0	0	0	0	0

A[available].data=6;
A[available].nextLink=head; ①
A[head].prevLink=available; ②
head=available; ③
A[available].prevLink=1; ④

(c) 插入節點後，head的值可能不是0了。灰底區、藍底區及斜體程式碼的說明如圖5-5(c)所示。

● 圖5-6　插入節點到head前面的示意圖

head → 0, tail → 2, available → 4

index	0	1	2	3	4	5	6	7	8	9
data	10	6	5	3						
nextLink	3	2	-1	1	0	0	0	0	0	0
prevLink	-1	3	1	0	0	0	0	0	0	0

8

(a) 新節點(資料值8)要插到tail節點的後面。

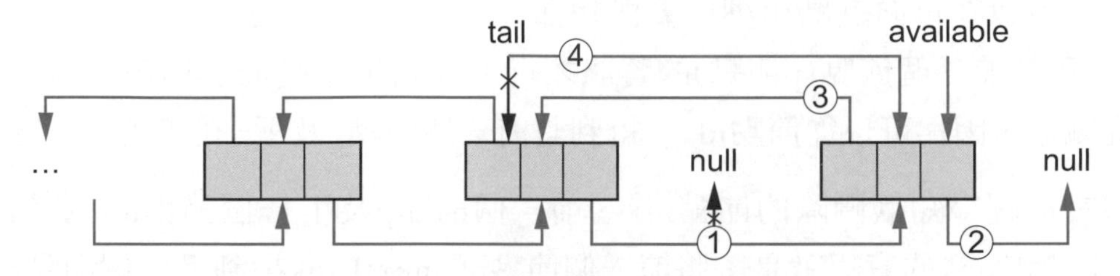

(b) 將新節點插到tail節點後面的流程。

head → 0, tail → 4, available → 5

index	0	1	2	3	4	5	6	7	8	9
data	10	6	5	3	8					
nextLink	3	2	4	1	-1	0	0	0	0	0
prevLink	-1	3	1	0	2	0	0	0	0	0

```
A[available].data=8;
A[tail].nextLink=available; ①
A[available].nextLink=-1; ②
A[available].prevLink=tail; ③
tail=available; ④
```

(c) 灰底區、藍底區及斜體程式碼的說明如圖5-5(c)所示。

● 圖5-7　插入節點到tail後面的示意圖

刪除某節點(Delete)

1. 通常刪除串列節點時，都是指定刪除某個串列索引值(idx)的節點，但是對於單向鏈結串列來說，只有欲刪除節點(索引值爲idx)的訊息是不夠的。因爲刪除節點後還是必須保持串列鏈結的連貫性，也就是說，欲刪除節點(假設爲idx節點)的前一個節點(假設爲p節點)的nextLink，必須鏈結到下一個節點(假設爲n節點)。

   而對單向鏈結串列來說，只給節點idx的資訊是無法得到前一個節點p的資訊。所以在單向鏈結串列中要刪除節點，一定要同時給欲刪除節點(idx節點)及其前一個節點(p節點)的資訊才行。但如果是雙向鏈結串列就不必這麼麻煩，因爲可以從節點idx，得到其前一個節點p及下一個節點n的資訊。

2. 假設已經得知欲刪除的節點idx、前一個節點p及下一個節點n的資訊，則刪除節點idx的意思就是：將前一個節點p的nextLink指到下一個節點n，如圖5-8(b)①所示；若是雙向鏈結串列則多一道將下一個節點n的prevLink指到前一個節點p的程序，如圖5-8(b)②所示；最後再將節點idx的nextLink及prevLink的值設爲0(表示該節點所在的陣列元素爲可用空間)，如圖5-8(b)③④所示。

3. 刪除節點後，被刪除的節點在陣列中會成爲可用的元素(以nextLink及prevLink同時爲0表示之)。而不管插入或刪除節點後，都希望available全域變數都能記錄陣列中可用元素的最小索引值。所以，只要被刪除節點的索引值比available小，則該索引值將取代現有的available值，如圖5-8、圖5-9、圖5-10(c)的程式碼所示。

4. 如果欲刪除的節點是head節點，由於head節點沒有前一個節點，所以只需處理head節點的下一個節點n的prevLink即可(把它設成null)。由於head節點被刪除，所以刪除後的節點會變成「可用」的陣列元素，亦即須把head節點的nextLink及prevLink值設爲0。然後再將head指到n節點。至於available值是否變動，則參考前述第3點的做法。

5. 如果欲刪除的節點是tail節點，則只需處理前一個節點p的nextLink值即可(也是把它設成null)。由於tail節點被刪除，所以刪除後的節點會變成「可用」的陣列元素，亦即須把tail節點的nextLink及prevLink值設爲0。然後再將tail指到p節點。至於available值是否變動則參考前述第3點的做法。

idx → 0, p,head → 1, tail → 2, n → 3, available → 4

index	0	1	2	3	4	5	6	7	8	9
data	10	6	5	3						
nextLink	3	0	−1	2	0	0	0	0	0	0
prevLink	1	−1	3	0	0	0	0	0	0	0

(a) 灰底區為欲刪除的節點。

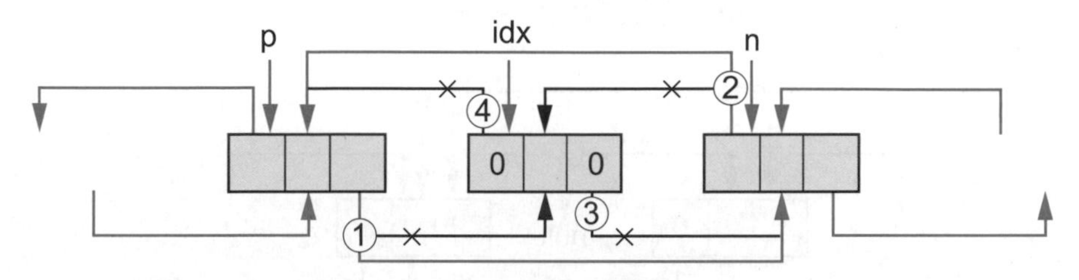

(b) 刪除索引值為idx節點的流程。

available → 0, p,head → 1, tail → 2, n → 3

index	0	1	2	3	4	5	6	7	8	9
data	10	6	5	3						
nextLink	0	3	-1	2	0	0	0	0	0	0
prevLink	0	-1	3	1	0	0	0	0	0	0

A[p].nextLink=n; ①
A[n].prevLink=p; ②
A[idx].nextLink=0; ③
A[idx].prevLink=0; ④
available=(idx<available)? idx:available;

(c) 灰底區、藍底區及斜體程式碼的說明如圖5-5(c)所示。

● 圖5-8　結構體陣列刪除節點示意圖

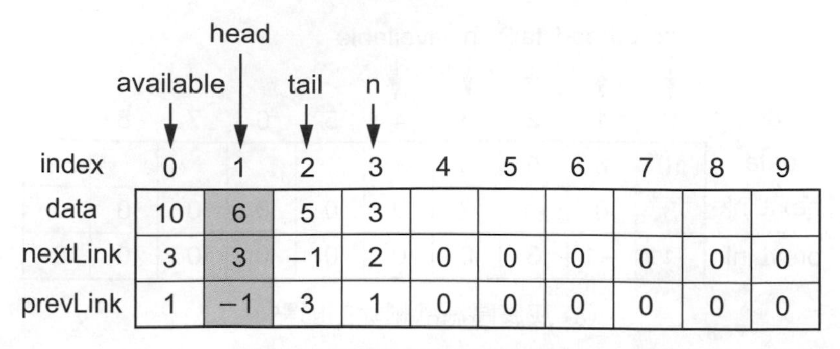

index	0	1	2	3	4	5	6	7	8	9
data	10	6	5	3						
nextLink	3	3	−1	2	0	0	0	0	0	0
prevLink	1	−1	3	1	0	0	0	0	0	0

(a) 灰底區為欲刪除的節點。

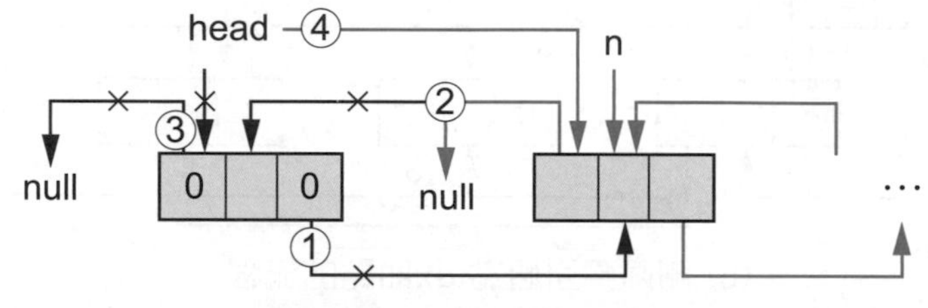

(b) 刪除head節點的流程。

available (→0)　tail (→2)　head (→3)

index	0	1	2	3	4	5	6	7	8	9
data	10	6	5	3						
nextLink	0	0	-1	-1	0	0	0	0	0	0
prevLink	0	0	3	1	0	0	0	0	0	0

A[head].nextLink=0; ①
A[n].nextLink=-1; ②
A[head].prevLink=0; ③
available=(head<available)? head:available;
head=n; ④

(c) 灰底區、藍底區及斜體程式碼的說明如圖5-5(c)所示。

● 圖5-9　刪除head節點的示意圖

head → 1　tail → 2　p → 3　available → 4

index	0	1	2	3	4	5	6	7	8	9
data	10	6	5	3						
nextLink	3	0	−1	2	0	0	0	0	0	0
prevLink	1	−1	3	0	0	0	0	0	0	0

(a) 灰底區為欲刪除的節點。

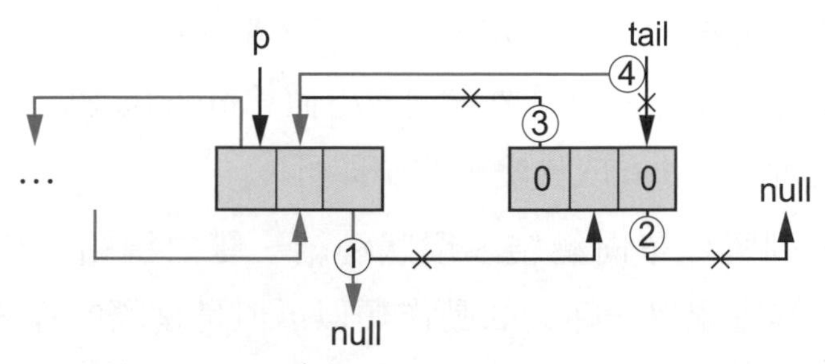

(b) 刪除tail節點的流程。

available → 2　head → 1　tail → 3

index	0	1	2	3	4	5	6	7	8	9
data	10	6	5	3						
nextLink	3	0	0	-1	0	0	0	0	0	0
prevLink	1	-1	0	0	0	0	0	0	0	0

```
A[p].nextLink=-1; ①
A[tail].nextLink=0; ②
A[tail ].prevLink=0; ③
available=(tail<available)? tail:available;
tail=p; ④
```

(c) 灰底區、藍底區及斜體程式碼的說明如圖5-5(c)所示。

● 圖5-10　刪除tail節點的示意圖

查詢節點(Search)

以結構體陣列實作鏈結串列時，串列節點不見得會依序排列於陣列元素中，所以若要查詢串列中是否具有某個特定資料值(如資料值爲data)的節點，就必須從head節點開始走訪串列的所有節點，其作法是根據其nextLink值，取得該節點的下一個節點資訊(通常是該節點在陣列的索引值)，然後依序搜尋串列資料值爲data的節點，然後回傳該節點所在的元素索引值。不管如何，結構體陣列在實質上跟單一陣列一樣都是陣列，所以都是以陣列索引值來存取串列節點的。因此，如果要查詢索引值爲idx的節點，一樣直接回傳陣列索引值爲idx的元素之data成員變數的值即可。

以結構體陣列實作單向鏈結、環狀鏈結、雙向鏈結、環狀雙向鏈結所需的動作名稱，其實跟單一陣列的動作類似，但是實際的作法或是程式碼可能有所不同。主要是因爲單一陣列元素的索引值即爲串列節點的索引值，所以在撰寫程式時，不需要特別去做區分；但是在結構體陣列中，陣列元素的索引值，不見得會跟串列節點的索引值一樣，實際的插入或刪除節點的動作，需作用於陣列元素上，所以下列動作有些是針對陣列索引值(亦即串列節點所在的陣列元素索引值)作用的，會使用arrayIdx做參數；而有些則針對串列索引值(亦即第幾個串列的節點)作用的，會使用listIdx做參數。茲說明如下：

✤ 表5-6　結構體陣列實作鏈結串列的各種動作(副程式)及其說明

副程式名稱	動作說明	備註
initList()	對串列的陣列做初始化動作。	設定nextLink及prevLink的初值。
isEmpty()	檢查是否為空串列。	EMPTY為true。每次刪除節點時會重新設定EMPTY的值。
isFull()	檢查陣列空間是否已滿。	FULL為true。每次插入節點時會重新設定FULL的值。
isVaildArrayIdx(arrayIdx)	檢查陣列索引值arrayIdx的元素是否為合法的串列節點。	A[idx].nextLink != availableLink && A[idx].prevLink != availableLink

副程式名稱	動作說明	備註
isVaildIndex(listIdx)	檢查串列索引值listIdx所在的陣列元素是否為合法的串列節點。	通常會想要知道串列的第幾個(如第listIdx個)節點，是否為合法的串列節點。
getNextNode(arrayIdx)	回傳陣列索引值的下一個節點的陣列索引值。	用來模擬指標，也適用於環狀串列。 回傳陣列索引值。
getPrevNode(arrayIdx)	回傳陣列索引值的前一個節點的陣列索引值。	用於雙向鏈結鏈結。 回傳陣列索引值。
getArrayIdx(listIdx)	回傳串列節點索引值listIdx節點所在的個陣列元素索引值。	回傳陣列索引值。
~~getNextNodeC(idx)~~		在結構體陣列中不需要，在插入及刪除節點時處理環狀的部分。
~~getPrevNodeC(idx)~~		在結構體陣列中不需要，在插入及刪除節點時處理環狀的部分。
~~moveElement(from, dir)~~		在結構體陣列中不需要。
searchAvailableIdx()	回傳陣列中可用元素的最小索引值。	新增的動作，由插入節點動作呼叫。
insertNodeByArrayIdx(data, arrayIdx)	新增節點。將資料data放置於陣列索引值arrayIdx元素的後面。	新增的動作，由insertNodeByIdx()呼叫。
deleteNodeByArrayIdx(arrayIdx)	以陣列索引值刪除節點。刪除陣列索引值為arrayIdx的節點。如果arrayIdx為head，則呼叫deleteFirstNode()；如果arrayIdx為tail，則呼叫deleteLastNode()。	新增的動作，由deleteNodeByIdx()呼叫。
insertIntoFirstNode(data)	新增節點至串列的第一個節點前。	主要動作之一。
insertAppendLastNode(data)	新增節點至串列的最後一個節點後。	主要動作之一。

副程式名稱	動作說明	備註
insertNodeByIdx(data, listIdx)	新增節點。將資料data放置於串列的第listIdx個節點後面。	主要動作之一。
deleteFirstNode()	刪除head節點。	新增的主要動作之一。
deleteLastNode()	刪除tail節點。	新增的主要動作之一。
deleteNodeByIdx(listIdx)	以串列索引值刪除節點。刪除串列的第listIdx個節點。	主要動作之一。
deleteNodeByData(data)	以資料值刪除節點。刪除資料值為data的節點，需先搜尋串列中是否有資料值為data的節點。	主要動作之一。
searchByData(data)	以資料查詢節點。查詢串列中是否有data這個資料值的節點。如果有，回傳第一個符合條件的陣列索引值，否則回傳錯誤碼。	主要動作之一，回傳陣列索引值。
searchByIdx(listIdx)	以串列索引值查詢節點。查詢串列中第listIdx個節點的資料值。	主要動作之一，回傳資料值。
printAllList()	輸出串列所有節點至螢幕。	主要動作之一。
printList(fromIdx, toIdx)	輸出串列部分節點(索引值從fromIdx至toIdx)至螢幕。	主要動作之一。

根據表5-6的說明，實作出每個副程式的程式碼，請參考程式碼5-4，對於程式碼的說明大部分皆註記在程式碼旁邊，請讀者自行參閱。而程式設計的概念與一些進階技巧的部分特別說明如下：

1. 表5-6中有四個主要動作(包含十一個副程式)會被用在主程式中，就是新增節點insertNodeByIdx (data, idx)、insertIntoFirstNode(data)、insertIntoLastNode(data)；刪除節點deleteFirstNode()、deleteLastNode()、deleteNodeByIdx(idx)、deleteNodeByData(data)；查詢節點searchByData(data)、searchByIdx(idx)及列印節點printList(fromIdx, toIdx)、printAllList()。

其中新增節點除了可新增到指定節點，也可以直接新增到第一個或最後一個節點上；刪除節點及查詢節點都分別可根據串列索引值及資料值來完成動作，由於刪除第一個與最後一個節點的動作，跟刪除一般節點的動作不太一樣，所以要另外處理；而列印節點則可指定節點範圍或全部列印。而其餘的副程式則是主要動作會用到的工具副程式。

2. 跟實作單一陣列程式碼一樣，大部分的副程式都會回傳一個整數值(但isEmpty()、isFull()、isAvailableElement()、isVaildArrayIdx()及isValidIndex(idx)回傳的是布林值)，除回傳必要的索引值或資料值外，就是用來回傳執行狀態(通常用FAIL(-1)表示動作有錯誤；SUCCESS(0)表示動作正常)。

3. 仍然秉持著精簡程式碼的想法，但大部分的副程式無法像實作單一陣列程式一樣，都以「條件運算子」(就是 ? :)或一道邏輯運算式來完成。而就算是使用「條件運算子」或邏輯運算式，程式碼看起來都不是那麼簡單。有一部分的動作說明在表5-6，也有在程式碼的註解中呈現，請讀者自行參考。

4. 程式碼第1~17行，爲常數及全域變數的宣告與初始化。跟單一陣列程式碼一樣，暫定執行成功的狀態碼(SUCCESS)爲0、執行失敗的狀態碼(FAIL)爲 -1。若與串列的資料值相衝突時，可自行更改狀態碼。

5. 程式碼第3及4定義了「空」鏈結及「可用」鏈結的代碼，在這裡用了一個很奇怪的數字，是爲了避免跟資料值或是陣列索引值重複，而產生混淆。

6. 程式碼6~10定義了節點的資料結構，有使用typedef關鍵字定義了_Node的資料型別，所以程式碼第11行也可以用_Node來宣告A陣列。另外，爲了方便起見，所示範的程式皆以雙向鏈結爲例，如果僅要實作單向鏈結，則可省略跟prevLink有關的指令。

7. head及tail用來標示串列的「頭」跟「尾」節點所在的陣列索引值，初始值設爲0表示第一個新增的串列節點會在陣列索引值0的元素上。但如果head及tail的初始值爲-1，後面的程式碼(如第79、135及151行)就有可能會出錯。

8. 在此還特別定義了一個nodeNum的全域變數(第15行)，主要是用來記錄串列的節點數。串列節點數在插入節點時會增加，在刪除節點時會減少。而getNodeNum()副程式只要回傳nodeNum的值即爲串列的節點數

(第70行)，無須從頭數一次。當然也可以使用nodeNum是否爲0或是否爲MAXSIZE-1，來判斷串列爲「空」或是「滿」的。

9. initList()副程式在開始使用串列前必須先被呼叫，把節點的nextLink及prevLink都設爲availableLink，表示該節點爲可用節點。在後續程式碼(如第36行)也是以此條件判斷是否爲可用陣列元素。

10. isVaildArrayIdx(arrayIdx)是用來判斷陣列索引值arrayIdx是否爲可用元素，這是其他動作副程式常用的工具副程式。因爲不管是head、tail或是節點的鏈結，代表的都是陣列索引值。而isVaildIdx(listIdx)是主程式比較會使用到的副程式。一般想插入節點到串列中的某個節點後面，或是想刪除串列中的某個節點，都會直接指定「串列索引值」，因爲「陣列索引值」使用者是看不到的。那getArrayIdx(listIdx)就是將「串列索引值」轉換成「陣列索引值」的工具副程式。

11. getNextNode(arrayIdx)及getPrevNode(arrayIdx)副程式可以同時應用於環狀與非環狀串列。

12. searchByData(data)是用來找尋串列中，是否有資料爲data的節點，由於串列節點不一定會依序存放於陣列元素中，所以必須從「頭」開始找。這個副程式必須判斷串列是否爲空串列？是否有找到？找到後要回傳陣列索引值等很多動作，所以程式碼有稍微冗長一點。

13. searchByIdx(listIdx)是以串列索引值查詢節點的資料值，查詢前須先將串列索引值轉換成陣列索引值，同時還需做很多的條件判斷。

14. searchAvailableIdx()是在新增節點後要設定available值時使用，程式碼也是有點冗長，因爲要判斷陣列是否已滿？有找到可用元素要回傳陣列索引值，若搜尋整個陣列都找不到可用元素，則要設定FULL全域變數爲true，表示陣列空間已滿。

15. insertNodeByArrayIdx(data, arrayIdx)、insertIntoFirstNode(data)及insertAppendLastNode(data)是根據圖5-5~圖5-7所實作出來的。

16. 如果想要實作環狀串列，只要在insertIntoFirstNode(data)副程式中把A[available].prevLink指到tail(如第137行)；而在insertAppendLastNode(data)副程式中把A[available].nextLink指到head(如第152行)即可[8]。

17. 而insertNodeByIdx(data, listIdx)則是用來插入節點到listIdx節點後面。為精簡程式碼，第128行使用了巢狀的「條件運算子」。(arrayIdx = getArrayIdx(listIdx)) != FAIL)指令主要是將串列索引值轉換成陣列索引值，如果成功，則近一步判斷arrayIdx是否為tail？如果是，則使用insertAppendLastNode(data)將節點附加在tail的後面，如果不是，則將節點插入arrayIdx元素的後面。程式碼有點複雜，請讀者仔細推敲。

18. deleteFirstNode()、deleteLastNode()及deleteNodeByArrayIdx(int arrayIdx)是根據圖5-8~圖5-10所實作出來的。而deleteNodeByIdx(listIdx)則是刪除串列索引值listIdx的節點。deleteNodeByData(data)則會先搜尋串列中是否有資料值為data的節點，再給予刪除。

19. 要特別注意的是：在deleteLastNode()副程式中用了p = A[tail].prevLink指令(第176行)，在實作單向串列時是無法得到該節點的prevLink資訊的，所以如果一定要得到前一個節點資訊的話，要在程式碼中自行處理。

20. 一樣的如果想要實作環狀串列，只要在deleteFirstNode()副程式中把A[n].prevLink指到tail(如第165行)；而在deleteLastNode()副程式中把A[p].nextLink指到head(如第177行)即可。

21. printList(fromIdx, toIdx)是要印出指定的串列節點範圍，從第fromIdx個節點印到toIdx個節點。當然其中必須先將串列索引值轉換成陣列索引值。而printAllList()則是印出所有串列的節點。nodeNum全域變數主要是用在printAllList()副程式中，因為該副程式可以直接呼叫printList(0, nodenum-1)副程式(第240行)，從第0個節點印到第nodeNum-1個節點(亦即全部的節點)。

---

8. 此部分留給讀者自行練習。

程式碼5-4

結構體陣列實作鏈結串列的各種動作(副程式)的程式碼(以C++為例)

```
//常數及全域變數的宣告與初始化。
//定義執行成功的狀態碼。若串列內容的資料型別是整數，則可能會跟串列資
料一樣，此時須做適當的修改。
1	#define SUCCESS	(0)
2	#define FAIL	(-1)
3	#define nullLink	(-9991)
4	#define availableLink	(-9999)
	//定義串列大小
5	#define MAXSIZE 100
	//定義結構體
6	typedef struct Node { //宣告 Node 結構體名稱
7		int data; //宣告成員變數
8		int nextLink;
9		int prevLink;
10	} _Node; //定義結構體物件名稱
11	struct Node A[MAXSIZE];
12	int head = 0;
13	int tail = 0;
14	int available = 0;
15	int nodeNum = 0;
16	bool FULL = false;
17	bool EMPTY = true;
18	void initList()
19	{
20		int i;
21		for (i = 0; i < MAXSIZE; i++)
22		{
23			A[i].nextLink = A[i].prevLink = availableLink;
24		}
25	}
26	bool isEmpty() //檢查是否為空串列。
27	{
28		return EMPTY;
29	}
```

```
30  bool isFull() //檢查串列空間是否已滿。
31  {
32      return FULL;
33  }
34  int isAvailableElement(int arrayIdx)
35  {
36      return (A[arrayIdx].nextLink == availableLink && A[arrayIdx].prevLink
            == availableLink);
37  }
38  bool isVaildArrayIdx (int arrayIdx) //檢查串列節點的陣列索引值是否為合
                                          法節點。
39  {
40      return ((arrayIdx>=0) && (arrayIdx<MAXSIZE) &&
        !isAvailableElement(arrayIdx)) ? true : false;
41  }
42  bool isVaildIdx(int listIdx) //檢查串列索引值是否在陣列索引範圍內。
43  {
44      int arrayIdx;
45      return ((arrayIdx = getArrayIdx(listIdx)) != FAIL &&
        isVaildArrayIdx(arrayIdx));
46  }
47  int getNextNode(int arrayIdx) //回傳串列節點的下一個節點的陣列索引
                                    值。
48  {
49      return (A[arrayIdx].nextLink != nullLink && A[arrayIdx].nextLink !=
            availableLink) ? A[arrayIdx].nextLink: FAIL;
50  }
51  int getPrevNode(int arrayIdx) //回傳串列節點的前一個節點的陣列索引
                                    值。
52  {
53      return (A[arrayIdx].prevLink != nullLink && A[arrayIdx].prevLink !=
            availableLink) ? A[arrayIdx].prevLink : FAIL;
54  }
55  int getArrayIdx(int listIdx)
56  {
57      int p = head;
```

```
58      int cnt = 0;
59      if (!isEmpty())
60      {
61          do
62          {
63          } while ((cnt++ < listIdx) && ((p = getNextNode(p)) != FAIL));
64          return p;
65      }
66      return FAIL;
67  }
68  int getNodeNum()
69  {
70      return nodeNum;
71  }
72  int searchByData(int data)
    //以資料查詢節點。查詢串列中是否有data這個資料值的節點。
    //如果有，回傳第一個符合條件的陣列索引值，否則回傳錯誤碼。
73  {
74      if (!isEmpty())
75      {
76          p = head;
77          do
78          {
79              if (A[p].data == data)
80              {
81                  return p;
82              }
83          } while ((p = getNextNode(p)) != FAIL);
84      }
85      return FAIL;
86  }
87  int searchByIdx(int listIdx)          //以串列索引值查詢節點。查詢串列中節
                                             點的陣列索引值為arrayIdx的資料值。
88  {
89      int arrayIdx;
90      return ((arrayIdx = getArrayIdx(listIdx)) == FAIL || isEmpty() ||
            !isVaildArrayIdx(arrayIdx)) ? FAIL : A[arrayIdx].data;
```

```
91  }
92  int searchAvailableIdx()
93  {
94      int p;
95      if (!isFull())
96      {
97          for (p = 0; p < MAXSIZE; p++)
98          {
99              if (isAvailableElement(p))
100             {
101                 return p;
102             }
103         }
104         FULL = true;
105     }
106     return FAIL;
107 }
108 int insertNodeByArrayIdx(int data, int arrayIdx)
    //新增節點。將資料data放置於陣列索引值arrayIdx的位置上。
109 {
110     if (!isFull() && isVaildArrayIdx(arrayIdx))
111     {
112         int p = A[arrayIdx].nextLink;
113         A[available].data = data;
114         A[available].nextLink = A[arrayIdx].nextLink;
115         A[available].prevLink = arrayIdx;
116         A[p].prevLink = available;
117         A[arrayIdx].nextLink = available;
118         available = searchAvailableIdx();
119         EMPTY = false;
120         nodeNum++;
121         return data;
122     }
123     return FAIL;
124 }
125 int insertNodeByIdx(int data, int listIdx)
    //新增節點。將資料data放置於串列索引值listIdx的後面。
```

```
126 {
127     int arrayIdx;
128     return ((arrayIdx = getArrayIdx(listIdx)) != FAIL) ?
            ((arrayIdx == tail) ? insertAppendLastNode(data) :
            insertNodeByArrayIdx(data, arrayIdx)) : FAIL;
129 }
130 int insertIntoFirstNode(int data) //新增節點至串列的第一個節點前。
131 {
132     if (!isFull())
133     {
134         A[available].data = data;
135         A[head].prevLink = (isEmpty()) ? nullLink : available;
136         A[available].nextLink = (isEmpty()) ? nullLink : head;
137         A[available].prevLink = nullLink;
138         head = available;
139         available = searchAvailableIdx();
140         EMPTY = false;
141         nodeNum++;
142         return data;
143     }
144     return FAIL;
145 }
146 int insertAppendLastNode(int data)
    //新增節點至串列的最後一個節點後。
147 {
148     if (!isFull())
149     {
150         A[available].data = data;
151         A[tail].nextLink = (isEmpty()) ? nullLink : available;
152         A[available].nextLink = nullLink;
153         A[available].prevLink = (isEmpty()) ? nullLink : tail;
154         tail = available;
155         available = searchAvailableIdx();
156         EMPTY = false;
157         nodeNum++;
158         return data;
```

```
159     }
160     return FAIL;
161 }
162 int deleteFirstNode()     //刪除串列的第一個節點。
163 {
164     int n = A[head].nextLink;
165     A[n].prevLink = nullLink;
166     A[head].nextLink = availableLink;
167     A[head].prevLink = availableLink;
168     available = (head < available) ? head : available;
169     head = n;
170     EMPTY = ((head == tail) && isAvailableElement(head));
171     nodeNum--;
172     return SUCCESS;
173 }
174 int deleteLastNode()      //刪除串列的最後一個節點。
175 {
176     int p = A[tail].prevLink;
177     A[p].nextLink = nullLink;
178     A[tail].nextLink = availableLink;
179     A[tail].prevLink = availableLink;
180     available = (tail < available) ? tail : available;
181     tail = p;
182     EMPTY = ((head == tail) && isAvailableElement(head));
183     nodeNum--;
184     return SUCCESS;
185 }
186 int deleteNodeByArrayIdx(int arrayIdx) //以陣列索引值刪除節點。
187 {
188     int p = A[arrayIdx].prevLink;
189     int n = A[arrayIdx].nextLink;
190     if (isVaildIndex(arrayIdx) && arrayIdx!= FAIL)
191     {
192         if (arrayIdx == head)
193         {
194             return deleteFirstNode();
```

```
195             }
196             else if (arrayIdx == tail)
197             {
198                 return deleteLastNode();
199             }
200             else
201             {
202                 A[p].nextLink = n;
203                 A[n].prevLink = p;
204                 A[arrayIdx].nextLink = availableLink;
205                 A[arrayIdx].prevLink = availableLink;
206                 available = (arrayIdx < available) ? arrayIdx: available;
207                 nodeNum--;
208                 return SUCCESS;
209             }
210         }
211         return FAIL;
212 }
213 int deleteNodeByIdx(int listIdx) //以串列索引值刪除節點。
214 {
215         int arrayIdx;
216         return ((arrayIdx = getArrayIdx(listIdx)) != FAIL) ?
            deleteNodeByArrayIdx(arrayIdx) : FAIL;
217 }
218 int deleteNodeByData(int data)
    //以資料值刪除節點。刪除資料值為data的節點。
219 {
220         int arrayIdx;
221         return ((arrayIdx = searchByData(data)) != FAIL) ?
            deleteNodeByIdx(arrayIdx) : FAIL;
222 }
223 int printList(int fromIdx, int toIdx) // fromIdx與toIdx為串列索引值
224 {
225         int f = getArrayIdx(fromIdx);
226         int t = getArrayIdx(toIdx);
227         if (!isEmpty())
```

```
228     {
229         do
230         {
231             printf("%d ", A[f].data);
232         } while (f != t && (f = getNextNode(f)) != FAIL &&
                    !isAvailableElement(f));
233         printf("\n");
234         return SUCCESS;
235     }
236     return FAIL;
237 }
238 int printAllList()
239 {
240     return printList(0, nodeNum - 1);
241 }
```

5-3-3　範例1：新增、刪除與搜尋節點測試

題目：請依下表完成指定動作

順序	動作	資料值	索引值	使用副程式
1	新增節點	10	First	insertIntoFirstNode()
2	新增節點	5	First	insertIntoFirstNode()
3	新增節點	3	Last	insertAppendLastNode()
4	新增節點	8	2	insertNode()
5	新增節點	6	1	insertNode()
6	搜尋節點	10		searchByData()
7	搜尋節點	15		searchByData()
8	搜尋節點		3	searchByIdx()
9	刪除節點	7		deleteNodeByData()
10	刪除節點	8		deleteNodeByData()
11	刪除節點		4	deleteNodeByIdx()

這題跟單一陣列的題目一樣，而程式碼也幾乎一樣，除了有些主要動作爲了區分串列索引值與陣列索引值所做的名稱調整外(如將insertNode改成insertNodeByIdx)。

程式碼5-5

(僅列出主程式)

```
1   int main(void)
2   {
3       int tmp;
4       initList();
5       tmp = insertIntoFirstNode(10);      printf("tmp=%d: ", tmp); printAllList();
6       tmp = insertIntoFirstNode(5);       printf("tmp=%d: ", tmp); printAllList();
7       tmp = insertAppendLastNode(3);      printf("tmp=%d: ", tmp); printAllList();
8       tmp = insertNodeByIdx(8, 2);        printf("tmp=%d: ", tmp); printAllList();
9       tmp = insertNodeByIdx(6, 1);        printf("tmp=%d: ", tmp); printAllList();
```

```
10      tmp = searchByData(10);          printf("tmp=%d: ", tmp); printAllList();
11      tmp = searchByData(15);          printf("tmp=%d: ", tmp); printAllList();
12      tmp = searchByIdx(3);            printf("tmp=%d: ", tmp); printAllList();
13      tmp = deleteNodeByData(7);       printf("tmp=%d: ", tmp); printAllList();
14      tmp = deleteNodeByData(8);       printf("tmp=%d: ", tmp); printAllList();
15      tmp = deleteNodeByIdx(4);        printf("tmp=%d: ", tmp); printAllList();
16      printf("tail=%d\n", tail);
17  }
```

說明：

1. 雖然程式碼一樣，但執行結果有些許不同。原因是這裡的insertNodeByIdx(data, listIdx)副程式是把節點插入串列索引值listIdx節點的後面，而單一陣列的insertNode (data, listIdx)是將節點插入串列索引值listIdx節點的位置。所以在第4行及第5行的輸出就不一樣了。
2. 第6行的輸出也有不同，因為以資料搜尋串列節點時，搜尋成功會回傳陣列索引值。但是以結構體陣列說，串列索引值不見得會跟陣列索引值一樣，所以第6行的輸出不同是可以理解的。
3. 第8行的輸出也有不同，是因為串列節點的順序不同所致。
4. 執行結果如下圖：

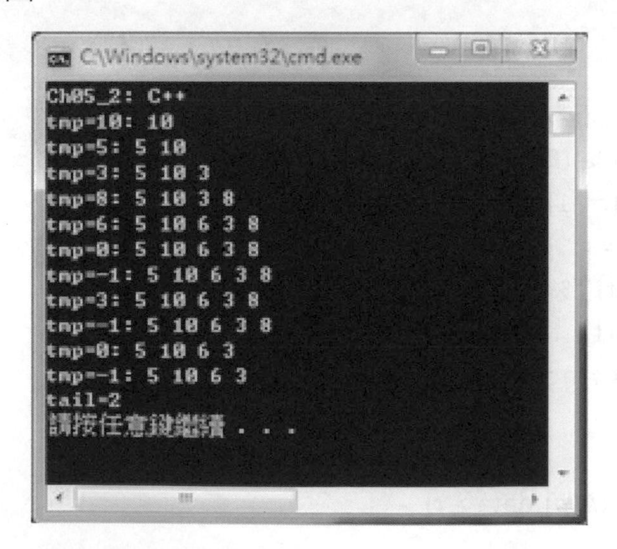

5-3-4 範例2：綜合應用

題目：

隨機產生10個不重複的整數亂數(範圍從1~100)，依產生亂數的順序新增至串列中，使串列成爲由小到大的有序串列。

程式碼5-3

(僅列出主程式)

```
1     int main(void)
2     {
3         int T[10];
4         bool flag[100];
5         bool insert;
6         int p, t;
7         int r;
8         srand(time(NULL)); // time() 函數需另外加入 #include <time.h>
9         for (int i = 0; i < 100; i++)
10        {
11            flag[i] = false;
12        }
13        for (int i = 0; i < 10; i++)
14        {
15            do
16            {
17                r = (rand() % 100) + 1;
18            } while (flag[r - 1]);
19            flag[r - 1] = true;
20            T[i] = r;
21            printf("%d ", T[i]);
22            insert = false;
23            p = t = head;
24            do
25            {
26                if (A[p].data > r)
27                {
```

```
28                  if (p == head)
29                  {
30                      insertIntoFirstNode(r);
31                  }
32                  else
33                  {
34                      insertNodeByArrayIdx(r, t);
35                  }
36                  insert = true;
37                  break;
38              }
39              t = p;
40          } while ((p = getNextNode(p)) != FAIL);
41          if (!insert)
42          {
43              insertAppendLastNode(r);
44          }
45      }
46      printf("\n");
47      printAllList();
48      printList(2, 6);
49  }
```

說明：

1. 以結構體陣列實作的程式碼，跟以單一陣列實作的程式碼其實也是大同小異，像產生不重複亂數的部分。在這裡的旗標陣列flag僅有100個元素，所以亂數r對應到flag的索引值時，須減1(如程式碼第18、19行所示)。

2. 在依資料值大小插入節點時，需從頭搜尋串列中的節點，找到適當的位置，再做插入的動作。由於串列的head及節點的nextLink值都是陣列索引值，所以使用insertNodeByArrayIdx動作來插入節點比較適合。而insertNodeByArrayIdx(data, arrayIdx)動作是將新節點插入arrayIdx節點的後面，但是這樣卻不是原本所預期的作法。若希望串列節點的資料由小到大排列，那就必須搜尋到第一個大於欲插入資料(r)的節點(p)，然後把資料插入節點p之前。

可是從單向鏈結串列的節點是無法直接得到前一個節點的資訊，所以本程式碼使用了一個技巧來記錄前一個節點的資訊。簡單的說，在p變成下一個節點之前，先令t等於p節點(第39行)，如此在下一個迴圈時，t節點就是p節點的前一個節點。當找到要插入節點p的位置時，就將資料插入t節點的後面(第34行)，如此等同將資料插入p節點的前面。有一個比較特別的狀況，如果找到的節點p是head節點時，就必須使用insertIntoFirstNode把資料插入head節點的前面(如第28~35行)。

3. 第48行程式特別測試了printList(fromIdx, toIdx)副程式，果然可以印出串列索引值fromIdx到toIdx的節點。

4. 執行結果如下圖：

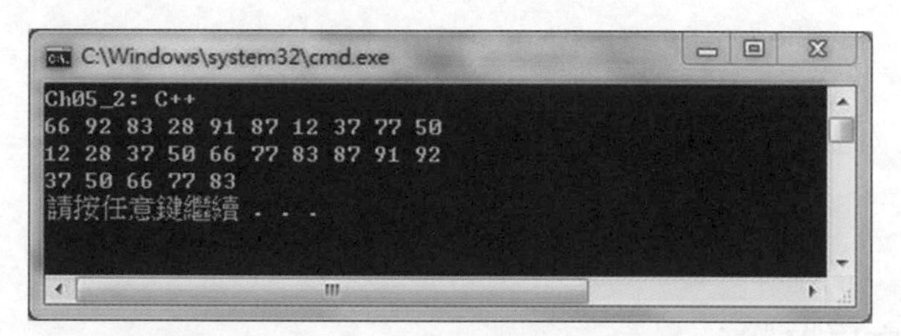

1. 本章介紹了串列鏈結的兩種實作方法：單一陣列、結構體陣列。
2. 單一陣列實作串列鏈結時，會一直在陣列中保持串列節點的順序，所以不管是插入節點或是刪除節點都須做移動陣列元素的動作，這是最耗時也是最複雜的部分。唯一的好處是串列索引值就是陣列索引值。
3. 結構體陣列本質上還是陣列，只是用nextLink及prevLink成員變數模擬動態配置的串列鏈結。雖然不用移動陣列元素，但是卻需要找尋可用陣列元素。在刪除節點時，可直接拿被刪除的節點當作可用的陣列元素，可是在插入節點時，就必須另外再搜尋可用的節點，這個部分可能會比較耗時。
4. 由於結構體陣列需要處理節點的nextLink及prevLink成員變數，所以程式碼感覺上比較難懂或甚至可以說比較複雜。不過這些處理流程是跟動態配置的串列鏈結的處理流程比較接近。

基礎題

(　　) 1. 下列何者的邏輯順序與實體順序不一樣？【97台北大學資訊管理所】

(1)串列鏈結

(2)一維陣列

(3)二維陣列

(4)以上皆是

(　　) 2. To save the memory space, which of the following data structure is used to express a sparse matrix?　　【97虎尾科技大學資訊管理所】

(1)linked list

(2)tree

(3)graph

(4)queue

(　　) 3. Which one of the following statements about List is wrong?

【97彰化師範大學資訊管理所】

(1) it is an order collection.

(2) it can contain duplicate elements.

(3) its performance os better than Array if most of List elements are fixed.

(4) it requires dynamic memory management.

(5) none of the above.

(　　) 4. When you create a reference to a link in a linked list, it

【97彰化師範大學資訊管理所】

(1)must refer to the first link.

(2)must refer to the link pointed to by current.

(3)must refer to the link pointed to by next.

(4)can refer to any link you want.

(5)none of the above.

(　　) 5. 在C/C++程式語言中，欲使用動態記憶體配置，不需要用到下列哪一個函數？

(1)malloc()

(2)free()

(3)sizeof()

(4)new()

(　　) 6. 使用陣列結構與動態結構體配置實作鏈結串列時，下列敘述何者有誤？

(1)陣列結構在加入、刪除時，必須作大量資料的移動

(2)陣列結構比較浪費記憶體空間

(3)動態結構體配置在加入、刪除時，只需要改變指標即可

(4)動態結構體配置不可以直接存取

(　　) 7. 假設使用P與Q兩個單向鏈結串列(Linked List)分別表示具有n及m個非零項之多項式，則將此兩個多項式相加最多需要多少個節點來存放運算結果？(每一個節點存放一個非零項)

(1)n+m-1

(2)n+m

(3)min(n, m)

(4)max(n, m)

(　　) 8. 刪除一個雙向鏈結串列的第一個節點時需要改變幾個指標？

(1)5

(2)4

(3)3

(4)2

(　　) 9. 在一個鏈結串列上加入一個節點，請問下列何者為真？

(1)需改變由鏈結串列第一個節點到插入位置的所有指標

(2)最多只需改變兩個節點

(3)需改變由鏈結串列插入位置到最後一個節點的所有指標

(4)不需改變任何結點

(　　) 10. 在鏈結串列的資料結構中，假設head指向鏈結串列的第一個節點，next是用來指向下一個節點的指標。現在有一個新增節點為p，要將這個節點加到串列的最前面，則下列何者為正確的步驟？

(1)head->next = p;

(2)p->next = head;
head = p;

(3)head = p;
p->next = head;

(4)p->next = head->next;
head = p;

實作題

1. 請修改結構體陣列的相關動作副程式，使之成為雙向環狀串列鏈結。並撰寫一個主程式，測試當新增的節點數超過陣列元素個數時，是否會回應錯誤碼？當刪除節點到沒有節點時，是否也會回應錯誤碼？

2. 目前的程式碼只提供成功(SUCCESS)及失敗(FAIL)錯誤碼，請增加一些錯誤碼(如「空串列」、「串列已滿」、「找不到指定節點」或是「該節點不合法」等)以便讓程式回應更詳細執行狀態。

3. 第2章習題中實作題第5題是用陣列實作多項式。請使用結構體陣列實作的串列鏈結，來完成多項式的表示與運算(加、減、乘)。

提示：

(1) 只要用單向鏈結即可。

(2) 結構體成員變數應有係數、指數、nextLink。

NOTE

CH06 鏈結串列2

本章內容

- 6-1　以動態配置結構體實作各式鏈結串列
- 6-2　以 LinkedList 類別實作各式鏈結串列
- 重點整理
- 本章習題

前一個章節已介紹了使用單一陣列及結構體陣列實作鏈結串列的方法。這兩種方法，本質上都是使用陣列來實作，所以難免會有「移動陣列元素」或是「找尋可用元素」等相當耗時的額外動作。然而，鏈結串列的重點在於「鏈結」，在程式實作上，「鏈結」其實就是「指標」或是「參考」。在有需要用到串列節點時，再以動態配置結構體的方式配置所需的節點。每配置一個節點時都可以得到一個「指標」或是「參考」指到該節點所在的記憶體空間，然後將這個「指標」或是「參考」記錄在節點裡(如紀錄在link的成員變數裡)。如此，便可透過節點裡link成員變數，從一個節點走訪到跟它鏈結的下一個節點。這就是鏈結串列最初的構想。

6-1 以動態配置結構體實作各式鏈結串列

在實作上，C、C++與C#有結構體struct關鍵字；而VB及Java沒有結構體關鍵字，但可以用類別class來取代，但其實結構體可以說是一種沒有成員方法的類別。要特別一提的是C#不但有結構體struct，也可以用使用類別class來定義結構體。由於C#語法比較接近Java，因此在本書中，筆者比較建議C#語言使用類別class來定義結構體。

除了使用結構struct與類別class關鍵字定義結構體，然後再透過動態配置的方式來實作鏈結串列外，本章還要特別介紹.NET Framework與Java SDK中所提供的類別庫LinkedList。這個LinkedList類別幾乎已經實作了大部分鏈結串列常用的動作方法(在類別中副程式稱爲方法)，雖然這兩個不同平台都提供相同名稱的類別庫，但裡面的方法有些許不同，在本章會作詳細的解說。

6-1-1 動態配置的結構體

剛剛提到，定義結構體的關鍵字有兩種：一爲struct，用於C及C++程式語言；另一爲class，用於C#、VB及Java程式語言。而使用struct及class定義結構體及宣告結構體變數的語法，可參照第5章的表5-4。跟表5-4不同的是，成員列表內會多一個爲自身結構體資料型態的成員變數。茲將定義、宣告方法再整理如表6-1所示；動態配置結構體的語法如表6-2所示；而存取成員變數的語法如表6-3所示。茲說明如下：

1. C及C++使用struct定義結構體名稱及宣告結構體變數的細節，請參照第5章的5-3-1節。要特別注意的是：C與C++在結構體成員列表中的「自身結構體資料型態的成員變數」以及宣告的結構體變數都須使用指標，也就是在變數名稱前要多加一個星號‘*’。

2. 結構體成員中包含自身資料型態的成員變數，是動態配置結構體的最基本架構，通常單向鏈結只會有一個自身資料型態的成員變數，而雙向鏈結則會有兩個。而本章為了以後方便處理雙向鏈結，程式碼中都定義了兩個鏈結：nextLink及prevLink。

3. 不管是使用struct還是class來宣告結構體變數，所宣告出來的變數，並不像其他一般資料型態(如int)，宣告後即可直接使用；而是都必須透過malloc()函式或new關鍵字，來配置記憶體空間方可使用。

4. C及C++程式語言是使用malloc()函式，來動態配置結構體所需的記憶體空間，其中malloc()的參數會指定所需配置記憶體空間的位元組數，通常會使用sizeof()函式，來取得結構體所佔的記憶體位元組數。malloc()函式若配置成功，則會回傳所配置記憶體的起始位置，但必須強制轉型為該結構體型態的指標。在C及C++中，這種可以記錄記憶體位置的變數，稱之為「指標」。

5. C及C++的結構體變數通常是指標，而指標的成員存取子為‘->’，故要存取指標結構體的成員變數時，須使用‘->’運算子，如list->link。

6. C#、Java及VB都是使用類別class關鍵字來定義結構體。而使用new關鍵字動態配置類別結構體，其回傳值為該配置記憶體起始位址的參考。只是在VB程式語言裡，這兩個關鍵字的第一個字母都是大寫(也就是Class及New)。

7. C#、Java及VB的結構體變數就是所謂的「參考」，雖然它記錄的也是記憶體位址，但在使用上跟一般的變數沒有什麼兩樣。要存取參考結構體的成員變數時，使用的是‘.’運算子，如list.link。

✣ 表6-1　定義結構體與宣告結構體變數的語法

語言	定義結構體與宣告結構體變數	範例	備註

C、C++	●struct *結構體名稱*
	{
	成員列表
	} [*結構體物件名稱*];
	[struct] *結構體名稱 變數名稱*;
	●typedef struct *結構體名稱*
	{
	成員列表
	} *結構體物件名稱*;
	結構體物件名稱 變數名稱;
		●struct Node {
		int data;
		struct Node *link;
		} _Node;
		struct Node *list;*
		●typedef struct Node {
		int data;
		struct Node *link;
		} _Node;
		_Node *list;
			*C++可省略struct。
			使用typedef可以把結構體物件名稱變成資料型別。

C#、Java	class *結構體名稱*
	{
	成員列表
	}
	結構體名稱 變數名稱;
		class Node
		{
		int data;
		Node link;
		}
		Node list;	

VB	Class *結構體名稱* *成員列表* End Class Dim *變數名稱* As *結構體名稱*	Class Node Dim data As Integer Dim link As Node End Class Dim list As Node	

✣ 表6-2　動態配置結構體的語法

語言	語法	範例	備註
C、C++	*malloc*()	list = (Node*) malloc(sizeof(Node))	◆ malloc()函式會動態配置參數所指定的位元組數的記憶體空間，並傳回該記憶體的起始位置。使用時必須強制轉型為該結構體型態的指標。 ◆ sizeof()函式會回傳參數的資料型態所佔的記憶體位元組數。

語言	語法	範例	備註
C#、Java	*new*	list = new Node;	◆使用New關鍵字動態配置類別結構體，回傳值為該配置記憶體起始位址的參考。
VB	*New*	list = New Node	

❖ 表6-3　動態配置結構體成員的存取方法

語言	語法	範例	備註
C、C++	*變數名稱->成員名稱*	list->link	因為結構體變數通常是指標，指標的成員存取子為‘->’
C#、Java、VB	*變數名稱.成員名稱*	list.link	

6-1-2　動作副程式

以動態配置結構體實作單向鏈結、環狀鏈結、雙向鏈結、環狀雙向鏈結串列，其實跟以結構體陣列實作的部分差不多，基本上有新增節點、刪除節點、查詢節點等主要動作。只是可能不需要太多額外的工具副程式，如「檢查是否爲空串列」、「檢查串列空間是否已滿」，或甚至也不需要「移動串列元素」或「搜尋可用元素」等，這些屬於陣列結構才需要的動作副程式。所需的全域變數除了串列A以外，可能還需head及tail等全域變數，來記錄目前串列的起始節點(head)，及目前串列的結尾節點(tail)。而通常串列A這個結構體變數可以用head節點的指標或參考來取代，所以在本章的程式碼中，將會用head來取代串列A，但在文章說明中，有時仍然會以A來代表串列名稱。

由於不是使用陣列類型的資料結構，串列中的每一個節點可能都必須從頭(head)開始走訪。如果串列A的值爲空值(NULL)，表示串列A是空的；如果串列A的某個節點的link值是空值，則表示這個結點是最後一個節點(我們會用tail來記錄這個節點)。由於每個節點都在要使用到時才動態配置的，所以只要系統的記憶體空間足夠，基本上沒有串列空間是否已滿的問題。通常是當動態配置不成功時，才表示串列空間已滿，而配置成不成功是由作業系統來回應，所以我們不用自己寫isFull()這樣的動作副程式，來偵測串列是否已滿。

既然動態配置結構體沒有使用陣列的架構，所以對於新增節點、刪除節點的動作只要處理鏈結的部分即可，程式的實作上應該會比較簡單。以下先說明動態配置結構體實作新增節點、刪除節點、查詢節點的動作細節：

結構體的表示法

1. 假設結構體的名稱仍爲A，結構體中的成員變數data用來儲存資料、成員變數link用來儲存下一個節點的指標或參考。爲了方便同時處理雙向鏈結，直接使用兩個「鏈結」的成員變數－nextLink(指到[1]下一個節點)與prevLink(指到上一個節點)。在初始狀態，串列A本身會是空値(null或NULL)，表示串列A還沒有任何節點。
2. head全域變數會指到目前串列第一個節點，初始狀態設爲空値，或者應該說head的値一開始會等於A的値。
3. 而tail全域變數會指到目前串列最後一個節點，初始狀態亦設爲空値，或者應該說tail的値一開始也會等於A的値。

插入新節點(Insert)

1. 如要在原本串列的idx節點後面插入一個資料値爲6的節點(如圖6-1(a)所示)，假設欲插入的節點已配置好，其結構體變數爲newNode，按照圖6-1(a)所指定的順序，依序設定鏈結的値，即可完成插入節點的動作。
2. 原本idx.nextLink[2]是指到idx節點的下一個節點(假設是n節點)，插入新節點後，n節點會變成新節點的下一個節點。所以，必須先將新節點(newNode)的nextLink指到n節點(也就是idx.nextLink所指到的節點)，如圖6-1(a)①，寫成程式碼爲newNode.nextLink = idx.nextLink;。然後才可以將idx.nextLink指到新節點(也就是newNode)，如圖6-1(a)④，寫成程式碼爲idx.nextLink = newNode;。特別注意，剛剛這兩個改變「鏈結」値的順序不可以顚倒，否則將會遺失節點idx的下一個節點以後所有節點的資訊。

---

1. 本書中所謂的「指到」表示指標或參考變數的値設定爲「被指到」的節點記憶體位址。在圖示說明中，通常以箭號來表示「指到」與「被指到」的關係。如圖6-1(a)中的idx指標或參考變數「指到」資料値爲10的節點，亦即idx的値是資料値爲10的那個節點的記憶體位置。
2. 或是idx->nextLink，看是用甚麼程式語言。

3. 至於新節點的資料何時填入newNode.data中，就不是那麼重要了，只要記得要寫newNode.data = 6;這段程式碼就可以了。

4. 如果是要將節點插到串列的最前面，也就是在head所指到的節點前面插入新節點(如圖6-1(b)所示)。那麼，head所指到的節點就會變成新節點的下一個節點，如圖6-1(b)①，程式碼將變成newNode.nextLink = head；而串列的頭(A本身及head)將指到newNode，如圖6-1(b)③，程式碼爲head = newNode;。要特別注意，前面兩道程式碼的順序也是不能顚倒，否則將遺失所以串列的節點。

5. 一般插入節點的動作，都是插到某個特定節點(如idx節點)的後面，因爲單向鏈結的「鏈結」是指到下一個節點。如果是雙向鏈結的話，就可以比較容易將新增節點插到指定節點的前面。但因爲LinkedList類別有提供將節點插入某節點之前的方法，所以本節程式也新增這類的動作副程式。

6. 雙向鏈結只比單向鏈結多了一個成員變數——prevLink，基本上是指到該節點的前一個節點。所以在雙向鏈結做插入節點的動作時，還須適時的改變prevLink的值。所謂「適時」指的是還需要head節點的prevLink或是idx節點的下一個節點的prevLink等資訊前，不要先改變head或idx.nextLink的值。

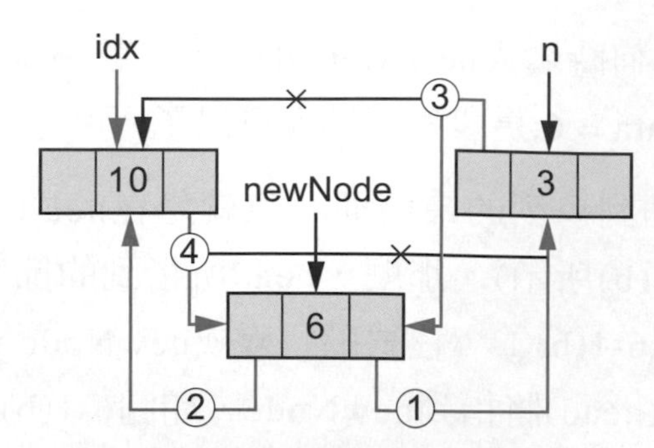

(a) 插入新節點到idx節點後面。

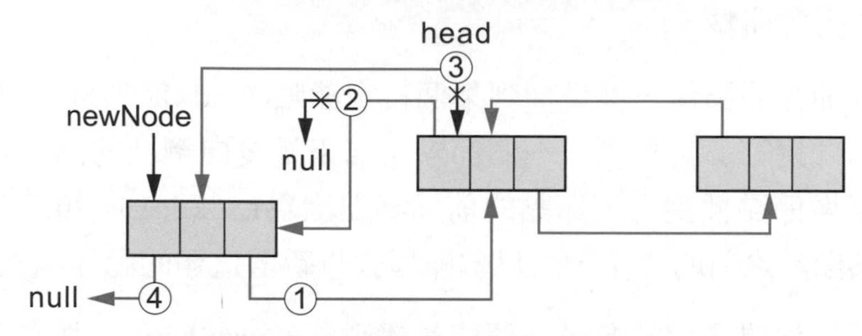

(b) 插入新節點到head節點前面。

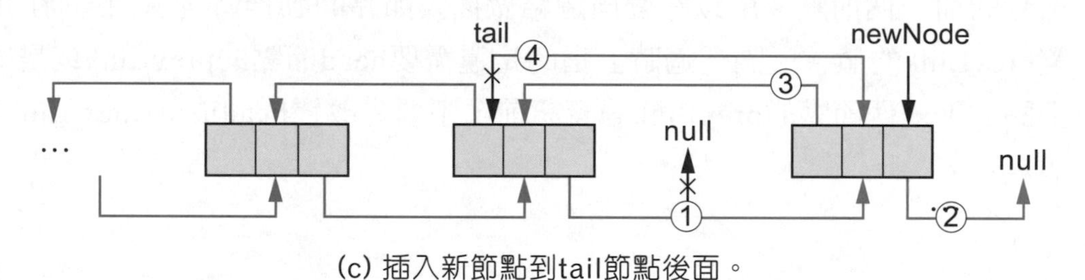

(c) 插入新節點到tail節點後面。

● 圖6-1　動態配置結構體插入節點示意圖

刪除某節點(Delete)

1. 通常刪除串列節點時，都是指定刪除某個串列的節點(如idx節點)，但是對於單向鏈結串列來說，只有欲刪除的idx節點是不夠的。因爲刪除節點後，還是必須保持串列鏈結的連貫性，也就是說，欲刪除節點(idx節點)的前一個節點(假設爲p節點)的nextLink必須指到下一個節點(假設爲n節點)。而對單向鏈結串列來說，只給節點idx的資訊，是無法得到前一個節點p的資訊的。所以在單向鏈結串列中要刪除節點，一定要同時給欲刪除節點(idx節點)及其前一個節點(p節點)的資訊才行。但如果是雙向鏈結串列就不必這麼麻煩，因為可以從節點idx得到其前一個節點p及下一個節點n的資訊。

2. 假設已經得知欲刪除的節點idx、前一個節點p及下一個節點n的資訊，則刪除節點idx的意思就是：將前一個節點p的nextLink指到下一個節點n，如圖6-2(a)①所示；若是雙向鏈結串列則多一道將下一個節點n的prevLink指到前一個節點p的程序，如圖6-2(b)②所示；至於節點idx的nextLink及prevLink的值是否要設為0就不重要了，因為節點idx要被捨棄掉。
3. 刪除節點後，被刪除的節點的記憶體空間要被釋放才行。C及C++是透過malloc()函式配置記憶體的，基本上必須由程式設計師自行釋放記憶體空間。通常使用free(idx)的函式，其中參數idx是欲釋放記憶體空間的指標。
4. 而VB、C#及Java這幾種程式語言基本上都有GC(Garbage Collection)的機制，只要沒有任何變數記錄著某個節點所配置的記憶體位址(本書稱之為游離記憶體空間)，那麼當系統記憶體空間不足或經過一段時間後，系統會自動啓動GC的機制，去釋放這些游離的記憶體空間。所以，以刪除idx節點為例，在該變動的指標變動完之後，只要將idx設為空值，那麼idx原本所指到的記憶體位址會變成完全沒有任何變數記錄它，這段記憶體空間就成了游離記憶體空間，當系統的GC機制啓動時，會自動將這些記憶體空間釋放。
5. 如果欲刪除的節點是head節點，由於head節點沒有前一個節點，所以只需處理head節點的下一個節點n的prevLink即可(把它設成null或NULL)，並且將head指到n節點。由於head原本所指到的節點，因為head已經指到別的地方，所以就會變成完全沒有任何變數記錄它，當然就自動變成游離記憶體。但如果是C及C++語言，則在將head指到n節點前，必須先釋放head所指到的記憶體空間(使用free(head)指令)。
6. 如果欲刪除的節點是tail節點，則只需處理前一個節點p的nextLink值即可(也是把它設成null或NULL)，同時將tail指到p節點。至於原本tail所指到的記憶體空間釋放的情況與head一樣。

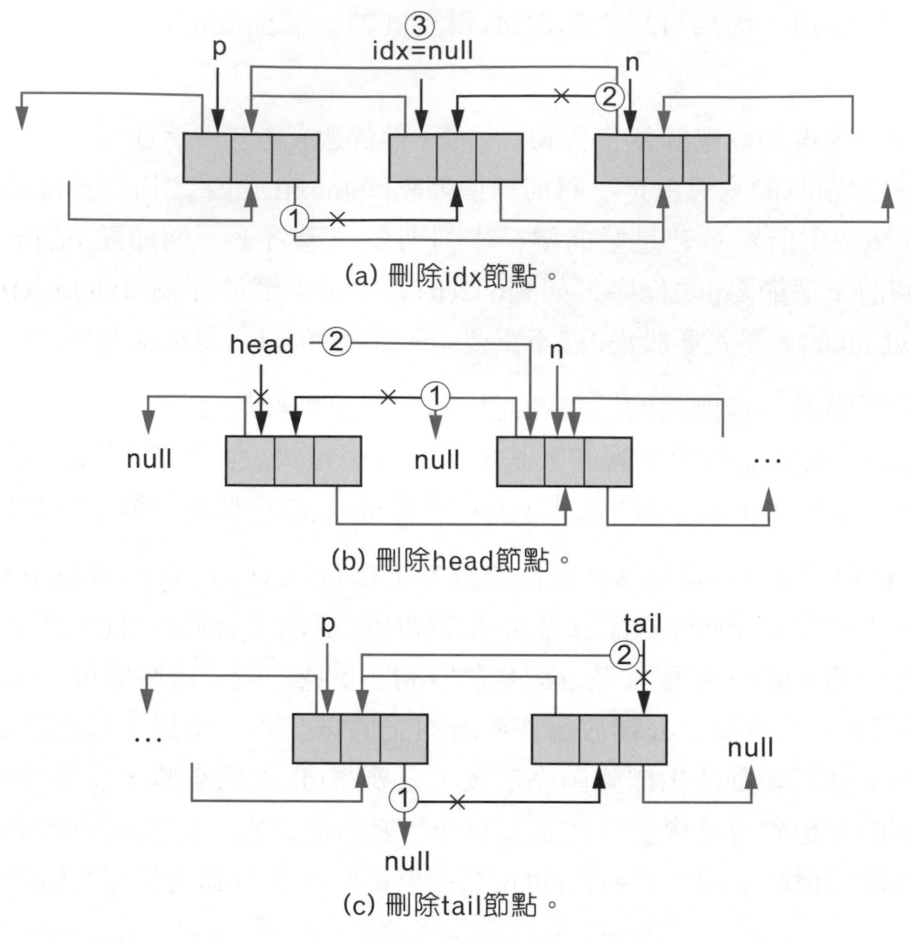

● 圖6-2　單一陣列刪除節點示意圖

查詢節點(Search)

由於使用動態配置結構體，如果不從head節點開始走訪串列的所有節點，根本無法得知每個節點的所在。所以作法就是根據head節點的nextLink值，取得該節點的下一個節點資訊，然後依序搜尋串列資料值爲data的節點，然後回傳該該節點的指標或參考。如果我們可以事先知道所欲查詢節點的指標，就直接回傳該節點的data值即可。

表6-4列出以動態配置結構體實作鏈結串列的各種動作(副程式)及其說明。由於動態配置結構體的架構跟.NET Framework與Java SDK的LinkedList類別很接近，所以本小節的動作副程式就配合LinkedList類別所提供的方法做了一些對應。但原則上我們仍然以傳統程式設計的架構，去實作這些動作副程式，而不以物件導向的方式去設計類別方法。所實作出的每個副程式的程式碼，請參考程式碼6-1，對於程式碼的說明大部分皆註記在程式碼旁邊，請讀者自行參閱。而程式設計的概念與一些進階技巧的部分特別說明如下：

1. 表6-4中有四個主要動作(包含15個副程式)會被用在主程式中，就是新增節點addFirst(data)、addLast(data)、addAfter(listIdx, data)、addBefore(listIdx, data)、addAt(order, data)；刪除節點removeFirst()、removeLast()、removeNode(listIdx)、removeAt(order)、removeData(data)；查詢節點searchData(data)、searchNode(listIdx)、getAt(order)及列印節點printAllList()、printList(fromIdx, toIdx)。

   其中新增節點除可新增到指定節點的後面或前面，也可以直接新增到第一個或最後一個節點上；刪除節點及查詢節點，都分別可根據節點指標或參考及資料值來完成動作；而列印節點則可指定範圍或全部列印。而其餘的副程式則是主要動作會用到的工具副程式。

2. 這些動作副程式的名稱是模仿LinkedList類別的方法所訂出來的，所以有些跟前一章的名稱不一樣，其中最大不同是本章新增了addBefore動作副程式。

3. 大部分動作副程式的參數，如果跟節點有關的，都是用節點的指標或參考。但從節點的指標或參考，我們無從得知是串列的第幾個節點。所以爲了能直接指定要對串列的第幾個節點做新增或刪除的動作，我們定義了addAt(order, data)、removeAt(order)及getAt(order)等動作副程式，其中跟節點有關的參數(order)是指串列中第幾個節點。

4. allocNode(data)除了用來動態配置新的節點外，還設定新節點成員變數的初始值。雖然newNode是allocNode(data)副程式的區域變數，但由於是用malloc()函式所配置出來的指標，所以在結束副程式時，所配置出來的記憶體並不會被釋放。因此，呼叫它的程式所得到的回傳值，所指到的記憶體空間仍然是有效的。

5. 新增節點的五種動作副程式中，addLast(data)、addBefore(listIdx, data)及addAt(order, data)都可以用addFirst(data)及addAfter(listIdx, data)這兩個動作副程式來完成。

6. 刪除節點的五種動作副程式中，也是大部分都使用removeNode(listIdx)來完成的，因爲在程式碼裡有針對head及tail節點做特別的處理。

7. 在搜尋節點的部分，比較特別值得一提的是getAt(order)中的for迴圈(程式碼6-1，第120行)，雖然這個for迴圈內沒有任何程式碼，但是所要做的動作全都寫在for迴圈的指令裡。如果讀者不清楚這個for迴圈在做什麼，只要將這行指令轉換成while迴圈，就可以看出端倪了。

✣ 表6-4　以動態配置結構體實作鏈結串列的各種動作(副程式)及其說明

副程式名稱	動作說明	備註
isEmpty()	檢查是否為空串列。	工具副程式之一。
allocNode(data)	動態配置一個結構體，並設定成員變數的初始值。	工具副程式之一。
addFirst(data)	新增節點至串列的第一個節點前。	主要動作之一。
addLast(data)	新增節點至串列的最後一個節點後。	主要動作之一。
addAfter(listIdx, data)	新增節點。將資料data放置於listIdx節點後面。	主要動作之一。
addBefore(listIdx, data)	新增節點。將資料data放置於listIdx節點前面。	主要動作之一。
addAt(order, data)	新增節點至串列中第order個節點。	主要動作之一。
removeFirst()	刪除head節點，並回傳head節點的資料值。	主要動作之一。
removeLast ()	刪除tail節點，並回傳tail節點的資料值。	主要動作之一。
removeNode(listIdx)	刪除listIdx節點，並回傳listIdx節點的資料值。	主要動作之一。
removeData(data)	刪除第一個資料值為data的節點。	主要動作之一。
removeAt(order)	刪除串列中第order個節點，並回傳第order個節點的資料值。	主要動作之一。

副程式名稱	動作說明	備註
searchNode(listIdx)	以串列的指標或參考查詢節點。查詢listIdx節點的資料值。	主要動作之一，回傳資料值。
searchData(data)	以資料查詢節點。查詢串列中是否有data這個資料值的節點。如果有，回傳第一個符合條件的節點指標或參考，否則回傳錯誤碼。	主要動作之一，回傳節點指標或參考。
getAt(order)	回傳串列中第order個節點的指標或參考。	主要動作之一，order從0開始。
printAllList()	輸出串列所有節點至螢幕。	主要動作之一。
printList(fromIdx, toIdx)	輸出串列部份節點(索引值從fromIdx至toIdx)至螢幕。	主要動作之一。

程式碼6-1

以動態配置結構體實作鏈結串列的各種動作(副程式)的程式碼(以C++為例)

```
//常數及全域變數的宣告與初始化。
//定義執行成功的狀態碼。若串列內容的資料型別是整數，則可能會跟串列資料一樣，此時須做適當的修改。
1    #define SUCCESS           (0)
2    #define FAIL              (-1)
3    typedef struct _myNode {
4        int data;
5        struct _myNode *nextLink;
6        struct _myNode *prevLink;
7    } myNode;
8    myNode *head = NULL;
9    myNode *tail = NULL;
10   bool isEmpty() { //檢查是否為空串列。
11       return (head == NULL);
12   }
13   myNode *allocNode(int data) {
14       myNode *newNode = (myNode *)malloc(sizeof(myNode));
15       newNode->data = data;
16       newNode->nextLink = NULL;
```

```
17      newNode->prevLink = NULL;
18      return newNode;
19  }
20  int addFirst(int data) { //新增節點至串列的第一個節點前。
21      myNode *newNode = allocNode(data);
22      if (newNode == NULL) {
23          return FAIL;
24      }
25      if (isEmpty()) {
26          head = newNode;
27          tail = newNode;
28      }
29      Else {
30          head->prevLink = newNode;
31          newNode->nextLink = head;
32          head = newNode;
33      }
34      return data;
35  }
36  int addLast (int data) { //新增節點至串列的最後一個節點前。
37      return addAfter (data, tail);
38  }
39  int addAfter(myNode *listIdx, int data) {
40      myNode *newNode = allocNode(data);
41      if (newNode == NULL) {
42          return FAIL;
43      }
44      if (isEmpty()) {
45          listIdx = head = tail = newNode;
46      }
47      myNode *n = listIdx->nextLink;
48      newNode->nextLink = n;
49      newNode->prevLink = listIdx;
50      listIdx->nextLink = newNode;
51      if (listIdx == tail) {
52          tail = newNode;
```

```
53      }
54      else {
55          n->prevLink = newNode;
56      }
57      return data;
58  }
59  int addBefore(myNode *listIdx, int data) {
60      return (listIdx == head) ? addFirst(data) : addAfter(listIdx->prevLink,
                data);
61  }
62  int addAt(int order, int data) {
63      myNode *idx;
64      return ((idx = getAt(order)) != NULL) ? addAfter(data, idx) : FAIL;
65  }
66  int removeFirst() {
67      return removeNode(head);
68  }
69  int removeLast() {
70      return removeNode(tail);
71  }
72  int removeNode(myNode *listIdx)     {
73      if (listIdx != NULL) {
74          myNode *n = listIdx->nextLink;
75          myNode *p = listIdx->prevLink;
76          int data = searchNode(listIdx);
77          if (listIdx == head) {
78              head = n;
79              head->prevLink = NULL;
80          }
81          else {
82              p->nextLink = n;
83          }
84          if (listIdx == tail) {
85              tail = p;
86              tail->nextLink = NULL;
87          }
```

```
88          else {
89              n->prevLink = p;
90          }
91          free(listIdx);
92          listIdx = NULL;
93          return data;
94      }
95      return FAIL;
96  }
97  int removeAt(int order) {
98      myNode *idx;
99      return ((idx = getAt(order)) != NULL) ? removeNode(idx) : FAIL;
100 }
101 int removeData(int data) {
    //以資料值刪除節點。刪除資料值為data的節點，
    //需先判斷idx索引值位置上受否有資料，然後再移動串列元素。
102     myNode * idx;
103     return ((idx = searchData(data)) != NULL) ? removeNode(idx) : FAIL;
104 }
105 myNode * searchData (int data) {
106     for (myNode *p = head; p!=NULL && p->nextLink != NULL; p =
             p->nextLink) {
107         if (p->data == data) {
108             return p;
109         }
110     }
111     return NULL;
112 }
113 int searchNode(myNode *listIdx) {
114     return (listIdx != NULL) ? listIdx->data : FAIL;
115 }
116 myNode *getAt(int order) {
117     myNode *p = NULL;
118     int cnt = 0;
119     if (!isEmpty()) {
120         for (cnt = 0, p = head; cnt < order && p != NULL; p = p->nextLink,
                cnt++) {}
```

```
121     }
122     return ((cnt=order) ? p : NULL);
123 }
124 int printAllList() {
125     return printList(head, tail);
126 }
127 int printList(int fromIdx, int toIdx) {
128     if (!isEmpty()) {
129         myNode *p = fromIdx;
130         Do {
131             printf("%d ", p->data);
132         } while (p != toIdx && (p = p->nextLink) != NULL);
133         printf("\n");
134         return SUCCESS;
135     }
136     return FAIL;
137 }
```

6-1-3 範例1：新增、刪除與搜尋節點測試

題目：請依下表完成指定動作

順序	動作	資料值	索引值	使用副程式
1	新增節點	10		addFirst()
2	新增節點	5		addFirst()
3	新增節點	3		addLast()
4	新增節點	8	2	addAt()
5	新增節點	6	1	addAt()
6	搜尋節點	10		searchData()
7	搜尋節點	15		searchData()
8	搜尋節點		3	getAt()
9	刪除節點	7		removeData()
10	刪除節點	8		removeData()
11	刪除節點		4	removeAt()

程式碼6-2

(僅列出主程式)

```
1   int main(void) {
2       int tmp;
3       printf("CPP\n");
4       tmp = addFirst(10); printf("tmp=%d: ", tmp); printAllList();
5       tmp = addFirst(5); printf("tmp=%d: ", tmp); printAllList();
6       tmp = addLast(3); printf("tmp=%d: ", tmp); printAllList();
7       tmp = addAt(2, 8); printf("tmp=%d: ", tmp); printAllList();
8       tmp = addAt(1, 6); printf("tmp=%d: ", tmp); printAllList();
9       tmp = searchNode(searchData(10)); printf("tmp=%d: ", tmp);
        printAllList();
10      tmp = searchNode(searchData(15)); printf("tmp=%d: ", tmp);
        printAllList();
11      tmp = searchNode(getAt(3)); printf("tmp=%d: ", tmp); printAllList();
12      tmp = removeData(7); printf("tmp=%d: ", tmp); printAllList();
13      tmp = removeData(8); printf("tmp=%d: ", tmp); printAllList();
14      tmp = removeAt(4); printf("tmp=%d: ", tmp); printAllList();
15      printf("tail=%d\n", tail);
16  }
```

說明：

1. 題目要求跟第5章一樣，只是動作副程式的名稱稍有不同。
2. 最後一行的結果比較不同，因爲tail是指標，它的值表示tail那個節點的記憶體位址。
3. 執行結果如下圖：

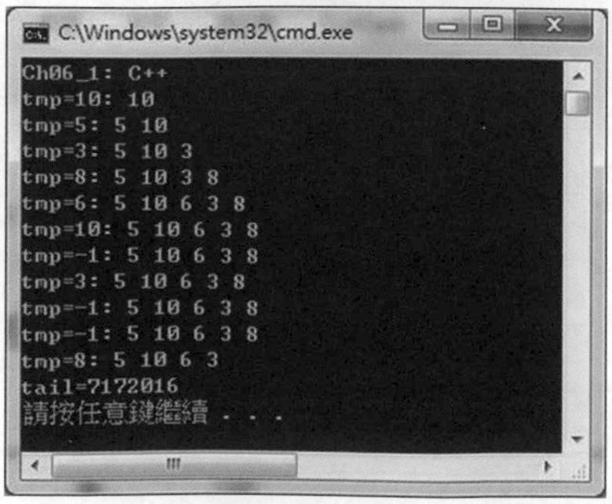

```
C:\Windows\system32\cmd.exe
Ch06_1: C++
tmp=10: 10
tmp=5: 5 10
tmp=3: 5 10 3
tmp=8: 5 10 3 8
tmp=6: 5 10 6 3 8
tmp=10: 5 10 6 3 8
tmp=-1: 5 10 6 3 8
tmp=3: 5 10 6 3 8
tmp=-1: 5 10 6 3 8
tmp=-1: 5 10 6 3 8
tmp=8: 5 10 6 3
tail=7172016
請按任意鍵繼續 . . .
```

6-1-4　範例2：綜合應用

題目：

隨機產生10個不重複的整數亂數(範圍從1~100)，依產生亂數的順序新增至串列中，使串列成為由小到大的有序串列。

程式碼6-3

(僅列出主程式)

```
1   int main(void) {
2       int T[10];
3       int flag[100];
4       int insert;
5       myNode *p, *t;
6       int r;
7       printf("CPP\n");
8       srand(time(NULL)); // time() 函數需另外加入 #include <time.h>
9       for (int i = 0; i < 100; i++) {
10          flag[i] = false;
11      }
12      for (int i = 0; i < 10; i++) {
13          do {
14              r = (rand() % 100) + 1;
15          } while (flag[r - 1]);
16          flag[r - 1] = true;
17          T[i] = r;
18          printf("%d ", T[i]);
19          insert = false;
20          p = t = head;
21          Do {
22              if (isEmpty()) {
23                  addFirst(r);
24                  p = head;
25                  insert = true;
26              }
27              else if (p->data > r) {
```

```
28                  if (p == head) {
29                      addFirst(r);
30                  }
31                  else {
32                      addAfter(t, r);
33                  }
34                  insert = true;
35                  break;
36              }
37              t = p;
38          } while ((p = p->nextLink) != NULL);
39          if (!insert) {
40              addLast(r);
41          }
42      }
43      printf("\n");
44      printAllList();
45      printList(getAt(2), getAt(6));
46  }
```

說明：

1. 程式碼架構跟第5章的程式碼5-3雷同。
2. 執行結果如下圖：

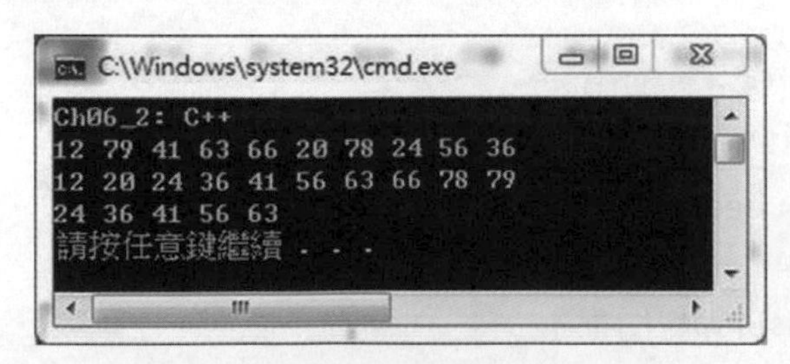

6-2 以LinkedList類別實作各式鏈結串列

在此之前，本書介紹了以單一陣列、結構體陣列、動態配置結構體陣列等資料結構實作鏈結串列的方法。在傳統的程式架構(非物件導向程式架構)下展示了各種程式語言(C、C++、VB、C#及Java)的語法及程式碼，同時也介紹了一些比較進階的程式設計技巧。這些語法與程式技巧也將會繼續應用在後續的章節。

透過這些動作副程式的實作，主要是要讓讀者了解鏈結串列的基本架構及實際運作的情況。然而目前有一些物件導向程式語言平台(如.NET Framework及Java SDK)，已經有提供這類常用資料結構的類別，建議讀者在了解這些資料結構的基本運作原理之餘，也要嘗試使用這些現成的類別來實作。在.NET Framework及Java SDK所提供的現成鏈結串列類別為LinkedList，很巧的是類別名稱剛好一樣，只是類別方法不盡相同。以下將該類別常用的方法簡單的做個比較，並利用這個類別來實作之前的範例。

6-2-1 LinkedList類別的比較

只有.NET Framework及Java SDK平台的程式語言(亦即VB、C#及Java)可以使用這個類別，以下列出這個類別常用的方法及其說明：

1. 表6-5列出.NET Framework的LinkedList類別的屬性；表6-6列出這個類別的常用的方法；而表6-7則是Java SDK的LinkedList類別常用的成員方法。
2. 表6-5及表6-6中的<T>以及表6-7中的<E>是一種泛型的語法，泛型主要是將資料型別當成宣告類別變數時的參數，是用來指定這個類別所要處理的資料型別。這是物件導向程式語言可以讓一個類別只要定義一次，就可以處理各種不同資料型別參數的一種語法。泛型的細節並不在本書探討範圍內，讀者可以查閱其他物件導向程式設計的書籍。重點是，其中的T或E指的是某種資料型別，以本書為例，指的就是Integer[3]。

3. 對VB及C#而言，Integer當然是整數資料型別，用Integer來當泛型的指定型別是理所當然的。但Java的整數資料型別是int，不過在泛型的指定型別卻是需要使用int的類別型別Integer。所以，無論是VB、C#及Java要處理整數鏈結串列，都是用Integer；若是雙精準度浮點數，則是使用Double；若是單雙精準度浮點數，則略有不同，VB是使用Single、其餘的使用Float。

3. .NET Framework的LinkedList類別方法，很顯然沒有新增內容值爲data的節點到串列指定位置idx的方法，如Java SDK的add(int index, E element)方法。必須先使用ElementAt<T>(idx)方法，得到指定位置節點的內容值objT，再使用Find(objT)方法得到包含objT這個指定值的第一個節點[4]objNode，最後再用AddBefore(objNode, data)方法，才能把節點加到指定位置上。這個部份我們會寫一個InsertAt(Int32, T)的主要動作副程式，來完成這樣的功能。

4. 同樣的，.NET Framework的LinkedList類別方法，很顯然也沒有刪除串列指定位置idx節點的方法，如Java SDK的remove(int index)方法。必須先使用ElementAt<T>(idx)方法，得到指定位置節點的內容值objT，再使用Remove(objT)方法來刪除指定節點[5]。

5. 而Java SDK的LinkedList類別方法，沒有新增節點node到串列中指定節點obj前或後的方法，如.NET Framework的AddAfter(LinkedListNode<T>, T)及AddBefore(LinkedListNode<T>, T)方法。必須先使用indexOf(obj)方法，得到指定節點在串列中的位置idx，然後再利用add(idx, node)方法，將節點新增到指定節點的前面。若要新增節點到指定節點位置的後面，則使用add(idx+1, node)方法。

6. 鏈結串列比較重要的是節點的連結性，也就是從某個節點能得知下一個及前一個節點的資訊。但是從表6-5~表6-7中，卻沒有看到任何擷取下一個或前一個節點的方法或屬性。其實這些資訊是需要透過特定的資料型別或成員方法取得。

7. .NET Framework的LinkedList<T>類別中有出現另一個類別，就是LinkedListNode<T>，其常用的屬性如表6-8所示。LinkedListNode是LinkedList中節點的資料型別，從節點才能得到下一個(Next屬性)或前一個節點(Previoust屬性)的資訊。而它的Value屬性就是本書所指的data。

---

4. 但如果串列中包含2個以上的objT，那麼用Find(objT)找到的節點不見得是所指定的位置。

5. 同樣的如果串列中包含2個以上的objT，那麼用Remove(objT)移除掉的不見得是所指定位置的節點。

8. 然而Java SDK的LinkedList<E>類別中就沒有出現其他像.NET Framework的LinkedListNode<T>這樣的類別，所以必須使用其他的方法來取得某一節點的下一個或前一個節點的資訊。其中的listIterator(int index)方法可以得到從指定的位置(index)開始，依正向順序回傳串列元素的迭代器。如果使用listIterator(0)方法，則會回傳整個鏈結串列的迭代器，而迭代器游標的初始位置爲0。

表6-5 .NET Framework的LinkedList<T>類別的屬性及其說明

回傳值的資料型態	方法名稱及描述
Count	取得在LinkedList<T>中實際包含的節點數。
First	取得LinkedList<T>的第一個節點。
Last	取得LinkedList<T>的最後一個節點。

表6-6 .NET Framework的LinkedList<T>類別常用的方法及其說明

名稱	描述
void	AddAfter(LinkedListNode<T>, LinkedListNode<T>) 在LinkedList<T>中指定的現有節點後加入指定的新節點。
LinkedListNode<T>	AddAfter(LinkedListNode<T>, T) 在LinkedList<T>中指定的現有節點後加入包含指定值的新節點。
void	AddBefore(LinkedListNode<T>, LinkedListNode<T>) 在LinkedList<T>中指定的現有節點前加入指定的新節點。
LinkedListNode<T>	AddBefore(LinkedListNode<T>, T) 在LinkedList<T>中指定的現有節點前加入包含指定值的新節點。
LinkedListNode<T>	AddFirst(T) 在LinkedList<T>的開頭加入包含指定值的新節點。
void	AddFirst(LinkedListNode<T>) 在LinkedList<T>的開頭加入指定的新節點。
LinkedListNode<T>	AddLast(T) 在LinkedList<T>的結尾加入包含指定值的新節點。

名稱	描述
void	AddLast(LinkedListNode<T>) 在LinkedList<T>的結尾加入指定的新節點。
bool	Remove(T) 從LinkedList<T>中移除第一次出現的指定值。
void	Remove(LinkedListNode<T>) 從LinkedList<T>移除指定的節點。
void	RemoveFirst() 移除LinkedList<T>開頭的節點。
void	RemoveLast() 移除LinkedList<T>結尾的節點。
void	Clear() 從LinkedList<T>移除所有節點。
LinkedListNode<T>	Find(T) 尋找包含指定值的第一個節點。
LinkedListNode<T>	FindLast() 尋找包含指定值的最後一個節點。
bool	Contains(T) 判斷值是否在LinkedList<T>中。
void	CopyTo(T[], Int32) 從目標陣列的指定索引開始，複製整個LinkedList<T>至相容的一維Array。
T	ElementAt<T>(Int32) 傳回位於序列中指定索引處的項目。

✣ 表6-7　Java SDK的LinkedList<E>類別常用的成員方法及其說明

回傳值的資料型態	方法名稱及描述
boolean	add(E e) 在串列的結尾，加入包含指定值的新節點。
void	add(int index, E element) 在串列的指定位置，加入包含指定值的新節點。
boolean	addAll(Collection<? extends E> c) 在串列的結尾，加入指定集合的所有元素。

回傳值的資料型態	方法名稱及描述
boolean	addAll(int index, Collection<? extends E> c) 在串列的指定位置，加入指定集合的所有元素。
void	addFirst(E e) 在串列的開頭，加入包含指定值的新節點。
void	addLast(E e) 在串列的結尾，加入包含指定值的新節點。
void	clear() 從串列移除所有節點。
Object	clone() 複製串列。
boolean	contains(Object o) 回傳true，假如串列包含指定元素。
E	get(int index) 回傳串列的指定位置的元素。
E	getFirst() 回傳串列的第一個元素。
E	getLast() 回傳串列的最後一個元素。
int	indexOf(Object o) 回傳串列中的第一個包含指定元素的位置，如果串列不包含該元素則回傳-1。
int	lastIndexOf(Object o) 回傳串列中的最後一個包含指定元素的位置，如果串列不包含該元素則回傳-1。
Iterator<E>	descendingIterator() 以逆向順序回傳串列所有元素的迭代器。
ListIterator<E>	listIterator(int index) 從指定的位置開始，依正向順序回傳串列元素的迭代器。
E	remove() 回傳，且刪除，串列的第一個元素。
E	remove(int index) 回傳，且刪除，串列的指定位置的元素。

回傳值的資料型態	方法名稱及描述
boolean	remove(Object o) 刪除串列中的第一個包含指定元素，假如串列包含該元素回傳true，否則回傳false。
E	removeFirst() 回傳，且刪除，串列的第一個元素。
E	removeLast() 回傳，且刪除，串列的最後一個元素。
E	set(int index, E element) 以指定元素替換串列的指定位置的節點。
int	size() 回傳串列的元素個數。
Object[]	toArray() 回傳一個陣列，包含串列中依正向順序排列的所有元素。
<T> T[]	toArray(T[] a) 回傳一個指定資料型態的陣列，包含串列中依正向順序排列的所有元素。

✤ 表6-8　.NET Framework的LinkedListNode<T>類別的屬性及其說明

名稱	描述
List	取得LinkedListNode<T>所屬的LinkedList<T>。
Next	取得LinkedList<T>中的下一個節點。
Previous	取得LinkedList<T>中的前一個節點。
Value	取得包含於節點中的值。

✤ 表6-9　Java SDK的ListIterator<E>類別常用的成員方法及其說明

回傳值的資料型態	方法名稱及描述
boolean	hasNext() 如果串列還有下一個元素，則回傳true，否則回傳false。
boolean	hasPrevious() 如果串列還有上一個元素，則回傳true，否則回傳false。
E	next() 回傳串列的下一個元素，並將迭代器的游標位置往前推一個元素。

回傳值的資料型態	方法名稱及描述
int	nextIndex() 呼叫next()方法，但回傳下一個元素的的位置。
E	previous() 回傳串列的上一個元素，並將迭代器的游標位置往後推一個元素。
int	previousIndex() 呼叫previous()方法，但回傳上一個元素的的位置。

6-2-2 動作副程式

雖然.NET Framework與Java SDK的LinkedList類別已經提供了非常多的方法，但是仍有一些我們需要的特定功能是這個類別沒有實作的。因此，我們還是需要自己撰寫一些工具副程式或主要動作副程式，如表6-10所示。

表6-10 以LinkedList類別，實作鏈結串列的各種動作(副程式)及其說明

副程式名稱	動作說明	備註
InsertAt(Lst, index, data)	插入資料到Lst串列的第index個位置上。Index由0開始。	VB、C#的主要動作之一。
RemoveAt(Lst, index)	刪除Lst串列上第index個位置的節點。	VB、C#及Java的主要動作之一。
printNode(node)	列印node節點的內容值。	VB、C#的工具副程式之一。
printAllList()	輸出串列所有節點至螢幕。	主要動作之一。
printList(fromIdx, toIdx)	輸出串列部份節點(索引值從fromIdx至toIdx)至螢幕。	主要動作之一。

根據表6-10的說明，實作出每個副程式的程式碼，請參考程式碼6-4(C#)、程式碼6-5(VB)、程式碼6-6(Java)。程式設計的概念與一些進階技巧的部分特別說明如下：

1. Java的工具副程式中沒有特別去撰寫printNode的原因，是因為Java的SDK並沒有類似.NET Framework的LinkedListNode這樣的節點類別，而且新增節點的相關方法(如addFirst、addLast及add等)也沒有回傳值。

2. 由於.NET Framework的LinkedListNode類別有Next和Previous的屬性，比較像串列鏈結結構中的鏈結屬性。所以在實作printList()及printAllList()副程式時，就儘量使用LinkedListNode類別來走訪串列，如程式碼6-4第18~45及程式碼6-5第16~45所示。但也可以使用LinkedList類別的ToArray()方法來將串列轉換成陣列，然後用陣列索引值來走訪串列，如程式碼6-4第24~27、40~43及程式碼6-5第24~27、40~43所示。

3. Java SDK沒有LinkedListNode的類別，所以要走訪串列元素可以使用listIterator()方法取得ListIterator類別，使用這個類別的next()方法可得到ListIterator物件的游標所在的元素內容值，並將游標移到下一個元素。而使用hasNext()方法可以判斷ListIterator物件是否還有下一個元素可以走訪。實際應用於printList()及printAllList()方法如程式碼6-6第2~15行所示。

程式碼6-4

以LinkedList類別實作鏈結串列的各種動作(副程式)的程式碼(C#)

```
1   static int FAIL = -9999;
2   static LinkedListNode<int> InsertAt(LinkedList<int> Lst, int index, int data)
    {
3       try {
4           return Lst.AddAfter(Lst.Find(Lst.ElementAt(index)), data);
5       }
6       catch (ArgumentOutOfRangeException ex) {
7           return null;
8       }
9   }
10  static bool RemoveAt(LinkedList<int> Lst, int index) {
11      try {
12          return Lst.Remove(Lst.ElementAt(index));
13      }
14      catch (ArgumentOutOfRangeException ex) {
15          return false;
16      }
17  }
```

```
18  static bool PrintList(LinkedList<int> Lst, int fromIdx, int toIdx) {
19      try {
20          LinkedListNode<int> objNode = Lst.Find(Lst.ElementAt(fromIdx));
21          do {
22              Console.Write("{0} ", objNode.Value);
23          } while ((++fromIdx <= toIdx) && ((objNode = objNode.Next)!=
                 null));
24          //int[] objArray = Lst.ToArray();
25          //for (int i = fromIdx; i <= toIdx; i++) {
26          //      Console.Write("{0} ", objArray[i]);
27          //}
28          Console.WriteLine();
29          return true;
30      }
31      catch (ArgumentOutOfRangeException ex) {
32          return false;
33      }
34  }
35  static void PrintAllList(LinkedList<int> Lst) {
36      LinkedListNode<int> objNode = Lst.First;
37      do {
38          Console.Write("{0} ", objNode.Value);
39      } while ((objNode = objNode.Next) != null);
40      //int[] objArray = Lst.ToArray();
41      //foreach (int objT in objArray) {
42      //   Console.Write("{0} ", objT);
43      //}
44      Console.WriteLine();
45  }
46  static void printNode(LinkedListNode<int> node) {
47      Console.Write("node={0}: ", (node!=null) ? node.Value : new
                    LinkedListNode<int>(FAIL).Value);
48  }
```

程式碼6-5

以LinkedList類別實作鏈結串列的各種動作(副程式)的程式碼(VB)

```
1   Const FAIL As Integer = -9999
2   Function InsertAt(ByRef Lst As LinkedList(Of Integer), ByVal index As
        Integer, ByVal data As Integer) As LinkedListNode(Of Integer)
3       Try
4           Return Lst.AddAfter(Lst.Find(Lst.ElementAt(index)), data)
5       Catch ex As ArgumentOutOfRangeException
6           Return Nothing
7       End Try
8   End Function
9   Function RemoveAt(ByRef Lst As LinkedList(Of Integer), ByVal index As
        Integer) As Boolean
10      Try
11          Return Lst.Remove(Lst.ElementAt(index))
12      Catch ex As ArgumentOutOfRangeException
13          Return False
14      End Try
15  End Function
16  Function PrintList(ByRef Lst As LinkedList(Of Integer), ByVal fromIdx As
        Integer, ByVal toIdx As Integer) As Boolean
17      Try
18          Dim objNode As LinkedListNode(Of Integer) = Lst.Find(Lst.
                                                        ElementAt(fromIdx))
19          Do
20              Console.Write("{0} ", objNode.Value)
21              objNode = objNode.Next
22              fromIdx += 1
23          Loop While ((fromIdx <= toIdx) And (Not IsNothing(objNode)))
24          'Dim objArray() As Integer = Lst.ToArray()
25          'For i As Integer = fromIdx To toIdx
26          '   Console.Write("{0,2} ", objArray(i))
27          'Next
28          Console.WriteLine()
29          Return True
30      Catch ex As Exception
```

```
31             Return False
32         End Try
33     End Function
34     Sub PrintAllList(ByRef Lst As LinkedList(Of Integer))
35         Dim objNode As LinkedListNode(Of Integer) = Lst.First
36         Do
37             Console.Write("{0} ", objNode.Value)
38             objNode = objNode.Next
39         Loop While (Not IsNothing(objNode))
40         'Dim objArray() As Integer = Lst.ToArray()
41         'For Each objT In objArray
42         '    Console.Write("{0} ", objT)
43         'Next
44         Console.WriteLine()
45     End Sub
46     Sub printNode(node As LinkedListNode(Of Integer))
47         If (IsNothing(node)) Then
48             node = New LinkedListNode(Of Integer)(FAIL)
49         End If
50         Console.Write("node={0}: ", node.Value)
51     End Sub
```

程式碼6-6

以LinkedList類別實作鏈結串列的各種動作(副程式)的程式碼(Java)

```
1     public static int FAIL = -9999;
2     public static void PrintList(LinkedList<Integer> Lst, int fromIdx, int toIdx) {
3         ListIterator<Integer> objArray = Lst.listIterator(fromIdx);
4         while ((fromIdx <= toIdx) && (objArray.hasNext())) {
5             System.out.printf("%d ", objArray.next());
6         }
7         System.out.println();;
8     }
9     public static void PrintAllList(LinkedList<Integer> Lst) {
10        ListIterator<Integer> objArray = Lst.listIterator();
11        while (objArray.hasNext()) {
```

```
12            System.out.printf("%d ", objArray.next());
13        }
14        System.out.println();
15    }
16    public static int RemoveAt(LinkedList<Integer> Lst, int idx) {
17        try {
18            return Lst.remove(idx);
19        }
20        catch (IndexOutOfBoundsException e) {
21            return FAIL;
22        }
23    }
```

6-2-3　範例1：新增、刪除與搜尋節點測試

題目：請依下表完成指定動作

順序	動作	資料值	索引值	VB及C#使用成員方法	Java使用成員方法
1	新增節點	10		A.AddFirst(10)	A.addFirst(10)
2	新增節點	5		A.AddFirst(5)	A.addFirst(5)
3	新增節點	3		A.AddLast(3)	A.addLast(3)
4	新增節點	8	2	insertAt(2, 8)	A.add(3, 8)
5	新增節點	6	1	insertAt(1, 6)	A.add(2, 6)
6	搜尋節點	10		A.Find(10)	A.indexOf(10)
7	搜尋節點	15		A.Find(15)	A.indexOf(15)
8	搜尋節點		3	A.ElementAt(3)	A.get(3)
9	刪除節點	7		A.Remove(7)	A.remove((Object)7)
10	刪除節點	8		A.Remove(8)	A.remove((Object)8)
11	刪除節點		4	RemoveAt(4)	RemoveAt(4)

程式碼6-7

(僅列出主程式，C#)

```
1    static void Main(string[] args) {
2        LinkedList<int> A = new LinkedList<int>();
3        LinkedListNode<int> node;
4        bool tmpBool;
5        int tmpInt;
6        node = A.AddFirst(10); printNode(node); PrintAllList(A);
7        node = A.AddFirst(5); printNode(node); PrintAllList(A);
8        node = A.AddLast(3); printNode(node); PrintAllList(A);
9        node = InsertAt(A, 2, 8); printNode(node); PrintAllList(A);
10       node = InsertAt(A, 1, 6); printNode(node); PrintAllList(A);
11       node = A.Find(10); printNode(node); PrintAllList(A);
12       node = A.Find(15); printNode(node); PrintAllList(A);
13       tmpInt = A.ElementAt(3); Console.Write("tmp={0}: ", tmpInt);
         PrintAllList(A);
14       tmpBool = A.Remove(7); Console.Write("tmp={0}: ", tmpBool);
         PrintAllList(A);
15       tmpBool = RemoveAt(A, 4); Console.Write("tmp={0}: ", tmpBool);
         PrintAllList(A);
16       PrintAllList(A);
17   }
```

程式碼6-8

(僅列出主程式，VB)

```
1    Sub Main()
2        Dim A As New LinkedList(Of Integer)
3        Dim node As LinkedListNode(Of Integer)
4        Dim tmpBool As Boolean
5        Dim tmpInt As Integer

6        node = A.AddFirst(10) : printNode(node) : PrintAllList(A)
7        node = A.AddFirst(5) : printNode(node) : PrintAllList(A)
8        node = A.AddLast(3) : printNode(node) : PrintAllList(A)
```

```
9         node = InsertAt(A, 2, 8) : printNode(node) : PrintAllList(A)
10        node = InsertAt(A, 1, 6) : printNode(node) : PrintAllList(A)
11        node = A.Find(10) : printNode(node) : PrintAllList(A)
12        node = A.Find(15) : printNode(node) : PrintAllList(A)
13        tmpInt = A.ElementAt(3) : Console.Write("tmp={0}: ", tmpInt) :
          PrintAllList(A)
14        tmpBool = A.Remove(7) : Console.Write("tmp={0}: ", tmpBool) :
          PrintAllList(A)
15        tmpBool = RemoveAt(A, 4) : Console.Write("tmp={0}: ", tmpBool) :
          PrintAllList(A)
16        PrintAllList(A)
17    End Sub
```

程式碼6-9

(僅列出主程式，Java)

```
1     public static void main(String[] args) {
2         // TODO 自動產生的方法 Stub
3         LinkedList<Integer> A = new LinkedList<Integer>();
4         boolean tmpBool;
5         int tmpInt;

6         A.addFirst(10); System.out.print("tmp=void: "); PrintAllList(A);
7         A.addFirst(5); System.out.print("tmp=void: "); PrintAllList(A);
8         A.addLast(3); System.out.print("tmp=void: "); PrintAllList(A);
9         A.add(3, 8); System.out.print("tmp=void: "); PrintAllList(A);
10        A.add(2, 6); System.out.print("tmp=void: "); PrintAllList(A);
11        tmpInt = A.indexOf(10); System.out.printf("tmp=%d: ", tmpInt);
          PrintAllList(A);
12        tmpInt = A.indexOf(15); System.out.printf("tmp=%d: ", tmpInt);
          PrintAllList(A);
13        tmpInt = A.get(3); System.out.printf("tmp=%d: ", tmpInt);
          PrintAllList(A);
14        tmpBool = A.remove((Object)7); System.out.printf("tmp=%b: ",
          tmpBool); PrintAllList(A);
```

```
15        tmpBool = A.remove((Object)8); System.out.printf("tmp=%b: ",
          tmpBool); PrintAllList(A);
16        tmpInt = RemoveAt(A, 4); System.out.printf("tmp=%d: ", tmpInt);
          PrintAllList(A);
17        PrintAllList(A);
18    }
```

說明：

1. 程式碼6-7~程式碼6-9中只要是A.開頭的(如A.AddFirst、A.AddLast等)都是LinkedList類別所提供的方法。
2. 可以看得出來，除了InsertAt()與RemoveAt()外大部分都是用LinkedList類別本身所提供的方法。然而Java的SDK基本上已經有remove(index)的方法可以刪除指定位置的元素，但如果index超出串列元素個數的範圍，就會造成程式中斷(就是當掉)。為避免程式當掉，所以才另外寫一個RemoveAt(Lst, index)的副程式，來處理IndexOutOfBoundsException這種例外。
3. 執行結果如下圖：

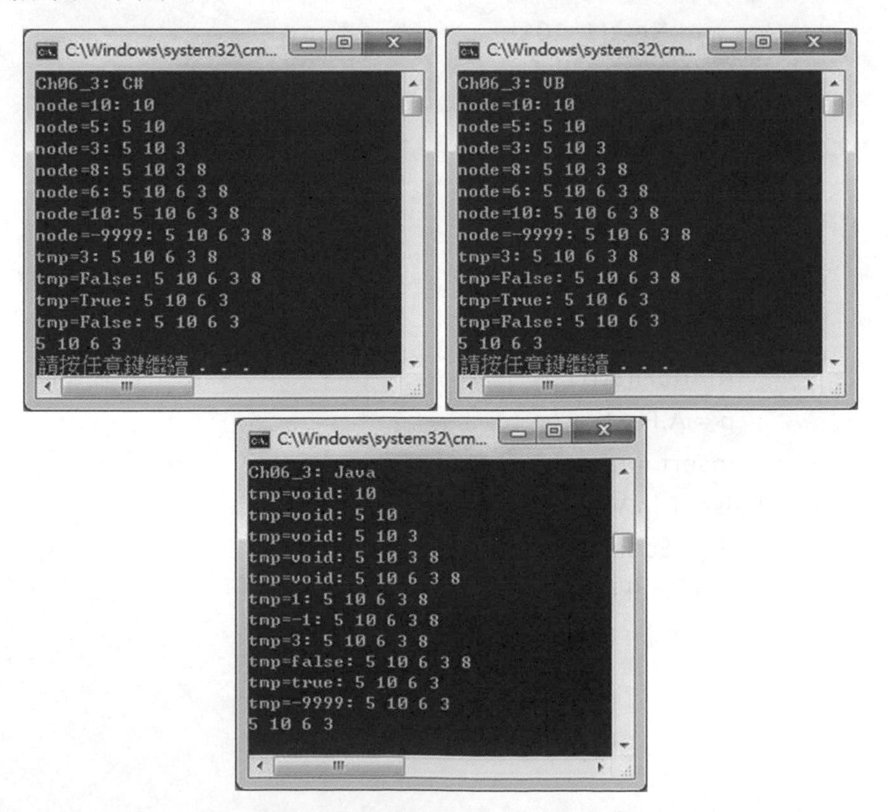

6-2-4 範例2：綜合應用

題目：

隨機產生10個不重複的整數亂數(範圍從1~100)，依產生亂數的順序新增至串列中，使串列成爲由小到大的有序串列。

程式碼6-10

(僅列出主程式，C#、VB、Java)

C#

```
1   static void Main(string[] args) {
2       LinkedList<int> A = new LinkedList<int>();
3       bool [] flag = new bool[101];
4       bool insert;
5       LinkedListNode<int> head, p, t;
6       int r;
7       Random rnd = new Random();

8       for (int i = 0; i < 10; i++) {
9           do {
10              r = rnd.Next(1, 101);
11          } while (flag[r - 1]);
12          flag[r - 1] = true;
13          Console.Write("{0} ", r);
14          insert = false;
15          head = p = t = A.First;
16          do {
17              if (A.Count == 0) {
18                  A.AddFirst(r);
19                  p = A.First;
20                  insert = true;
21              } else if (p.Value > r) {
22                  if (p.Equals(head)) {
23                      A.AddFirst(r);
24                  } else {
```

```
25                  A.AddAfter(t, r);
26              }
27              insert = true;
28              break;
29          }
30          t = p;
31      } while ((p = p.Next) != null);
32      if (!insert) {
33          A.AddLast(r);
34      }
35    }
36    Console.WriteLine();
37    PrintAllList(A);
38    PrintList(A, 2, 6);
39 }
```

VB

```
1  Sub Main()
2      Dim A As New LinkedList(Of Integer)
3      Dim head, p, t As LinkedListNode(Of Integer)
4      Dim flag(100), insert As Boolean
5      Dim rnd As New Random()

6      For i As Integer = 0 To 9
7          Do
8              r = rnd.Next(1, 101)
9          Loop While (flag(r - 1))
10         flag(r - 1) = True
11         Console.Write("{0} ", r)
12         insert = False
13         head = A.First
14         p = A.First
15         t = A.First
16         Do
17             If (A.Count = 0) Then
18                 A.AddFirst(r)
19                 p = A.First
```

```
20                insert = True
21            ElseIf (p.Value > r) Then
22                If (p.Equals(head)) Then
23                    A.AddFirst(r)
24                Else
25                    A.AddAfter(t, r)
26                End If
27                insert = True
28                Exit Do
29            End If
30            t = p
31            p = p.Next
32        Loop While (Not IsNothing(p))
33        If (Not insert) Then
34            A.AddLast(r)
35        End If
36    Next
37    Console.WriteLine()
38    PrintAllList(A)
39    PrintList(A, 2, 6)
40 End Sub
```

Java

```
1  public static void main(String[] args) {
2      LinkedList<Integer> A = new LinkedList<Integer>();
3      boolean[] flag = new boolean[100];
4      boolean insert;
5      int r, t, p;
6      Random rnd = new Random();

7      for (int i = 0; i < 10; i++) {
8          do {
9              r = rnd.nextInt(100)+1;
10         } while (flag[r - 1]);
11         flag[r - 1] = true;
12         System.out.printf("%d ", r);
```

```
13            insert = false;
14            p = t = 0;
15            do {
16                if (A.size()==0) {
17                    A.addFirst(r);
18                    insert = true;
19                } else if (A.get(p) > r) {
20                    if (p==0) {
21                        A.addFirst(r);
22                    } else {
23                        A.add(t, r);
24                    }
25                    insert = true;
26                    break;
27                }
28                t = p++;
29            } while (p<A.size());
30            if (!insert) {
31                A.addLast(r);
32            }
33        }
34        System.out.println();;
35        PrintAllList(A);
36        PrintList(A, 2, 6);
37    }
```

說明：

1. 從程式碼6-10可以看得出來，三種程式語言的程式碼基本上十分接近，尤其是VB和C#，因爲都是用.NET Framework的類別。
2. Java跟其他兩種程式語言最大不同的地方，就是Java沒有LinkedListNode類別，所以在走訪串列A時用的不是LinkedListNode類別的Next屬性，而是用LinkedList類別的get(p)的方法。其中p是用來走訪串列A的索引值。

3. 執行結果如下圖：

C:\Windows\system32\cm...
Ch06_4: C#
71 97 74 66 93 77 28 84 67 98
28 66 67 71 74 77 84 93 97 98
67 71 74 77 84
請按任意鍵繼續 . . .
C:\Windows\system32\cm...
Ch06_4: VB
24 67 54 42 56 63 90 39 86 89
24 39 42 54 56 63 67 86 89 90
42 54 56 63 67
請按任意鍵繼續 . . .
C:\Windows\system32\cm...
Ch06_4: Java
33 62 98 18 49 6 44 34 68 36
34 36 6 44 18 49 33 68 62 98
6 44 18 49 33

1. 本章介紹了串列鏈結的另外兩種實作方法：動態結構體配置與LinkedList類別。
2. 動態結構體配置實作插入新節點或刪除某節點時，要特別注意改變鏈結的順序，否則會失去某個節點之後的所有節點。
3. .Net Framework有提供LinkedListNode類別，搭配LinkedList類別使用，可模擬出鏈結串列的nextLink或prevLink。但是Java SDK沒有LinkedListNode類別可用，取而代之的是ListIterator類別。
4. 基本上.Net Framework與Java SDK的LinkedList類別，已提供實作鏈結串列所需的屬性及方法，建議讀者能深入了解其他本書沒有提到的屬性與方法，如此才能對LinkedList類別有更深入的了解。

基礎題

1. 請以C/C++語法宣告一個名為myNode的結構體，其中包含一個整數成員變數myData及二個myNode的指標變數，分別為nextLink及prevLink。
2. 承上題，用myNode結構體宣告一個名為myList的節點。
3. 請以C#/Java語法重作上述2題。
4. 請以VB語法重作上述2題。
5. 請分別以VB、C#及Java語法，用LinkedList類別宣告一個名為myList且能處理"字串"資料型別的變數。
6. 如下圖，欲將newNode節點插入idx節點後面，請依序標示指標該如何改變及其改變的順序，並寫出相對應的程式碼(以C/C++為例)。(指向下一個節點的指標名稱為nextLink；指向前一個節點的指標名稱為prevLink)

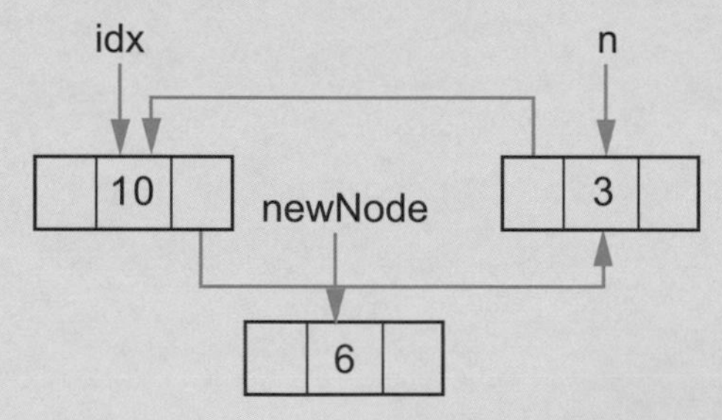

7. 如下圖，欲將newNode節點插入idx節點前面，請依序標示指標該如何改變及其改變的順序，並寫出相對應的程式碼(以C/C++為例)。(指向下一個節點的指標名稱為nextLink；指向前一個節點的指標名稱為prevLink)

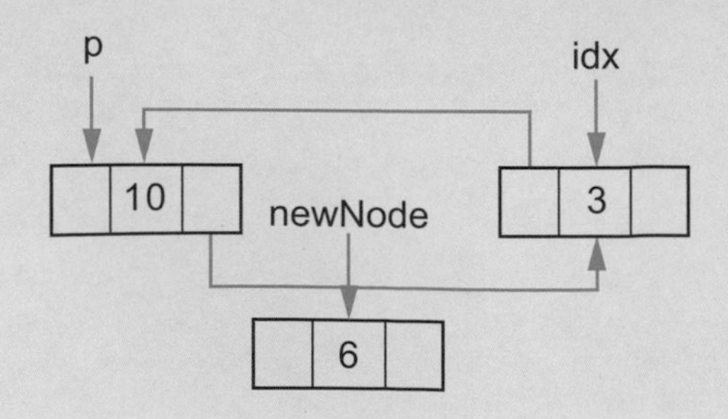

8. 如下圖，欲將newNode節點插入tail節點後面，請依序標示指標該如何改變及其改變的順序，並寫出相對應的程式碼(以C/C++為例)。(指向下一個節點的指標名稱為nextLink；指向前一個節點的指標名稱為prevLink)

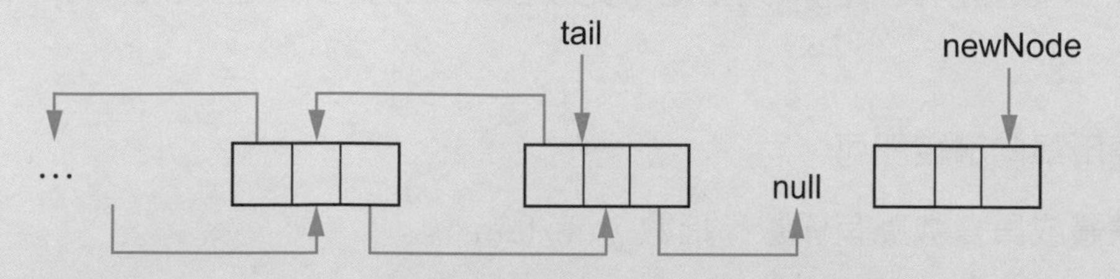

9. 如下圖，欲將newNode節點插入head節點前面，請依序標示指標該如何改變及其改變的順序，並寫出相對應的程式碼(以C/C++為例)。(指向下一個節點的指標名稱為nextLink；指向前一個節點的指標名稱為prevLink)

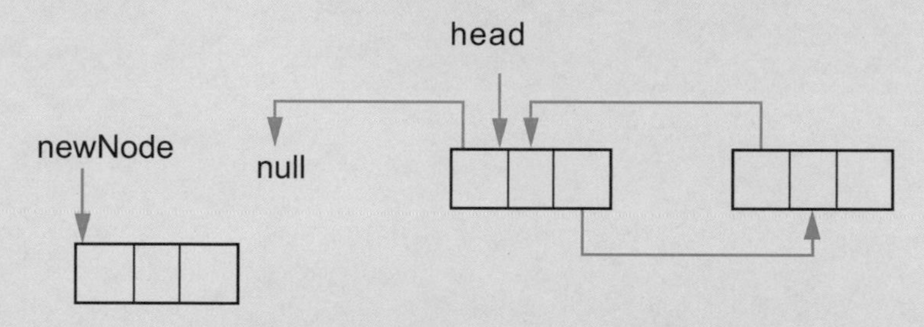

10. 如下圖，欲刪除idx節點，請依序標示指標該如何改變及其改變的順序，並寫出相對應的程式碼(以C/C++為例)。(指向下一個節點的指標名稱為nextLink；指向前一個節點的指標名稱為prevLink)

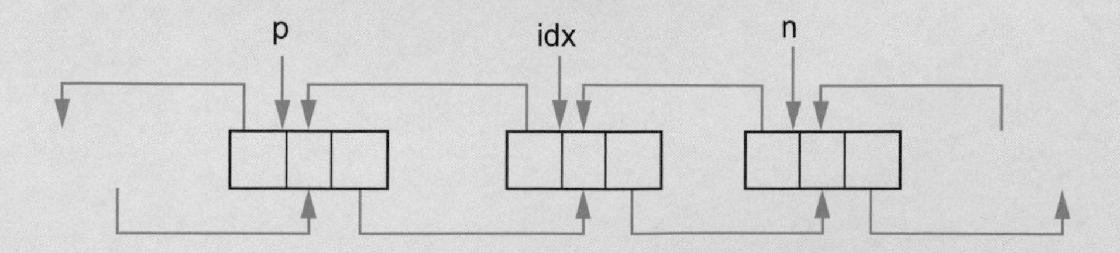

實作題

1. 第2章習題中實作題第5題是用陣列實作多項式。請使用動態結構體配置與LinkedList類別實作的串列鏈結來完成多項式的表示與運算(加、減、乘)。

提示：

(1) 只要用單向鏈結即可。

(2) 結構體成員變數應有係數、指數、nextLink。

(3) 若是使用LinkedList類別，可能須另外定義一個類別其成員包含係數與指數，用來當作宣告LinkedList變數時的資料型別引數。

CH07 堆疊1

本章內容

- 7-1 堆疊的概念
- 7-2 以陣列實作堆疊
- 7-3 以串列實作堆疊
- 7-4 以 Stack 類別實作堆疊
- 7-5 動作副程式的測試範例
- 重點整理
- 本章習題

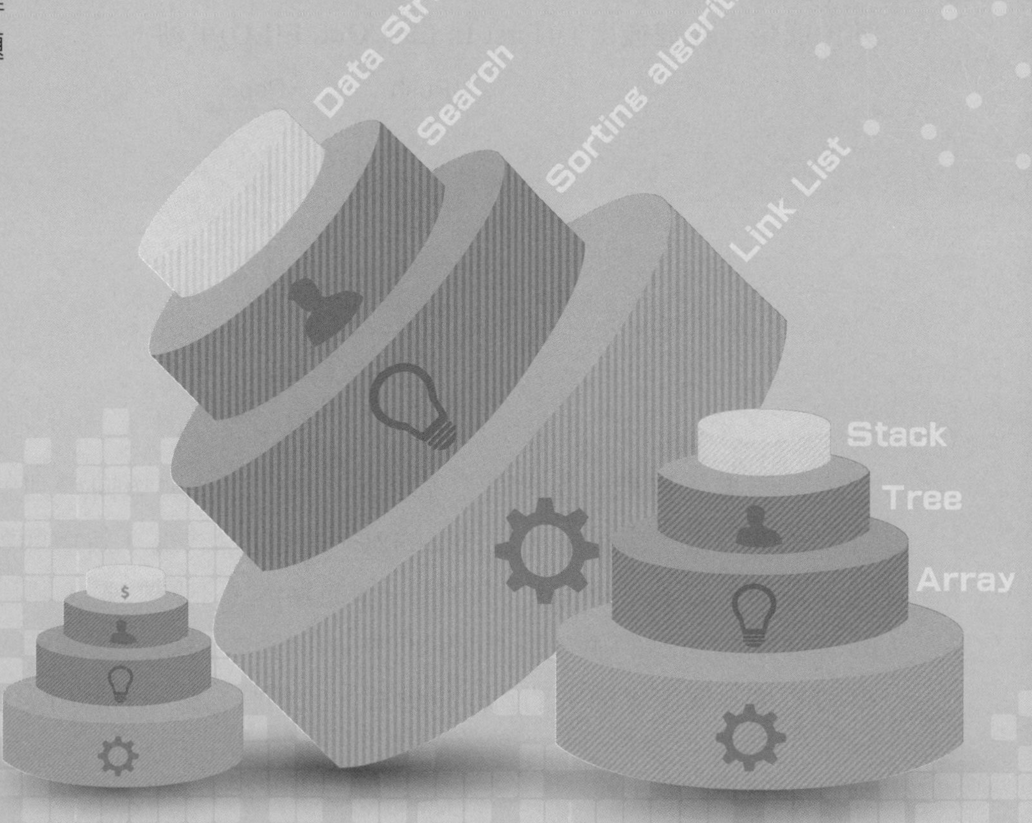

堆疊(stack)和佇列(queue)是在程式設計時常用的資料結構，兩者都是擁有某種特定進出規則的線性串列結構。本章先對堆疊的概念與基本實作技巧作說明，下一章則探討幾個常見的堆疊應用題目。

7-1 堆疊的概念

堆疊在觀念上就如同一疊盤子，當洗盤工人洗好一個盤子之後，會把新盤子放在一疊盤子的最上面；而當廚師炒完一鍋菜要上桌時，也一定會拿這疊盤子最上面的那個盤子來盛菜。也就是說「放盤子」和「取盤子」都只能從最上方來執行。

所以其實堆疊就像一種串列，只不過在新增與刪除元素都發生在同一端，此端稱爲「頂端」(top)，而另一端則稱爲「底端」(bottom)。將一個元素放入堆疊的頂端，這個動作稱爲「推入」(Push)；從堆疊頂端拿走一個元素，這個動作稱爲「彈出」(Pop)，如圖7-1所示。因此，越晚放進去的元素勢必越早被取出來，故堆疊是一種「後進先出」(Last In First Out, LIFO)串列，或是「先進後出」(First In Last Out, FILO)串列。

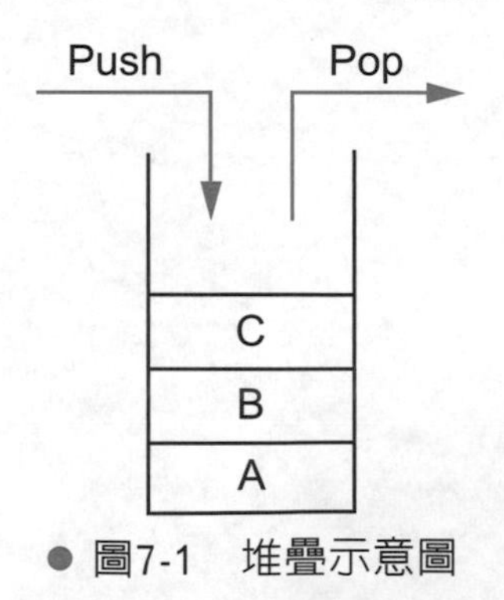

● 圖7-1　堆疊示意圖

既然堆疊也是一種串列，那堆疊的實作方法與單向串列就十分雷同，而且動作副程式也少很多，最重要的2個動作副程式爲「新增節點至串列的第一個節點前」以及「刪除串列的第一個節點」，不同的是，刪除節點的動作要回傳被刪除節點的值，而不是動作成功與否的代碼。在本章，「新增節點至串列的第一個節點前」的動作副程式，我們將它命名爲push()；而「刪除串列的第一個節點」動作副程式則命名為pop()。以下則修改第5及6章所提到的串列實作方法，來完成堆疊的實作。

7-2 以陣列實作堆疊

在第5及6章總共介紹了4種資料結構實作串列的方法，分別為「單一陣列」、「結構體陣列」、「動態配置結構體」及「LinkedList類別」。其中前兩項在本質上都是陣列，在本小節說明；而後兩項在本質上比較像串列，在下一小節說明。由於各種資料結構的宣告與存取的語法，以及各種動作的示意圖與細節在第5及6章都有詳細介紹，在此則不再贅述。以下各小節僅針對堆疊所需的動作副程式與對應的程式碼加以說明。

7-2-1 以單一陣列實作堆疊

表7-1僅列出與實作串列有差異的動作副程式。其中push(data)方法與insertIntoFirstNode(data)方法相同，所以直接改副程式名稱，或是直接呼叫insertIntoFirstNode(data)方法，如程式碼7-1第1~3行所示。pop()方法基本上沿用deleteNodeByIdx(head)方法，只不過該方法回傳值是該方法的執行狀態，並不是第一個節點內容值，所以在回傳值的部分需作修改。

參考第5章程式碼5-1的第94~97行deleteNodeByIdx(head)的程式內容時，發現是呼叫moveElement(head,-1)方法。而moveElement()方法的傳回值必須是執行狀態，因為還有其他副程式呼叫moveElement()方法，而且會去判斷其執行狀態。因此，moveElement()方法的傳回值不能隨意改變，否則其他副程式可能會發生錯誤。所以，pop()方法需要另外撰寫，在呼叫deleteNodeByIdx(head)方法前，先回傳第一個節點內容值，如程式碼7-1第4~8行所示。

✤ 表7-1　以單一陣列或結構體陣列實作堆疊的主要動作副程式

副程式名稱	動作說明	備註
push(data)	新增節點至串列的第一個節點前。	使用insertIntoFirstNode(data)方法。
pop()	刪除串列的第一個節點，並回傳第一個節點內容值。	結合deleteNodeByIdx(head)方法與其他方法。

程式碼7-1

以單一陣列或結構體陣列實作堆疊的主要動作副程式的程式碼

```
1    void push(intdata){
2        insertIntoFirstNode(data);
3    }
4    int pop(){
5        inth=A[head];
6        deleteNodeByIdx(head);
7        returnh;
8    }
```

7-2-2　結構體陣列實作堆疊

第5章程式碼5-4是用結構體陣列來實作串列，雖然程式碼內容與5-1有些許不同，但副程式名稱基本上大同小異。所以要用程式碼5-4來實作堆疊的最簡單方式，就是直接呼叫原有的副程式。因此，本小節所需的2個主要動作副程式一樣，如同表7-1所示。而push(data)與pop()方法的程式碼也與程式碼7-1相同。

7-3 以串列實作堆疊

第6章有提到，串列的重點在於「鏈結」，而「鏈結」其實就是「指標」或是「參考」。所以只要是使用動態配置的方法建立節點的，基本上就符合串列的精神。「動態配置的結構體」及「LinkedList類別」在本質上都屬於「串列」。

7-3-1 動態配置的結構體

在第6章以動態配置結構體實作串列時，就已經把動作副程式的名稱調整跟LinkedList類別的方法名稱一致，所以已經有addFirst(data)及removeFirst()方法，而且removeFirst()方法除了可以刪除head節點，還可以回傳head節點的資料值。所以可以直接使用第6章程式碼6-1的addFirst(data)方法代替push(data)，或是直接呼叫addFirst(data)方法，如程式碼7-2第1~3行；使用removeFirst()方法來代替pop()，或是直接呼叫removeFirst()方法，如程式碼7-2第4~6行。

表7-2　以動態配置的結構體實作堆疊的主要動作副程式

副程式名稱	動作說明	備註
push(data)	新增節點至串列的第一個節點前。	使用addFirst(data)方法。
pop()	刪除串列的第一個節點，並回傳第一個節點內容值。	使用removeFirst()方法。

程式碼7-2

以動態配置的結構體實作堆疊的主要動作副程式的程式碼

```
1    void push(int data){
2        addFirst(data);
3    }
4    int pop(){
5        return removeFirst();
6    }
```

7-3-2　LinkedList類別

.NETFramework的LinkedList類別的AddFirst(T)的方法，可以直接當作push(data)方法來使用，或是直接呼叫AddFirst(data)方法，如程式碼7-3第1~3行；但RemoveFirst()的方法卻不能傳回第一個節點的內容值。所以必須在使用其他方法來輔助。在LinkedLisk類別的延伸方法裡，有一個First<T>()的方法[1]，如表7-3所示，可以回傳第一個節點的內容值。所以，我們可以自己寫一個動作副程式先呼叫First<T>()方法取得第一個節點內容值，然後再呼叫RemoveFirst()方法來刪除第一個節點。

表7-3　.NETFramework的LinkedList<T>類別的取得第一個節點內容值的方法

回傳值的資料型態	方法名稱及描述
T	First<T>() 多載。傳回序列的第一個項目。(由Enumerable定義。)

表7-4　以LinkedList類別實作堆疊的主要動作副程式

副程式名稱	動作說明	備註
push(data)	新增節點至串列的第一個節點前。	使用AddFirst(data)方法。
pop()	刪除串列的第一個節點，並回傳第一個節點內容值。	結合RemoveFirst()方法與其他方法。

程式碼7-3

以LinkedList類別實作堆疊的主要動作副程式的程式碼

```
1    static void push(LinkedList<int>Lst, int data)
2    {
3         Lst.AddFirst(data);
4    }
5    static int pop(LinkedList<int>Lst)
6    {
```

1. 雖然.NetFramework的LinkedList類別中有一個First屬性，但它的資料型別是LinkedListNode，並不是我們要的內容值。

```
7         int h=Lst.First();
8         Lst.RemoveFirst();
9         return h;
10   }
```

而JavaSDK的LinkedList類別剛好有符合堆疊所需的方法push(data)及pop()，如表7-5所示，所以不需要額外再寫任何動作副程式。

表7-5　JavaSDK的LinkedList<E>類別中與堆疊有關的方法

回傳值的資料型態	方法名稱及描述
void	push(Ee) 推入一個元素到堆疊中。
E	pop() 從堆疊中彈出一個元素。

7-4 以Stack類別實作堆疊

.NET Framework及Java SDK都有提供現成堆疊類別爲Stack，其類別方法不盡相同。以下將該類別常用的方法做個簡單的比較。

1. 雖然堆疊是一種串列，理當由LinkedList類別可以實作出堆疊的動作，但由於.NET Framework及Java SDK都有提供現成堆疊類別Stack，建議讀者在實作堆疊時，還是儘量使用Stack類別。
2. .NET Framework及Java SDK的Stack類別所提供的方法沒有很多，所以表7-4及表7-7列出了所有的方法供讀者參考，雖然不見得所有的方法都用得到。
3. .NET Framework及Java SDK的Stack類別都有提供Push跟Pop方法。另外，還提供了Peek方法，跟Pop方法很像，都會回傳堆疊頂端的物件，但差別是在於不刪除頂端物件。

✥ 表7-6　.NET Framework的Stack<T>類別的屬性及其說明

回傳值的資料型態	屬性名稱及描述
int	Count取得Stack中所包含的元素數。

✥ 表7-7　.NET Framework的Stack<T>類別常用的方法及其說明

回傳值的資料型態	方法名稱及描述
void	Clear() 從Stack移除所有物件。
Object	Clone() 建立Stack的淺層複本(ShallowCopy)。
bool	Contains(Object) 判斷某元素是否在Stack中。
void	CopyTo(Array,Int32) 從指定的陣列索引處開始，複製Stack至現有一維Array。
bool	Equals(Object) 判斷指定的物件是否等於目前的物件。(繼承自Object。)
void	Finalize() 允許物件在記憶體回收進行回收之前，嘗試釋放資源並執行其他清除作業。(繼承自Object。)
IEnumerator	GetEnumerator() 傳回Stack的IEnumerator。
int	GetHashCode() 作為預設雜湊函式。(繼承自Object。)
Type	GetType() 取得目前執行個體的Type。(繼承自Object。)
Object	MemberwiseClone() 建立目前Object的淺層複製。(繼承自Object。)
Object	Peek() 傳回Stack頂端的物件而不需移除它。
Object	Pop() 移除並回傳Stack頂端的物件。
void	Push(Object) 將物件插入Stack的頂端。

回傳值的資料型態	方法名稱及描述
Stack	Synchronized(Stack)傳回Stack同步處理的(安全執行緒)包裝函式。
Object[]	ToArray()複製Stack至新陣列。
String	ToString()傳回代表目前物件的字串。(繼承自Object。)

✣ 表7-8 Java SDK的Stack<E>類別的屬性及其說明

回傳值的資料型態	屬性名稱及描述
int	elementCount 取得Stack中所包含的元素數。

✣ 表7-9 Java SDK的Stack<E>類別常用的成員方法及其說明

回傳值的資料型態	方法名稱及描述
boolean	empty()測試堆疊是否是空的。
E	peek()傳回Stack頂端的物件而不需移除它。
E	pop()移除並回傳Stack頂端的物件。
E	push(E item)將物件插入Stack的頂端。
int	search(Object o)尋找包含指定物件的第一個位置。

7-5 動作副程式的測試範例

前面幾個小節介紹了五種資料結構來實作堆疊，分別是：單一陣列、結構體陣列、動態配置的結構體、LinkedList類別、Stack類別，大部分動作副程式的程式碼都沿用第5、6章，本章只特別爲堆疊新增了push(data)及pop()動作副程式。也就是說，不管用哪種資料結構(包含Stack類別)來實作堆疊，本章所使用的動作副程式的名稱都一樣。以下就舉一個簡單的範例，來測試一下push(data)及pop()動作副程式。

題目要求：

隨機產生10個不重複的整數亂數(範圍從10~99)數列，藉由堆疊來改變數列的輸出順序，作法說明如下：

1. 在輸出每個數列的元素之前，先產生0或1的亂數，若爲0，則將該元素推入(push)堆疊；若爲1，則直接輸出該元素。
2. 直到數列的10個元素都做完步驟1的動作後，再將堆疊中的元素依序彈出(pop)並輸出。
3. 完成步驟1~2可得到一列輸出，重複步驟1~2十次，可得十列輸出。比較原始數列與這十行輸出有無差異。

程式碼7-4

(僅列出主程式，以C#為例)

```
1    static void Main(string[] args)
2    {
3        Stack<int> A = new Stack<int>();
4        int[] F = new int[10];
5        bool[] flag = new bool[100];
6        int r;
7        Random rnd = new Random();
8        Console.WriteLine("Ch07_1: C#");
```

```
9       Console.Write("原始數列：");
10      for (int i = 0; i < 10; i++) //產生10個亂數
11      {
12          do
13          {
14              r = rnd.Next(10, 100);
15          } while (flag[r - 1]);
16          flag[r - 1] = true;
17          F[i] = r;
18          Console.Write("{0,2}({1}) ", F[i], i);
19      }
20      Console.WriteLine();
21      //產生10列輸出
22      int cnt = 0;
23      while (cnt < 10)
24      {
25          Console.Write("第{0,2}數列：", cnt+1);
26          // 對原本數列執行步驟1
27          for (int i = 0; i < 10; i++)
28          {
29              r = rnd.Next(0, 2);
30              switch (r)
31              {
32              case 0:
33                      A.Push(F[i]);
34                      break;
35              case 1:
36                      Console.Write("{0,2}({1}) ", F[i], i);
37                      break;
38              }
39          }
40          // 步驟2：如果堆疊不是空的，輸出堆疊內的元素
41          while (A.Count != 0)
42          {
43              Console.Write("{0,2}(0) ", A.Pop());
44          }
```

```
45              Console.WriteLine();
46          cnt++;
47      }
48  }
```

說明：

1. 程式碼7-4使用C#語言示範Stack類別的使用方法。
2. 第3行程式使用Stack<int>來宣告變數A，A即爲本程式所用的堆疊。
3. 第33行程式使用A.Push(F[i])將F[i]推入堆疊A中。
4. 第43行程式使用A.Pop()將堆疊A最頂端的元素彈出。
5. 第41行程式則使用Count的屬性，來判斷堆疊A是否爲空堆疊。
6. 爲了確定Push及Pop是否能正常運作，在輸出數列元素時，附帶輸出堆疊動作的訊息：括號內數字爲0時，表示是由堆疊彈出的；括號內數字不爲0時，表示當初是直接輸出，括號內的值表示在原數列的順序。
7. 執行結果如下圖：

```
C:\Windows\system32\cmd.exe
Ch07_1: C#
原始數列：80(0) 82(1) 23(2) 34(3) 48(4) 91(5) 28(6) 10(7) 12(8) 86(9)
第 1數列：23(2) 34(3) 91(5) 28(6) 10(7) 12(8) 86(0) 48(0) 82(0) 80(0)
第 2數列：23(2) 34(3) 48(4) 28(6) 10(7) 12(8) 86(9) 91(0) 82(0) 80(0)
第 3數列：34(3) 48(4) 91(5) 28(6) 10(7) 86(0) 12(0) 23(0) 82(0) 80(0)
第 4數列：80(0) 48(4) 12(8) 86(0) 10(0) 28(0) 91(0) 34(0) 23(0) 82(0)
第 5數列：23(2) 48(4) 91(5) 86(0) 12(0) 10(0) 28(0) 34(0) 82(0) 80(0)
第 6數列：48(4) 28(6) 86(0) 12(0) 10(0) 91(0) 34(0) 23(0) 82(0) 80(0)
第 7數列：80(0) 82(1) 23(2) 91(5) 28(6) 10(7) 12(8) 86(0) 48(0) 34(0)
第 8數列：80(0) 48(4) 91(5) 28(6) 10(7) 86(0) 12(0) 34(0) 23(0) 82(0)
第 9數列：80(0) 23(2) 34(3) 91(5) 86(9) 12(0) 10(0) 28(0) 48(0) 82(0)
第10數列：80(0) 34(3) 28(6) 86(9) 12(0) 10(0) 91(0) 48(0) 23(0) 82(0)
請按任意鍵繼續 . . .
```

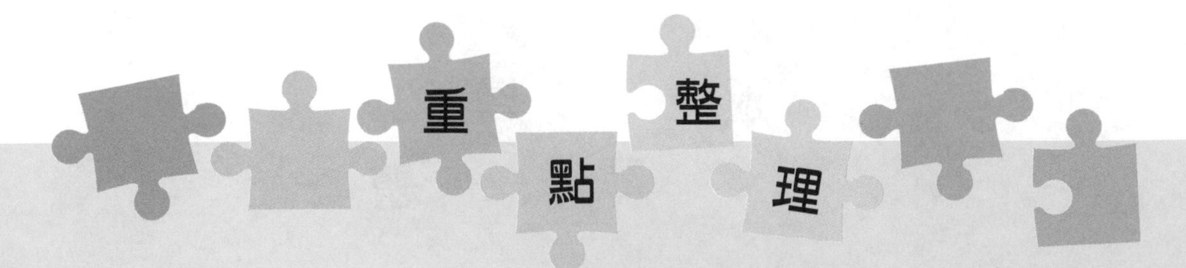

1. 堆疊其實可以算是一種串列，只要了解串列的基本運作，就不難理解堆疊的運作。
2. 介紹.Net Framework及Java SDK的Stack類別，本類別以提供堆疊的兩個基本動作的方法(Push及Pop)，真正在實作時，不妨多採用Stack類別，以節省程式開發時間。

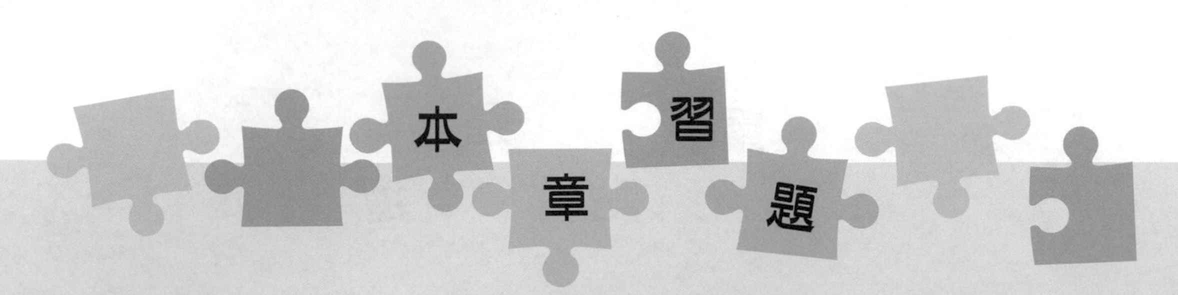

基礎題

(　　) 1. 以下哪中資料結構是採用「後進先出」的順序？
(1)陣列
(2)佇列
(3)堆疊
(4)環狀佇列

(　　) 2. 對於用三個元素的陣列所實作的堆疊，連續Push三筆資料後，再繼續Push一筆資料會？
(1)失敗，不能再Push資料進去了
(2)將第一筆資料Pop出來
(3)將第三筆資料Pop出來
(4)仍然可以Push進去

(　　) 3. ________是函數呼叫自己的過程？
【98高雄第一科技大學資訊管理所技術組】
(1)插入
(2)搜尋
(3)重複
(4)遞迴

(　　) 4. 無論輸入或輸出都只在同端進行的是哪一種資料結構？
(1)串列
(2)佇列
(3)堆疊
(4)樹狀

(　　)5. 從堆疊頂端拿走一個項目，稱之為：

(1)Push

(2)Pop

(3)Top

(4)以上皆非

(　　)6. 將一個項目放進堆疊頂端，稱之為：

(1)Push

(2)Pop

(3)Top

(4)以上皆非

(　　)7. 下列何者與堆疊的應用無關？

(1)呼叫副程式

(2)排隊購物

(3)後置式轉換

(4)執行中斷

(　　)8. 下列何者不是撰寫遞迴演算法必須考量的因素？

(1)參數有哪些？

(2)每次呼叫的初值為何？

(3)回傳(Return)值為何？

(4)運算速度有多快？

(　　)9. 運用陣列來實作堆疊，若堆疊的大小為n，並用Top來表示堆疊中最高的資料位置，則要檢查堆疊是否已滿的方法為？

(1)Top = -1

(2)Top = 0

(3)Top = n-1

(4)Top = n

(　　) 10. What kind of data structure is often used for function call?

【97虎尾科技大學資訊管理所】

(1)graph

(2)tree

(3)queue

(4)stack

(5)none of the above

實作題

1. 在PopPush城有一個著名的、建築於上世紀的火車站。車站的鐵路如下所示。

   每輛火車都從A方向駛入車站，再從B方向駛出車站。同時它的車廂可以進行某種形式的重新組合。假如從A方向駛來的火車有N節車廂(N≤1000)，分別按順序編號為1,2,…,N。負責車廂調度的工作人員需要知道能否使它以$a_1,a_2,\cdots,a_N$的順序從B方向駛出。請你給它寫一個程式，用來判斷能否得到指定的車廂順序。假定在進入車廂之前每節車廂之間都是不連著的，並且它們可以自行移動，直到處在B方向的鐵軌上。另外假定車站裡可以任意多節的車廂，但是一旦一節車廂進入車站，它就不能再回到A方向的鐵軌上了；並且一旦它進入B方向的鐵軌後，就不能再回到車站。

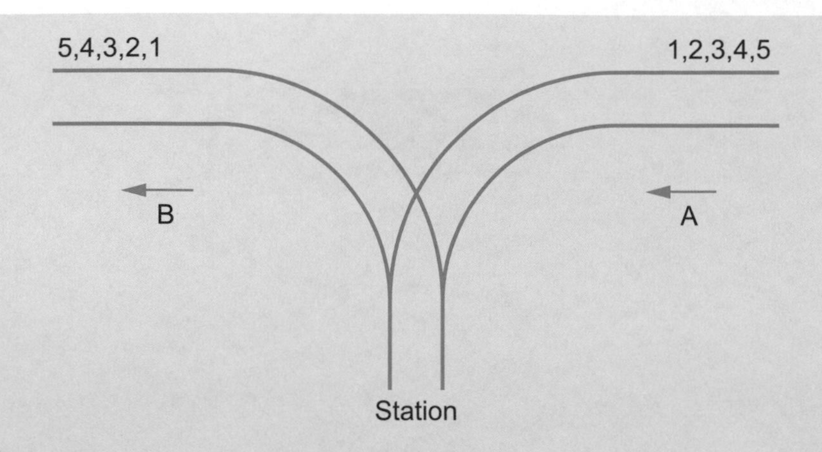

● 輸入

輸入檔包含很多段，每一段是很多行。除了最後一段外，每一段都定義了一輛火車有幾節車廂以及很多需要的重組順序。每一段的第一行是上面所說的整數N(也就是那輛火車有幾節車廂)，接下來的每一行，都是1,2,…,N的一個置換。每段的最後一行數字是0。

● 輸出

輸出檔中的每一行都和輸入檔中的一個描述置換的行相對應，並且用Yes表示可以把它們編排成所需的順序，否則用No表示。另外用一個空行表示輸入檔的相對應段的結束。輸入檔中最後的空段不需要在輸出檔中有內容相對應。

輸入範例：	輸出範例：
5	Yes
12345	No
54321	
0	Yes
6	
654321	
0	
0	

題目來源：UVA 514

CH08 堆疊2

本章內容

- 8-1 運算式的轉換與求值
- 8-2 走迷宮問題
- 重點整理
- 本章習題

堆疊在資訊領域上是一種非常基本且常用的資料結構，常見的堆疊應用如下：

1. **副程式的呼叫及返回**：當副程式被呼叫時，需儲存呼叫者的返回位址(Return Address)、區域變數(local variables)的記憶體空間、形式參數(formal parameters)的空間等；當副程式巢狀呼叫時，最後被呼叫的副程式最先返回呼叫者，符合後進先出之特性，故可以用堆疊來處理副程式呼叫及返回。
2. **遞迴副程式改寫成非遞迴副程式**：有時需要用到堆疊來模擬，才能改寫出來，堆疊是用來記錄呼叫函數的相關狀態。
3. **CPU的中斷處理**：當CPU收到中斷訊號時，需記錄被中斷程式的狀態，如返回位址、旗標等，亦是後進先出的特性。
4. **二元樹的追蹤**：二元樹追蹤指的是走訪二元樹的每一個節點，包括中序追蹤、前序追蹤、後序追蹤，可以使用堆疊來處理，詳細的說明請參考本書第10章。
5. **運算式的轉換與求值**：算術運算式是由運算子(Operator)與運算元(Operand)所組合而成，根據運算子的位置，運算式可分為中序式、前序式、後序式。不同表示式的轉換與求值，是可以用堆疊來完成的。
6. **回溯式(Backtracking)演算法**：須以堆疊記錄各步驟的狀況，當發現選擇路徑行不通時，由堆疊中可取回先前的狀態。「圖形的深度優先追蹤」或是「走迷宮問題」，就是使用堆疊來進行回溯演算法的例子。

本章則針對「運算式的轉換與求值」及「走迷宮問題」的作法做詳細的介紹。

8-1 運算式的轉換與求值

算術運算式的表示法根據運算子的位置，可分為三種：

1. **中序式(infix)**：運算子在運算元中間，如：A+B。

2. **前序式(prefix)**：運算子在運算元前面，如：+AB。

3. **後序式(postfix)**：運算子在運算元後面，如：AB+。

中序式是我們最常見的算術表示法，但不適合電腦計算。後序式又稱為「逆波蘭記法」(Reverse Polish Notation, RPN)，在計算機科學中是極為常見的表示法，且用後序式求值的效率也比較好。底下則先探討如何將中序式轉換成後序式或前序式。

8-1-1 中序轉成後序或前序的方法

二元樹法

可以建立相對應的二元樹，利用二元樹前序追蹤及後序追蹤的方法，求得前序式及後序式(樹狀結構時會再詳談)。

括號法

1. 中序→後序(infix→postfix)

將算術式根據先後次序完全括號起來。

A+B*C→A+(B*C)→(A+(B*C))
對*號 → 對+號

(1) 移動所有運算子來取代所有的右括號，以最近為原則。

(A(BC*+

(2) 去掉所有左括號。

ABC*+

2. 中序→前序(infix→prefix)

將算術式根據先後次序括號起來。

A+B*C→A+(B*C)→(A+(B*C))
對*號 → 對+號

(1) 移動所有運算子來取代所有的左括號，以最近爲原則。

+A*BC))

(2) 去掉所有右括號。

+A*BC

堆疊法

1. 中序→後序(infix→postfix)

在中序轉後序的過程，我們將以下列的步驟運作：

(1) 由左至右讀入單一字元。

(2) 輸入爲運算元，則直接輸出。

(3)「(」在堆疊中比任何運算子都小，不過如果在堆疊外，卻比任何運算子優先權都高。

(4) ISP>=ICP則將堆疊的運算子pop出來，否則就push到堆疊內。

(5) 若遇「)」，彈出堆疊內的運算子直到彈出一個「(」爲止。

ISP(堆疊內優先權)：In Stack Priority

ICP(輸入優先權)：In Coming Priority

✣ 表8-1　常用運算子的優先權(數字越大優先權越高)

運算子的種類	ICP(In-Coming Priority)	ISP(In-Stack Priority)
( )	12	0
-- ++ (後置運算子)	11	11
-- ++ (後置運算子) ! ~ - (負號) + (正號)	10	10
* / %	9	9
+ (加號) - (減號)	8	8
> < >= <=	7	7
== !=	6	6
& (位元運算子)	5	5
^ (位元運算子)	4	4
| (位元運算子)	3	3

運算子的種類	ICP(In-Coming Priority)	ISP(In-Stack Priority)
&&	2	2
||	1	1

其中運算子堆疊的規則是：

- 碰到左括號「(」，一律push。
- 碰到右括號「)」，則一直做pop輸出至後序式，直到遇見左括號，一同抵銷。
- 運算子在堆疊中只能優先序大的壓優先序小的，也就是當運算子在進入堆疊之前和堆疊頂端的運算子比較優先序。如果外面的優先序大，則push。否則就一直做pop，直到遇見優先序較小的運算子或堆疊爲空。值得注意的是：左括號在堆疊中優先序最小，亦即，任何運算子都可以壓它。

表8-2　中序法表示(A*(B+C)*D)轉為後序法

下一個符號	堆疊	輸出	說明
A	空	A	
*	*	A	
(	(*	A	由於「(」的ICP大於「*」的ISP
B	(*	AB	
+	+ (*	AB	
C	+ (*	ABC	
)	*	ABC+	由於「)」的ICP小於任何運算子的ISP，所以pop出來，直到遇到另一個「(」為止。

下一個符號	堆疊	輸出	說明
*	*	ABC+*	
D	*	ABC+*D	
無	空	ABC+*D*	

2. 中序→前序(infix→prefix)

在中序轉前序的過程，我們將以下列的步驟運作：

(1) 由右至左讀入單一字元。

(2) 輸入為運算元，則直接輸出。

(3) 「)」在堆疊中比任何運算子都小，不過在堆疊外卻是優先權最高者。

(4) 若遇「(」，彈出堆疊內的運算子直到彈出遇到「)」為止。

(5) ISP>ICP則將堆疊的運算子pop出來，否則就push到堆疊內。

(6) 輸入為運算元則直接輸出。

✤ 表8-3　中序法表示(A*(B＋C)＊D)轉為前序法

下一個符號	堆疊	輸出	說明
D	空	D	
*	*	D	
)	) *	D	由於「)」的ICP大於「*」的ISP，所以將「)」push進堆疊中。
C	) *	CD	
+	+) *	CD	
B	+) *	BCD	

下一個符號	堆疊	輸出	說明
(	*	+BCD	由於「(」的ICP小於任何運算子的ISP，所以pop出來，直到遇到另一個「)」為止。
*	* *	+BCD	由於「*」的ISP與「*」的ICP相等(沒有大於)，所以將「*」push進堆疊中。
A	* *	A+BCD	
無	空	**A+BCD	

8-1-2 後序或前序轉成中序的方法

括號法

1. 後序→中序

(1) 適當的以"運算元 + 運算子"方式括號。

(2) 每個運算子取代前方的左括號。

(3) 去掉右括號。

如下例：將ABC^/DE*+AC*-轉爲中序法

結果是((A(BC^)/)(DE*)+)(AC*)- = A/B^C+D*E-A*C

2. 前序→中序

(1) 適當的以"運算子+運算元"方式括號。

(2) 由內而外，每個運算子取代後方右括號。

(3) 去左括號。

如下例：將-+/A^BC*DE*AC轉爲中序法

結果是-(+(/A(^BC))(*DE))(*AC) = A/B^C+D*E-A*C

堆疊法

1. 後序→中序

(1) 由左至右讀入符號。

(2) 若讀入的是運算元，則放入堆疊中。

(3) 若是運算子，則從堆疊中取出兩個運算元，組成(op1運算子op2)放入堆疊中。

(4) 在後序→中序的堆疊轉換中，堆疊內的運算順序為

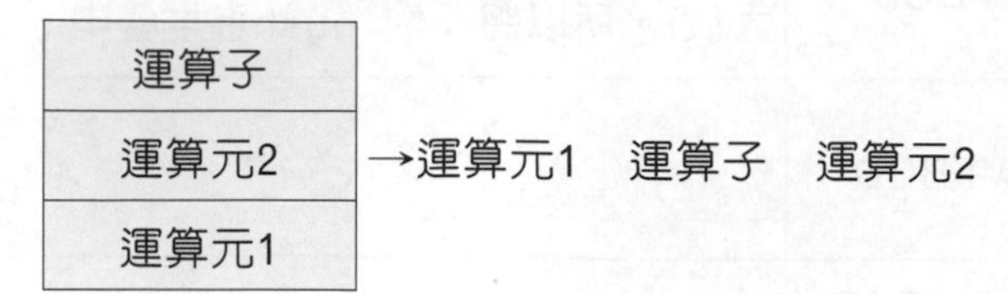

以下是用堆疊法將AB*CD+-A/轉為中序法的過程

❖ 表8-4　後序表示法AB*CD+-A/ 轉為中序法

下一個符號	堆疊
A	空
B	A
*	B A
C	A*B
D	C A*B
+	D C A*B
-	C+D A*B
A	(A*B)-(C+D)
/	A (A*B)-(C+D)
無	((A*B)-(C+D))/A

所以，結果是((A*B)-(C+D))/A。

2. 前序→中序

(1) 由右至左讀入符號。

(2) 若讀入的是運算元，則放入堆疊中。

(3) 若是運算子，則從堆疊中取出兩個運算元組成(op2運算子op1)。

(4) 在前序→中序的堆疊轉換中，堆疊內的運算順序為

運算子
運算元2
運算元1

→運算元2 運算子 運算元1
(和後序→中序不同)

以下是用堆疊法將 -+/A^BC*DE*AC轉為中序法的過程

表8-5 前序表示法-+/A^BC*DE*AC 轉為中序法

<table>
<tr><th>下一個符號</th><th>堆疊</th></tr>
<tr><td>C</td><td>空</td></tr>
<tr><td>A</td><td>C</td></tr>
<tr><td rowspan="2">*</td><td>A</td></tr>
<tr><td>C</td></tr>
<tr><td>E</td><td>A*C</td></tr>
<tr><td rowspan="2">D</td><td>E</td></tr>
<tr><td>A*C</td></tr>
<tr><td rowspan="3">*</td><td>D</td></tr>
<tr><td>E</td></tr>
<tr><td>A*C</td></tr>
<tr><td rowspan="2">C</td><td>D*E</td></tr>
<tr><td>A*C</td></tr>
<tr><td rowspan="3">B</td><td>C</td></tr>
<tr><td>D*E</td></tr>
<tr><td>A*C</td></tr>
<tr><td rowspan="2">^</td><td>B</td></tr>
<tr><td>C</td></tr>
</table>

下一個符號	堆疊
	D*E
	A*C
A	B ^ C
	D*E
	A*C
/	A
	B ^ C
	D*E
	A*C
+	A/(B ^ C)
	D*E
	A*C
-	(A/(B ^ C))+(D*E)
	A*C
無	(A/(B ^ C))+(D*E)-(A*C)

所以，結果是(A/(B^C))+(D*E)-(A*C)。

8-1-3 程式碼

這個小節我們要來實作上述的堆疊法，包括中序轉成後序或前序的堆疊法、後序或前序轉成中序的堆疊法。在此，我們以Stack類別來實作：

中序轉成後序的堆疊法

程式碼8-1

中序轉後序

```
1    static String InfixToPostfix(String input)
2    {
3        Char []inputChrAry = input.ToCharArray();
4        String str;
```

```
5        for (int i = 0; i < inputChrAry.Length; i++)
6        {
7            if (!ICP.ContainsKey(inputChrAry[i].ToString()))
8            {
9                returnStr += inputChrAry[i];
10           }
11           else if (inputChrAry[i].Equals(')'))
12           {
13               while (A.Count > 0 && !(str=A.Pop()).Equals("("))
14               {
15                   returnStr +=str;
16               }
17           }
18           else
19           {
20               while (A.Count > 0 && ISP[A.Peek()] >= ICP[inputChrAry[i].
                     ToString()])
21               {
22                   returnStr += A.Pop();
23               }
24               A.Push(inputChrAry[i].ToString());
25           }
26       }
27       return returnStr;
28   }
```

中序轉成前序的堆疊法

程式碼8-2

中序轉前序

```
1    static String InfixToPrefix (String input)
2    {
3        Char []inputChrAry = input.ToCharArray();
4        String str;
```

```
5       for (int i = inputChrAry.Length-1; i >= 0; i--)
6       {
7           if (!ICP.ContainsKey(inputChrAry[i].ToString()))
8           {
9               returnStr = inputChrAry[i] + returnStr
10          }
11          else if (inputChrAry[i].Equals('('))
12          {
13              while (A.Count > 0 && !(str=A.Pop()).Equals(")"))
14              {
15                  returnStr = str + returnStr;
16              }
17          }
18          else
19          {
20              while (A.Count > 0 && ISP[A.Peek()] > ICP[inputChrAry[i].
                    ToString()])
21              {
22                  returnStr = A.Pop() + returnStr;
23              }
24              A.Push(inputChrAry[i].ToString());
25          }
26      }
27      return returnStr;
28  }
```

後序轉成中序的堆疊法

程式碼8-3

後序轉中序

```
1   static String PostfixToInfix (String input)
2   {
3       Char []inputChrAry = input.ToCharArray();
4       String str;
```

```
5        String op1, op2;
6        for (int i = 0; i < inputChrAry.Length; i++)
7        {
8            if (!ICP.ContainsKey(inputChrAry[i].ToString()))
9            {
10               A.Push(inputChrAry[i].ToString());
11           }
12           else
13           {
14               op2 = A.Pop();
15               op1 = A.Pop();
16               A.Push("(" + op1 + inputChrAry[i].ToString() + op2 + ")");
17           }
18       }
19       return A.Pop();
20   }
```

前序轉成中序的堆疊法

程式碼8-4

前序轉中序

```
1    static String PrefixToInfix (String input)
2    {
3        Char []inputChrAry = input.ToCharArray();
4        String str;
5        String op1, op2;
6        for (int i = inputChrAry.Length - 1; i >= 0; i--)
7        {
8            if (!ICP.ContainsKey(inputChrAry[i].ToString()))
9            {
10               A.Push(inputChrAry[i].ToString());
11           }
12           else
13           {
```

```
14              op2 = A.Pop();
15              op1 = A.Pop();
16              A.Push("(" + op2 + inputChrAry[i].ToString() + op1 + ")");
17          }
18      }
19      return A.Pop();
20  }
```

主程式

程式碼8-5

主程式

```
1   static void Main(string[] args)
2   {
3       String InfixStr = "(A*(B+C)*D)";
4       Console.WriteLine("中序：{0}", InfixStr);
5       String PostfixStr = InfixToPostfix(InfixStr);
6       Console.WriteLine("轉後序：{0}", PostfixStr);
7       String PrefixStr = InfixToPrefix(InfixStr);
8       Console.WriteLine("轉前序：{0}", PrefixStr);
9       PostfixStr = "AB*CD+-A/";
10      Console.WriteLine("後序：{0}", PostfixStr);
11      InfixStr = PostfixToInfix(PostfixStr);
12      Console.WriteLine("轉中序：{0}", InfixStr);
13      PrefixStr = "-+/A^BC*DE*AC";
14      Console.WriteLine("前序：{0}", PrefixStr);
15      InfixStr = PrefixToInfix(PrefixStr);
16      Console.WriteLine("轉中序：{0}", InfixStr);
17  }
```

```
C:\Windows\system32\cmd.exe
中序：(A*(B+C)*D)
轉後序：ABC+*D*
轉前序：**A+BCD
後序：AB*CD+-A/
轉中序：(((A*B)-(C+D))/A)
前序：-+/A^BC*DE*AC
轉中序：(((A/(B^C))+(D*E))-(A*C))
請按任意鍵繼續 . . .
```

● 圖8-1　中序轉後序及前序、後序及前序轉中序的結果

8-2 走迷宮問題

回溯式(Backtracking)演算法的一個很著名的例子就是老鼠(或機器人)走迷宮，也是堆疊在實際應用上一個很好的例子。在一個實驗中，老鼠被放進一個迷宮裡，當老鼠走錯路時，就會重走一次並把走過的路記起來，避免走重複的路，就這樣直到找到出口爲止。另外在迷宮移動尋找出口時，電腦還必須判斷下一步該往哪一個方向移動，此外還必須記錄能夠走的迷宮路徑，如此才可以在迷宮走到死胡同時，可以回頭來搜尋其他路徑。在迷宮行進時，必須遵守以下三個原則：

- 一次只能走一格。
- 遇到牆無法往前走時，則退回一步找找看是否有其他的路可以走。
- 走過的路不會再走第二次。

8-2-1　資料結構與路徑描述

迷宮表示法

在建立走迷宮的程式前，我們要先面對的第一個問題是「迷宮的表示法」，一個很直覺的選擇是：用二維陣列maze[row][col]來表示迷宮，其中0代表可通行的路徑，1代表障礙。表8-6爲一個簡單的迷宮範例，其中row=8，col=11，入口在row=1、col=0的位置，以(1, 0)表示；而出口在(6,

10)位置。有時候其他資料結構的書籍會用‘1’將整個二維陣列的外圍框住，其入口及出口則會在陣列內部的某個位置。但本書覺得，入口及出口應該開在陣列的外框上比較合乎常理，所以才會有表8-6這樣的迷宮例子。一般來說，迷宮通常會被設計成只有一條路徑可以從入口到出口，若存在一條以上的路徑，程式應該只會找到其中一條路徑，除非程式有做另外處裡，才能找到一條以上的路徑。當然，萬一迷宮不存在從入口到出口的路徑，程式也要有能力判斷才行。

✧ 表8-6　一個迷宮的例子

	1	1	1	1	1	1	1	1	1	1	1	
入口→	0	0	0	0	1	0	0	0	0	1	1	
	1	1	1	0	1	1	1	0	1	1	1	
	1	1	0	0	0	0	1	0	0	0	1	
	1	1	1	0	1	0	1	0	1	0	1	
	1	0	1	1	1	0	0	0	1	0	1	
	1	0	0	0	0	0	1	1	1	0	0	←出口
	1	1	1	1	1	1	1	1	1	1	1	

路徑表示法

1. 陣列表示法

利用原本的迷宮陣列在上面標示路徑搜尋的過程：

數字2：走過可通行的路徑

數字3：回溯路徑

2. 位置(Position)表示法

很單純地依序記錄可通行路徑的每一個位置的座標(row, col)，當然第一個位置是入口，最後一個位置是出口，如果迷宮存在可通行路徑的話。

資料結構

爲了方便表示目前所在的位置以及下一個可通行的方向，我們訂了一個資料結構來記錄這些資訊，如程式碼8-6所示。其中，row表示所在位置的列數(從0開始)、col表示所在位置的行數(一樣從0開始)；而dir則記錄著由這個位置往下一個可通行位置的方向。一般來說，前進方向可以是四個方向，也就是「北」(North)、「東」(East)、「南」(South)、「西」(West)；但也有八個方向的，也就是除了剛剛四個方向外，再加上「東北」(Northeast)、「東南」(Southeast)、「西南」(Southwest)、「西北」(Northwest)。

但在程式裡，dir是以數字來表示，如果是四個方向，可以用0、1、2、3分別來表示「北」、「東」、「南」、「西」；如果是八個方向，可以用0、1、2、3、4、5、6、7分別來表示「北」、「東北」、「東」、「東南」、「南」、「西南」、「西」、「西北」，如圖8-2所示。假如目前位置在(r, c)，則根據移動方向代號推斷下一個位置的移動分量爲表8-7所示，亦即下一個位置爲(r+Δrow, c+Δcol)。其實dir的值所對應到的方向其實是程式設計者自行定義的，本書爲了保留程式的可擴充性，不管實作四個方向或八個方向，dir的值都是介於0~7，也就是說，如果要使用四個方向，dir的值則以0、2、4、6分別來表示「北」、「東」、「南」、「西」。如此，只要一套程式，則可適用於兩種狀態。

程式碼8-6

位置(pos)結構定義

```
1   struct pos
2   {
3       int row;
4       int col;
5       int dir;
6   }
```

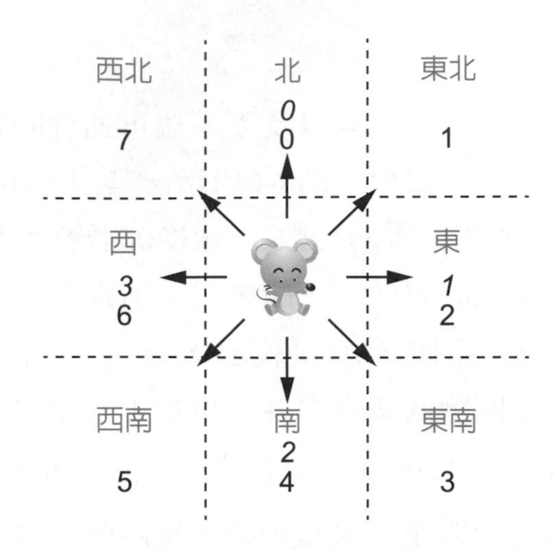

● 圖8-2　移動方向示意圖

❖ 表8-7　若目前位置在(r, c)，根據dir推斷下一個位置的移動分量

dir	Δrow	Δcol
0	-1	0
1	-1	1
2	0	1
3	1	1
4	1	0
5	1	-1
6	0	-1
7	-1	-1

8-2-2　演算法

1. 先定義迷宮矩陣maze與入口(Entrance)及出口(Exit)的位置。
2. 老鼠從入口位置開始走，亦即設定老鼠目前位置為Entrance，並將迷宮陣列該位置的值設定為2，同時將這個位置推入(Push)堆疊中。

3. 老鼠位置在迷宮陣列範圍內，依序改變dir的方向，並測試有無下一個可行位置(亦即迷宮陣列值爲0的位置)。若該dir方向有可行位置，則將此可行位置推入堆疊中。
4. 若下一個可行位置不是出口，則將老鼠位置移至這個位置，並將迷宮陣列該位置的值設定爲2，同時將這個位置推入(Push)堆疊中，再重複步驟3。
5. 如果下一個可行位置爲出口，則表示已找到路徑，此時堆疊中的元素爲反向路徑，可印出迷宮陣列或堆疊中的元素來表示路徑，並結束程式。
6. 若找不到下一個可行位置，表示這個位置爲死胡同，將迷宮陣列該位置的值設定爲3，並退回上一個位置，亦即從堆疊中彈出(Pop)一個元素，再重複步驟3。
7. 若已經沒有上一個位置可退，亦即堆疊是空的，表示找不到可以通往出口的路徑，此時可輸出「找不到路徑」之類的訊息，並結束程式。

8-2-3 程式碼

程式碼8-7爲使用C#程式語言所撰寫的老鼠走迷宮程式，在此我們使用C#的Stack類別來實作堆疊，茲將比較重要的設計概念簡述如下：

1. 由於C#的Stack類別屬於泛型類別，無法使用自訂結構體型別struct來指定Stack類別的資料型別，所以設計了Position類別來當Stack類別的資料型別，如第1~12行所示。其中row成員變數表示所在位置的列數；col成員變數表示所在位置的行數；dir成員變數表示從所在位置到下一個位置的移動方向。在此利用了類別建構子的概念，設計了Position(int r, int c, int d)的建構子，用來初始化Position類別的成員變數。
2. 程式碼第13~21行定義了MoveDir類別，用來表示下一個位置的移動分量。其中vert成員變數爲垂直方向的移動分量，也就是列數(row)的改變量；horiz成員變數爲水平方向的移動分量，也就是行數(col)的改變量。程式碼第22行宣告了8個方向的移動分量moveDir變數，此乃根據圖8-2及表8-7所設計出來的。
3. 程式碼第23行定義了迷宮的矩陣，以目前的例子爲8列11行。其中值爲1表示牆壁；0表示通道。而程式碼第24行定義了迷宮的入口位於第1列第0行，出口位於第6列第10行。

4. 下一個位置的移動分量雖然定義了8個方向，但有些教材也會使用4個方向，如圖8-2的斜體數字所示。那到底要使用4個方向還是8個方向，要看迷宮通道是如何設計的。假如迷宮通道可以用「北」、「東」、「南」、「西」4個方向通連(此時可稱這種通道爲4連通，Four Connected)，那移動分量要使用4個方向或8個方向都可以。但假如迷宮通道必須使用「北」、「東北」、「東」、「東南」、「南」、「西南」、「西」、「西北」這8個方向才能通連的話(此時這種通道稱爲8連通，Eight Connected)，那麼移動分量就必須使用8個方向。

   本程式碼所設計的迷宮通道是屬於4連通的，所以可以使用4個方向或8個方向的移動分量。爲增加程式碼的彈性，特別增加了一個變數neighber(如第33行所示)。若其值爲1，則使用8個方向的移動分量；若其值爲2，則使用4個方向的移動分量，由程式碼第62行來控制。

5. 主程式從程式碼第26~74行。其中第35~69行爲路徑搜尋的主要迴圈，在堆疊未空(A.Count>0)且還沒走到出口(!found)爲迴圈的重複條件。found變數是用來標示是否已走到出口，以便結束主要迴圈。

6. 程式碼第41~64行主要是實作演算法步驟3~5，可稱爲次要迴圈。其中有兩個主要判斷條件：一爲步驟5，下一個可行位置爲出口，如程式碼第46~51行所示。在此除設定found變數爲true外，還多了兩個動作，設定迷宮矩陣在下一個可行位置(及出口)的值爲2，以及將目前位置推入堆疊；另一爲步驟4，下一個可行位置不是出口，如程式碼第52~59行所示。在此必須先判斷下一個位置可行是否爲出口，否則就算走到出口，程式也不會停止。

7. 演算法步驟6在實作時分成兩段，其中一個在次要迴圈之後(程式碼第65~68行)，本來應該直接設定迷宮矩陣在目前位置的值爲3，已表示此位置爲死胡同(已經沒有下一個可行且沒有走過的位置)。但在此加入了一個判斷是否已走到出口(下一個可行位置爲出口)的條件，是爲了避免在出口前的位置被標示爲死胡同之故；另一個在主要迴圈的前段(程式碼第37行)，Pop()指的是要退回上一個可行位置的意思。

程式碼8-7

老鼠走迷宮，使用堆疊Stack類別

```
1   public class Position
2   {
3       public int row;
4       public int col;
5       public int dir;
6       public Position(int r, int c, int d)
7       {
8           row = r;
9           col = c;
10          dir = d;
11      }
12  }
13  public class MoveDir
14  {
15      public int horiz, vert;
16      public MoveDir(int row, int col)
17      {
18          this.horiz = col;
19          this.vert = row;
20      }
21  }
22  static MoveDir[] moveDir = {new MoveDir(-1, 0), new MoveDir(-1, 1),
                                new MoveDir(0, 1), new MoveDir(1, 1),
                                new MoveDir(1, 0), new MoveDir(1, -1),
                                new MoveDir(0, -1), new MoveDir(-1, -1)};
23  static int[][] maze = {new int[] {1, 1, 1, 1, 1, 1, 1, 1, 1, 1, 1},
                           new int[] {0, 0, 0, 0, 1, 0, 0, 0, 0, 1, 1},
                           new int[] {1, 1, 1, 0, 1, 1, 1, 0, 1, 1, 1},
                           new int[] {1, 1, 0, 0, 0, 1, 0, 0, 0, 1},
                           new int[] {1, 1, 1, 0, 1, 0, 1, 0, 1, 0, 1},
                           new int[] {1, 0, 1, 1, 1, 0, 0, 0, 1, 0, 1},
                           new int[] {1, 0, 0, 0, 0, 0, 1, 1, 1, 0, 0},
                           new int[] {1, 1, 1, 1, 1, 1, 1, 1, 1, 1, 1} };
24  static Position Entrance = new Position (1, 0, 0), Exit = new Position (6, 10,
    0);
```

```
25  static Stack<Pos> A = new Stack<Pos>();
26  static void Main(string[] args)
27  {
28      int row, col, dir;
29      int nextRow, nextCol;
30      Boolean found = false;
31      Position pos;
32      int neighber = 2;

33      Push(Entrance);
34      maze[Entrance.row][Entrance.col] = 2;
35      while (A.Count > 0 && !found)
36      {
37          pos = A.Pop();
38          row = pos.row;
39          col = pos.col;
40          dir = pos.dir;
41          while (dir<8 && !found)
42          {
43              // move in direction dir
44              nextRow = row + moveDir[dir].vert;
45              nextCol = col + moveDir[dir].horiz;
46              if (nextRow == Exit.row && nextCol == Exit.col)
47              {
48                  maze[nextRow][nextCol] = 2; // mark Exit as legal move
49                  A.Push(new Pos(row, col, dir)); // push current position
                    and direction into stack
50                      found = true;
51              }
52              else if (maze[nextRow][nextCol]==0) // legal move and haven't
                                                    been there
53              {
54                  maze[nextRow][nextCol] = 2; // mark this position as
                                                 legal move
55                  A.Push(new Pos(row, col, dir)); // push current position
                                                    and direction into stack
56                  row = nextRow;
```

```
57                  col = nextCol;
58                  dir = 0;
59              }
60              else
61              {
62                  dir += neighber;
63              }
64          }
65          if (!found)
66          {
67              maze[row][col] = 3; // mark this position as illegal move
68          }
69      }
70      if (found)
71      {
72          printOutPath();
73      }
74  }
75  static void printOutPath()
76  {
77      Console.WriteLine("The path is found!");
78      Console.WriteLine("The Maze: ");
79      for (int i = 0; i < maze.Length; i++)
80      {
81          for (int j = 0; j < maze[0].Length; j++)
82          {
83              Console.Write("{0} ", maze[i][j]);
84          }
85          Console.WriteLine();
86      }
87      Console.WriteLine("The Path: ");
88      Position[] B = A.Reverse<Position>().ToArray();
89      foreach (Position p in B)
90      {
91          Console.WriteLine("({0}, {1}, {2})", p.row, p.col, p.dir);
92      }
93  }
```

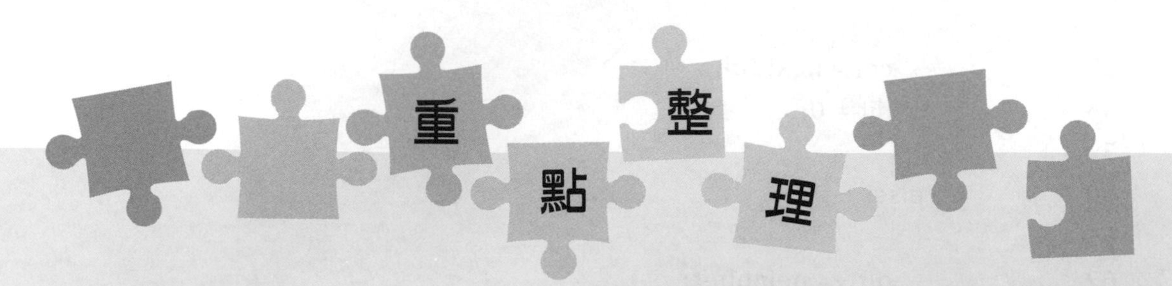

1. 本章舉了兩個知名的例子來說明堆疊的用法，一為運算式的轉換與求值，另一為走迷宮問題。請讀者要熟悉這兩個例子的演算法，尤其是使用堆疊的部分。

基礎題

(　　)1. 將A-(B+C)數學式轉換為前序表示法為何？

(1)A-B-C

(2)ABC+-

(3)-A+BC

(4)-+ABC

(　　)2. 將A-B/(C-D)*(E-F)數學式轉換為前序表示法為何？

(1)-*A/B-CD-EF

(2)-A*/B-CD-EF

(3)-A*-/BCD-EF

(4)-A*-B/CD-EF

(　　)3. 將A*B-(C-D)轉成後序運算式，最少需要多大容量的堆疊才能執行無誤？

(1)4

(2)3

(3)2

(4)1

(　　)4. 在中序運算式轉後序運算式的演算法中，讀取資料的順序為何？

(1)由右至左

(2)由上而下

(3)由左至右

(4)由下而上

( )5. 要將中序運算式轉後序運算式，需要使用到何種資料結構？

(1)佇列

(2)堆積

(3)堆疊

(4)Hash樹

( )6. 將後序運算式AB-CE-*D/轉中序運算式，其結果為何？

(1)(A-B)/(C-D)+E

(2)(A-B)/C-D*E

(3)(A-B)-(C*E)/D

(4)(A-B)*(C-E)/D

( )7. 將中序運算式A*B+C-D/E+A轉後序運算式，其結果為何？

(1)AB*+C+DE-/A+

(2)AB*C+DE/-A+

(3)ABC*+DE/A-+

(4)AB*C+DE-/A+

( )8. 將前序運算式+/A-*BCED轉中序運算式，其結果為何？

(1)A/(B-C*E)+D

(2)A-(B*C+E)+D

(3)A/(B*C-E)+D

(4)A/(B+C*E)-D

( )9. 將中序運算式A*(B+C)/D-E轉後序運算式，其結果為何？

(1)ABC+D*E/-

(2)ABC+*D/E-

(3)AB+CD*/E-

(4)ABC+D*/E-

(　　) 10. 在前序運算式轉中序運算式的演算法中，讀取資料的順序為何？

(1)由右至左

(2)由上而下

(3)由左至右

(4)由下而上

實作題

1. 修改程式碼8-3及程式碼8-4使之成為由後序表示法求值及由前序表示法求值的程式碼，並將程式碼8-5中的ABCDE等變數用實際的數字(須為1～9)代入，在第11～12及15～16行需呈現運算後的值。
2. 老鼠走迷宮的演算法可以用遞迴函式來實作，請嘗試將8-2-2節的演算法改成遞迴函式的演算法，並撰寫程式來實作。

CH09 佇列

本章內容

- 9-1 佇列的概念
- 9-2 以陣列實作佇列
- 9-3 以串列實作佇列
- 9-4 以 Queue 類別實作佇列
- 9-5 動作副程式的測試範例
- 重點整理
- 本章習題

Data Structure
Search
Sorting algorithm
Link List
Stack
Tree
Array

9-1 佇列的概念

佇列的觀念跟堆疊不一樣。堆疊像堆盤子，是一種「後進先出」(Last In First Out, LIFO)串列，或是「先進後出」(First In Last Out, FILO)串列；而佇列像排隊，屬於「先進先出」(First In First Out, FIFO)串列。所以佇列這種有序串列，它的新增元素的動作都發生在串列的某一端，稱之爲尾端(rear)，而刪除元素的動作則發生在另一端，稱之爲前端(front)。將一個元素新增到尾端的動作稱爲「加入」(add)，如圖9-1(a)所示；從前端拿走一個元素的動作稱爲「刪除」(remove)[1]，如圖9-1(b)所示。

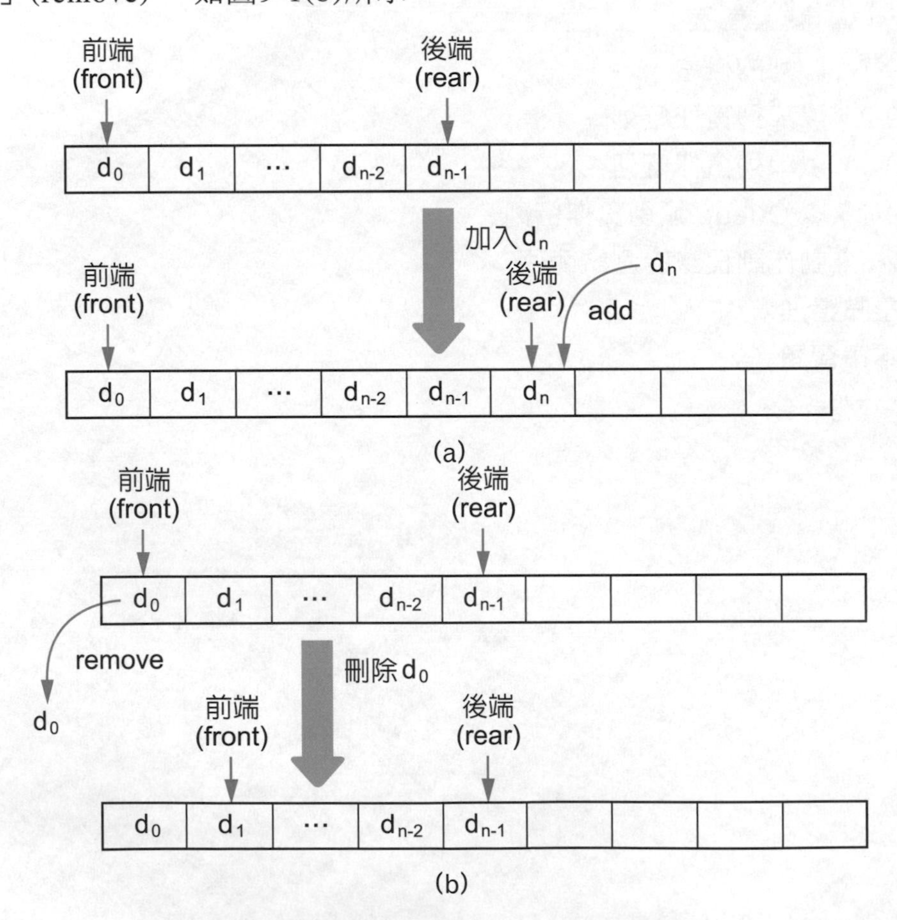

● 圖9-1　佇列示意圖，(a)加入；(b)刪除

1. 有些資料結構的書籍將「刪除」動作稱爲「delete」，但爲了配合後續的Java SDK的LinkedList類別的方法，統一稱之爲「remove」。

既然佇列也是一種串列，那佇列的實作方法與單向串列就十分雷同，而且動作副程式也少很多，最重要的2個動作副程式為「新增節點至串列的最後一個節點後」以及「刪除串列的第一個節點」，不同的是，刪除節點的動作要回傳被刪除節點的值，而不是動作成功與否的代碼。在本章，「新增節點至串列的最後一個節點後」的動作副程式，我們將它命名為add()；而「刪除串列的第一個節點」動作副程式則命名為remove()。以下則修改第5及6章所提到的串列實作方法，來完成佇列的實作。

9-2 以陣列實作佇列

在第5及6章總共介紹了4種資料結構實作串列的方法，分別為「單一陣列」、「結構體陣列」、「動態配置結構體」及「LinkedList類別」。其中前兩項在本質上都是陣列，在本小節說明；而後兩項在本實上比較像串列，在下一小節說明。由於各種資料結構的宣告與存取的語法，以及各種動作的示意圖與細節在第5及6章都有詳細介紹，在此則不再贅述。以下各小節僅針對堆疊所需的動作副程式與對應的程式碼加以說明。

9-2-1 以單一陣列實作佇列

表9-1僅列出與實作串列有差異的動作副程式。其中add(data)方法與insertAppendLastNode(data)方法相同，所以直接改副程式名稱，或是直接呼叫insertAppendLastNode(data)方法，如程式碼9-1第1~3行所示。remove()方法基本上沿用deleteNodeByIdx(head)方法，只不過該方法回傳值是該方法的執行狀態，並不是第一個節點內容值，所以在回傳值的部分需作修改。參考第5章程式碼5-1的第94~97行deleteNodeByIdx(head)的程式內容時，發現是呼叫moveElement(head,-1)方法。而moveElement()方法的傳回值必須是執行狀態，因為還有其他副程式呼叫moveElement()方法，而且會去判斷其執行狀態。因此，moveElement()方法的傳回值不能隨意改變，否則其他副程式可能會發生錯誤。所以，remove()方法需要另外撰寫，在呼叫

deleteNodeByIdx(head)方法前先回傳第一個節點內容值，如程式碼9-1第4~8行所示。

表9-1　以單一陣列或結構體陣列實作堆疊的主要動作副程式

副程式名稱	動作說明	備註
add(data)	新增節點至串列的最後一個節點前。	使用insertAppendLastNode(data)方法
remove()	刪除串列的第一個節點，並回傳第一個節點內容值。	結合deleteNodeByIdx(head)方法與其他方法

程式碼9-1

以單一陣列或結構體陣列實作佇列的主要動作副程式的程式碼

```
1    void add(int data){
2        insertAppendLastNode(data);3        }
4    int remove(){
5        int h=A[head];
6        deleteNodeByIdx(head);
7        return h;
8    }
```

9-2-2　結構體陣列實作佇列

第5章程式碼5-4是用結構體陣列來實作串列，雖然程式碼內容與5-1也有些許不同，但副程式名稱基本上大同小異。所以要用程式碼5-4來實作堆疊的最簡單方式，就是直接呼叫原有的副程式。因此，本小節所需的2個主要動作副程式一樣如同表9-1所示。而add(data)與remove()方法的程式碼也與程式碼9-1相同。

9-3 以串列實作佇列

第6章有提到，串列的重點在於「鏈結」，而「鏈結」其實就是「指標」或是「參考」。所以只要是使用動態配置的方法建立節點的，基本上就符合串列的精神。「動態配置的結構體」及「LinkedList類別」在本質上都屬於「串列」。

9-3-1 動態配置的結構體

在第6章以動態配置結構體實作串列時，就已經把動作副程式的名稱調整跟LinkedList類別的方法名稱一致，所以已經有addLast(data)及removeFirst()方法，而且removeFirst()方法除了可以刪除head節點，還可以回傳head節點的資料值。所以可以直接使用第6章程式碼6-1的addLast(data)方法代替add(data)，或是直接呼叫addLast(data)方法，如程式碼9-2第1~3行；使用removeFirst()方法來代替remove()，或是直接呼叫removeFirst()方法，如程式碼9-2第4~6行。

表9-2 以動態配置的結構體實作堆疊的主要動作副程式

副程式名稱	動作說明	備註
add(data)	新增節點至串列的最後一個節點前。	使用addLast(data)方法
remove()	刪除串列的第一個節點，並回傳第一個節點內容值。	使用removeFirst()方法

程式碼9-2

以動態配置的結構體實作堆疊的主要動作副程式的程式碼

```
1  void add(int data){
2      addLast(data);
3  }
```

```
4    int remove(){
5        return removeFirst();
6    }
```

9-3-2 LinkedList類別

.NETFramework的LinkedList類別的AddLast(T)的方法，可以直接當作add(data)方法來使用，或是直接呼叫AddLast(data)方法，如程式碼9-3第1~3行；但RemoveFirst()的方法卻不能傳回第一個節點的內容值。所以必須在使用其他方法來輔助。在LinkedLisk類別的延伸方法裡有一個First<T>()的方法[2]，如表9-3所示，可以回傳第一個節點的內容值。所以，我們可以自己寫一個動作副程式先呼叫First<T>()方法，取得第一個節點內容值，然後再呼叫RemoveFirst()方法來刪除第一個節點。

✜ 表9-3　.NETFramework的LinkedList<T>類別的取得第一個節點內容值的方法

回傳值的資料型態	方法名稱及描述
T	First<T>() 多載。傳回序列的第一個項目。(由Enumerable定義。)

✜ 表9-4　以LinkedList類別實作堆疊的主要動作副程式

副程式名稱	動作說明	備註
add(data)	新增節點至串列的第一個節點前。	使用AddLast(data)方法
remove()	刪除串列的第一個節點，並回傳第一個節點內容值。	結合RemoveFirst()方法與其他方法

2. 雖然.NetFramework的LinkedList類別中有一個First屬性，但它的資料型別是LinkedListNode，並不是我們要的內容值。

程式碼9-3

以LinkedList類別實作佇列的主要動作副程式的程式碼

```
1     static void add(LinkedList<int> Lst, int data)
2     {
3         Lst.AddLast(data);4  }
5     static int remove(LinkedList<int> Lst)
6     {
7         Int h = Lst.First();
8         Lst.RemoveFirst();
9         returnh;
10    }
```

而JavaSDK的LinkedList類別剛好有符合佇列所需的方法add(data)及remove()，如表9-5所示，所以不需要額外再寫任何動作副程式。

表9-5　JavaSDK的LinkedList<E>類別中與佇列有關的方法

回傳值的資料型態	方法名稱及描述
void	add(E e) 推入一個元素到堆疊中。
E	remove() 從堆疊中彈出一個元素。

9-4 以Queue類別實作佇列

跟堆疊Stack類別不一樣，.NET Framework有提供Queue同名的類別，但Java SDK的Queue只是介面，不是類別，無法直接建構Queue類別的物件。然而仍然可以用LinkedList類別來實作Queue物件，也就是說，其實可以把LinkedList類別當作Queue來使用。我們利用下列語法來建立Queue類別的物件：

```
Queue<E> queue = new LinkedList<E>();
```

其中，E是所要建立佇列元素的資料型別。如此一來，我們還是可以在Java中使用Queue類別來建立佇列物件。以下則將Queue類別常用的方法簡單做比較。

- .NET Framework及Java SDK的Queue類別所提供的方法沒有很多，所以表9-7及表9-8列出了所有的方法供讀者參考，雖然不見得所有的方法都用得到。
- .NET Framework及Java SDK的Queue類別所提供的方法在名稱上差異較大，這是要特別注意的。.NET Framework的Queue類別，其「加入」動作用「Enqueue」方法來實作；而「刪除」動作用「Dequeue」方法來實作。另外，還提供了Peek方法，跟Dequeue方法很像，都會回傳佇列前端的物件，但差別是在於不刪除前端物件。

表9-6 .NET Framework的Queue<T>類別的屬性及其說明

回傳值的資料型態	屬性名稱及描述
int	Count 取得Queue中所包含的元素數。

表9-7 .NET Framework的Queue<T>類別常用的方法及其說明

回傳值的資料型態	方法名稱及描述
void	Clear() 從Queue移除所有物件。

回傳值的資料型態	方法名稱及描述
Object	Clone() 建立Queue的淺層複本(ShallowCopy)。
bool	Contains(Object) 判斷某元素是否在Queue中。
void	CopyTo(Array, Int32) 從指定的陣列索引處開始，複製Queue至現有一維Array。
Object	Dequeue() 移除並回傳Queue前端的物件。
void	Enqueue(Object) 將物件插入Queue的後端。
bool	Equals(Object) 判斷指定的物件是否等於目前的物件。(繼承自Object。)
void	Finalize() 允許物件在記憶體回收進行回收之前，嘗試釋放資源並執行其他清除作業。(繼承自Object。)
IEnumerator	GetEnumerator() 傳回Queue的IEnumerator。
int	GetHashCode() 作為預設雜湊函式。(繼承自Object。)
Type	GetType() 取得目前執行個體的Type。(繼承自Object。)
Object	MemberwiseClone() 建立目前Object的淺層複製。(繼承自Object。)
Object	Peek() 傳回Queue前端的物件而不需移除它。
Queue	Synchronized(Queue) 傳回Queue同步處理的(安全執行緒)包裝函式。
Object[]	ToArray() 複製Queue至新陣列。
String	ToString() 傳回代表目前物件的字串。(繼承自Object。)
void	TrimToSize() 將容量設為Queue中的實際項目數目。

表9-8　Java SDK的Queue<E>類別常用的成員方法及其說明

回傳值的資料型態	方法名稱及描述
boolean	add(E e) 將物件插入Queue的後端。會偵測是否有足夠記憶體空間可使用。
E	element() 回傳但不刪除Queue前端的物件。
boolean	offer(E e) 將物件插入Queue的後端。但不會偵測是否有足夠記憶體空間可使用。
E	peek() 回傳但不刪除Queue前端的物件。如果佇列是空的，會回傳NULL。
E	poll() 回傳並刪除Queue前端的物件。如果佇列是空的，會回傳NULL。
E	remove() Retrieves and removes the head of this queue.

9-5 動作副程式的測試範例

前面幾個小節介紹了五種資料結構來實作佇列，分別是：單一陣列、結構體陣列、動態配置的結構體、LinkedList類別、Queue類別，大部分動作副程式的程式碼都沿用第5、6章，本章只特別爲佇列新增了add(data)及remove()動作副程式。也就是說，不管用哪種資料結構(包含Queue類別)來實作佇列，本章所使用的動作副程式的名稱都一樣。以下就舉一個簡單的範例來測試一下add(data)及remove()動作副程式。

題目：

隨機產生10個不重複的整數亂數(範圍從10~99)數列，藉由佇列來改變數列的輸出順序，作法說明如下：

1. 在輸出每個數列的元素之前，先產生0或1的亂數。若爲0，則將該元素加入(add)佇列；若爲1，則直接輸出該元素。

2. 直到數列的10個元素都做完步驟1的動作後，再將佇列中的元素依序刪除(remove)並輸出。

3. 完成步驟1~2可得到一列輸出，重複步驟1~2十次，可得十列輸出。比較原始數列與這十行輸出有無差異。

程式碼9-4

(僅列出主程式，以C#為例)

```
1   static void Main(string[] args)
2   {
3       Queue<int> A = new Queue <int>();
4       int[] F = new int[10];
5       bool[] flag = new bool[100];
6       int r;
7       Random rnd = new Random();
8       Console.WriteLine("Ch09_1: C#");
9       Console.Write("原始數列：");
10      for (int i = 0; i < 10; i++) //產生10個亂數
11      {
12          do
13          {
14              r = rnd.Next(10, 100);
15          } while (flag[r - 1]);
16          flag[r - 1] = true;
17          F[i] = r;
18          Console.Write("{0,2}({1}) ", F[i], i);
19      }
20      Console.WriteLine();
21      //產生10列輸出
22      int cnt = 0;
23      while (cnt < 10)
24      {
25          Console.Write("第{0,2}數列：", cnt+1);
26          // 對原本數列執行步驟1
27          for (int i = 0; i < 10; i++)
28          {
```

```
29                  r = rnd.Next(0, 2);
30                  switch (r)
31                  {
32                  case 0:
33                      A.Enqueue(F[i]);
34                      break;
35                  case 1:
36                      Console.Write("{0,2}({1}) ", F[i], i);
37                      break;
38                  }
39              }
40              // 步驟2：如果佇列不是空的，輸出佇列內的元素
41              while (A.Count != 0)
42              {
43                  Console.Write("{0,2}(0) ", A.Dequeue());
44              }
45              Console.WriteLine();
46              cnt++;
47          }
48      }
```

說明：

1. 程式碼9-4使用C#語言示範Queue類別的使用方法。
2. 第3行程式使用Queue<int>來宣告變數A，A即為本程式所用的佇列。
3. 第33行程式使用A.Enqueue(F[i])將F[i]加入佇列A中。
4. 第43行程式使用A.Dequeue()將佇列A最前端的元素刪除。
5. 第41行程式則使用Count的屬性來判斷佇列A是否為空佇列。
6. 為了確定Enqueue及Dequeue是否能正常運作，在輸出數列元素時，附帶輸出佇列動作的訊息：括號內數字為0時，表示是由佇列刪除的；括號內數字不為0時，表示當初是直接輸出，括號內的值表示在原數列的順序。

7. 執行結果如下圖：

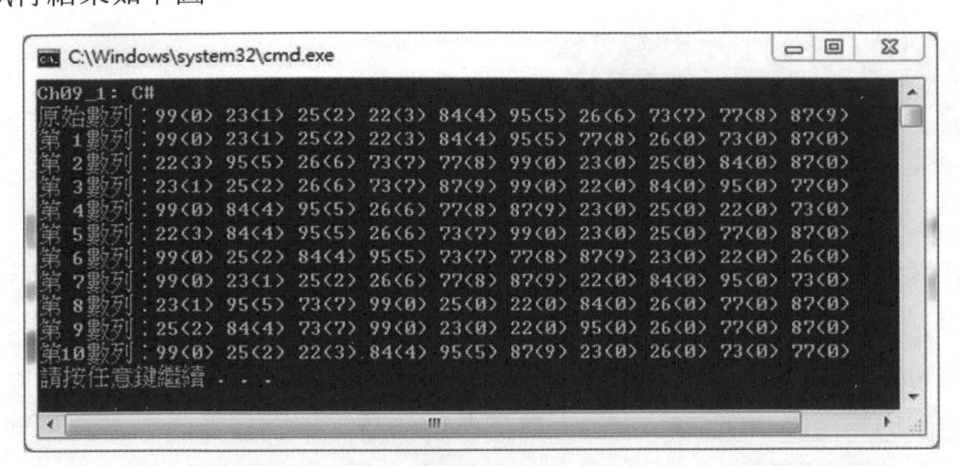
C:\Windows\system32\cmd.exe
Ch09_1: C#
原始數列：99(0) 23(1) 25(2) 22(3) 84(4) 95(5) 26(6) 73(7) 77(8) 87(9)
第 1數列：99(0) 23(1) 25(2) 22(3) 84(4) 95(5) 77(8) 26(0) 73(0) 87(0)
第 2數列：22(3) 95(5) 26(6) 73(7) 77(8) 99(0) 23(0) 25(0) 84(0) 87(0)
第 3數列：23(1) 25(2) 26(6) 73(7) 87(9) 99(0) 22(0) 84(0) 95(0) 77(0)
第 4數列：99(0) 84(4) 95(5) 26(6) 77(8) 87(9) 23(0) 25(0) 22(0) 73(0)
第 5數列：22(3) 84(4) 95(5) 26(6) 73(7) 99(0) 23(0) 25(0) 77(0) 87(0)
第 6數列：99(0) 25(2) 84(4) 95(5) 73(7) 77(8) 87(9) 23(0) 22(0) 26(0)
第 7數列：99(0) 23(1) 25(2) 26(6) 77(8) 87(9) 22(0) 84(0) 95(0) 73(0)
第 8數列：23(1) 95(5) 73(7) 99(0) 25(0) 22(0) 84(0) 26(0) 77(0) 87(0)
第 9數列：25(2) 84(4) 73(7) 99(0) 23(0) 22(0) 95(0) 26(0) 77(0) 87(0)
第10數列：99(0) 25(2) 22(3) 84(4) 95(5) 87(9) 23(0) 26(0) 73(0) 77(0)
請按任意鍵繼續 . . .

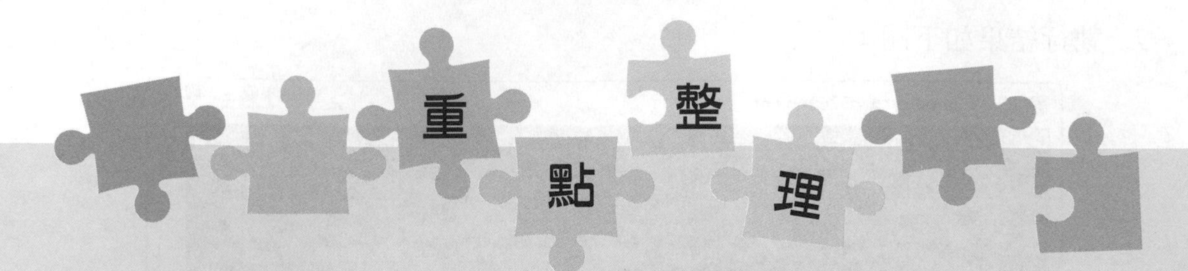

1. 佇列其實可以算是一種串列，只要了解串列的基本運作，就不難理解佇列的運作。
2. 介紹.Net Framework及Java SDK的Queue類別，本類別以提供佇列的兩個基本動作的方法(Add及Remove)，真正在實作時，不妨多採用Queue類別，以節省程式開發時間。

基礎題

( )1. 下列哪一種資料結構有「先進先出」的特性？

(1)堆疊

(2)陣列

(3)佇列

(4)樹狀

( )2. 下列何者與佇列的應用有關？

(1)副程式呼叫

(2)排隊購物

(3)後置式轉換

(4)執行中斷

( )3. 下列敘述何者不正確？

(1)陣列是給定一個固定的空間存放資料

(2)佇列的處理方式是先進先出

(3)堆疊的處理方式是先進先出

(4)佇列的處理方式是後進先出

( )4. 下列哪種應用通常是使用佇列來處理？

(1)河內塔問題(遞迴函式呼叫)

(2)老鼠走迷宮

(3)作業系統的排程安排

(4)副程式呼叫

(　　)5. 運用陣列來實作佇列，若陣列有N個元素，則要檢查佇列是否為空的方法為？

(1)front = rear = -1

(2)front = 0

(3)rear = N-1

(4)front = rear = N

(　　)6. 運用陣列來實作佇列，若陣列有N個元素，則要檢查佇列是否已滿的方法為？

(1)front = rear = -1

(2)front = 0

(3)rear = N-1

(4)front = rear = N

(　　)7. .NET Framework的Queue類別，其中「加入」的動作是用何種方法來實作？

(1)add

(2)addQ

(3)Enqueue

(4)Queue

(　　)8. Java SDK的Queue類別，其中「加入」的動作是用何種方法來實作？

(1)add

(2)addQ

(3)Enqueue

(4)AddQueue

(　　)9. Java SDK的Queue只是介面，不是類別，該如何使用Queue類別的物件？

(1)Queue<E> queue = new Queue<E>();

(2)Queue<E> queue = new LinkedList<E>();

(3)沒辦法使用

(4)以上皆非

(　　) 10. .NET Framework的Queue類別，其中「刪除」的動作是用何種方法來實作？

(1)delete

(2)delQ

(3)Dequeue

(4)remove

實作題

1. 為了縮減失業救助佇列，The New National Green Labour Rhinoceros Party進行了一項認真的嘗試，並決定採用下述措施。每天所有的救濟申請將被放成一個大圓圈，任意選一個人編號為1，其餘的按逆時針方向進行編號，一直編到N(在編號1的左側)。一位勞動部門的官員從1開始按逆時針方向點到的k份申請，而另一位勞動部門的官員從N開始按順時針方向點到的m份申請，這兩個人被選出去參加再培訓。如果這兩位官員選擇同一個人，就送他去當一名政治家。然後這兩位官員再次開始尋找下一個這樣的人，這個過程一直繼續下去，直到沒有人留下。請注意，被選出來的人同時離開圓圈，因此有可能一個官員點到的一個人也已經被另一個官員選擇了。

● 輸入：

輸入檔的每一行為一筆測試資料，每行有3個整數N、k、m；其中$k,m>0,0<N<20$，請撰寫一支程式列出送去參加再訓練或去當政治家的申請人的順序。該行若為0 0 0則表示測試資料結束。

● 輸出：

每一筆測試資料對應到輸出檔中的每一行。每行輸出資料會依序列出被選出來的申請人編號。每個編號佔3個字元的長度。每對數字先列出逆時針方向選擇的人，連續的每對數字(或單個數字)之間用逗號分開(但結尾沒有逗號)。

輸入範例：	輸出範例：
10 4 3 0 0 0	ΔΔ4ΔΔ8, ΔΔ9ΔΔ5, ΔΔ3ΔΔ1, ΔΔ2ΔΔ6, Δ10, ΔΔ7

其中Δ代表空白字元。

題目來源：UVA 133

CH10 樹狀結構1

本章內容

- 10-1　樹狀結構的概念
- 10-2　二元樹 (binary tree) 的簡介
- 10-3　二元樹的表示法
- 10-4　二元樹的建立
- 重點整理
- 本章習題

樹狀結構是資訊領域常用的資料結構之一，如檔案系統就是一種樹狀結構。事實上，「樹」是第12章要介紹的「圖」的一種特例。但在應用上，樹卻比圖常見，也比較簡單。在本章我們將介紹樹狀結構的基本概念，以及最常使用的一種樹狀結構「二元樹」的表示法與走訪方式；下一章才介紹二元樹常見的應用。

10-1 樹狀結構的概念

樹是一種非線性的資料結構，常常可以看到它的應用，如族譜關係、檔案結構、網域架構、賽程、圖書目錄、…等等都是樹狀結構，如圖10-1所示。

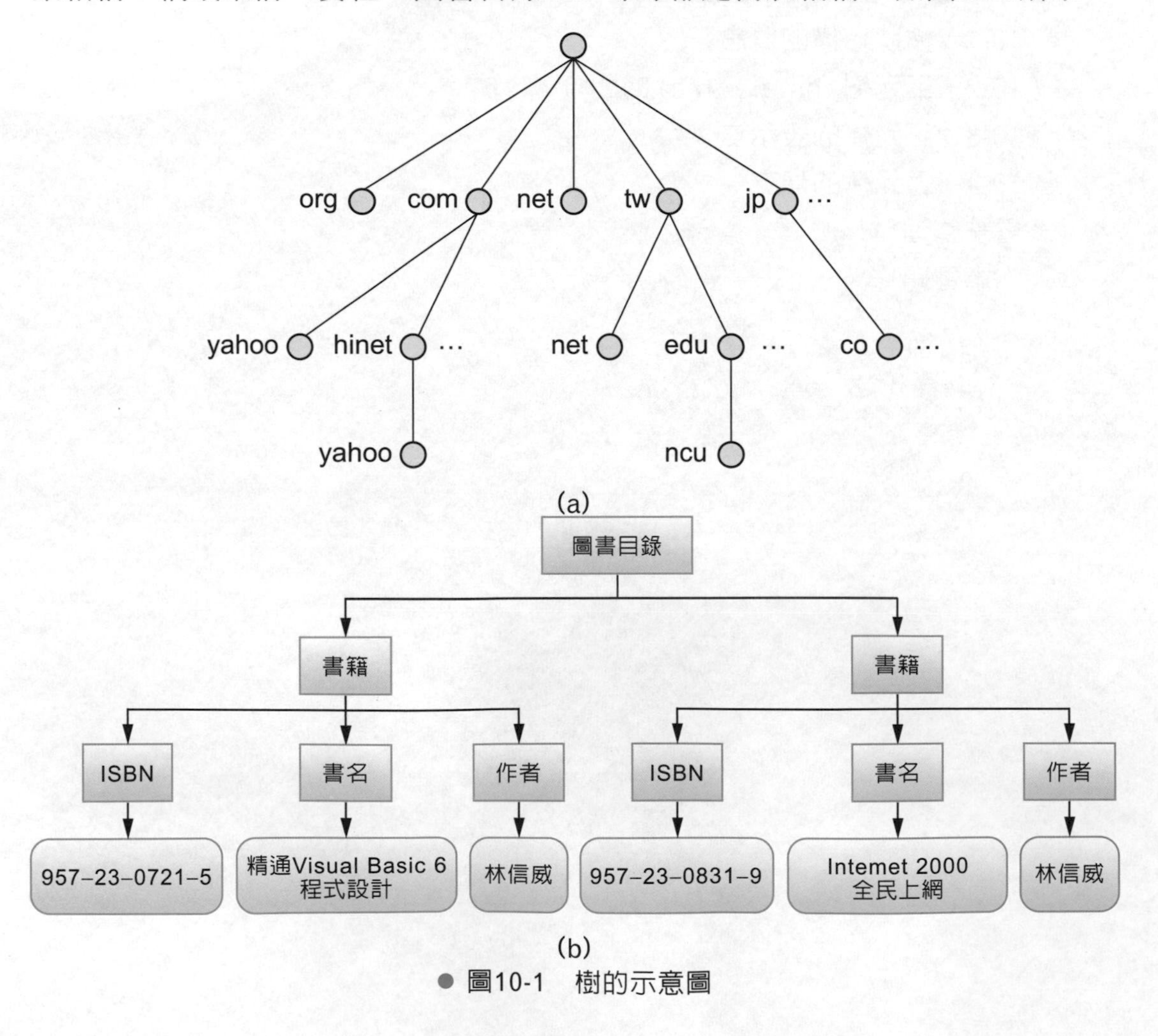

圖10-1 樹的示意圖

10-1-1　樹的定義

從圖面來看，可以很容易看出一個結構是否爲樹狀結構，但這並不夠嚴謹。在此簡單的介紹「樹」的定義：

樹(Tree)是由一個以上節點所構成的有限集合，必須滿足下列兩個條件：

1. 具有唯一的特殊節點，稱爲樹根或根節點(root)。
2. 剩下的節點分爲n個互斥的集合$T_1, T_2, T_3, \cdots, T_n$ ($n \geq 0$)，每一個集合T_i也都是一棵獨立的樹，並稱爲樹根的子樹(subtree)。

以上是採用遞迴方式來定義樹狀結構。從這個遞迴定義中，可以發現，除了根節點外，樹的任何一個節點必定爲某一個子樹的根節點。

10-1-2　樹狀結構的專有名詞

眞實世界的樹，是樹根在下面，樹葉在上面。但在樹狀結構圖，習慣上我們會把樹根畫在上面，往下分支，形成一棵倒立的樹，如圖10-2所示。以下就簡單介紹跟樹狀結構有關的專有名詞。

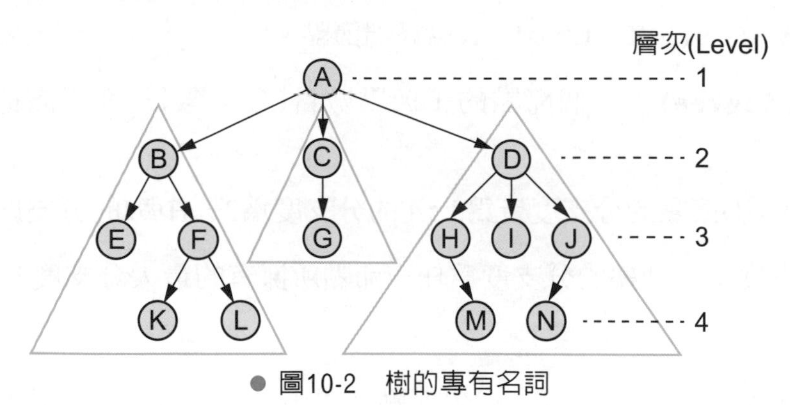

● 圖10-2　樹的專有名詞

1. **節點(node)**：代表某項資料及其指向其他資料的分支(branch)，這個分支是個有方向性的邊(directed edge)。
2. **父節點(parent node)與子節點(children node)**：若節點X的分支連接的節點爲Y，則節點Y爲節點X的子節點；並且，節點X爲節點Y的父節點。

   例如：H、I、J爲D的子節點；D爲H、I、J的父節點。

3. **根節點(root node)**：沒有父節點的節點，一棵樹必須也只能有唯一的根節點。

   例如：A為根節點。

4. **兄弟節點(sibling node)**：有相同父節點的節點，這些節點互為兄弟節點。

   例如：H、I、J互為兄弟節點。

5. **祖先節點(ancestor node)與子孫節點(descendant node)**：節點X具有一條路徑通往另一節點Y，則節點Y為節點X的子孫節點；並且，節點X為節點Y的祖先節點。

   例如：A、B、F為K的祖先節點；E、F、K、L為B的子孫節點。

6. **非終端節點(non-terminal node)**：又稱內部節點。有子節點的節點稱為非終端節點。

   例如：A、B、C、D、F、H、J為非終端節點。

7. **終端節點(terminal node)**：又稱外部節點，一般稱為樹葉節點(leaf node)，凡是沒有子節點的節點稱為終端節點。

   例如：E、G、I、K、L、M、N為終端節點。

8. **分支度(degree)**：一個節點的子節點數目(分支數目)稱為該節點的分支度。

   例如：A與D節點的分支度皆為3，F的分支度為2，H與J的分支度皆為1。

9. **樹的分支度**：一棵樹的分支度為任一節點所擁有的最大分支度。

   例如：圖10-2的樹分支度3。

10. **層次(level)**：又稱為階度，代表節點在樹中的世代關係，其中根節點的層次為1，然後往下遞增。

    例如：K、L、M、N的層次為4。

11. **樹的高度(height)**：又稱為樹的深度(depth)，代表一棵樹中所有節點的最大層次。

    例如：圖10-2的樹高度為4。

12. **林(forest)**：林是由n棵(n≥0)互斥樹(disjoint trees)所組成。若將圖10-2的樹根節點A去除，則會造成3棵互斥樹所構成的林。

10-1-3　樹的表示法

樹狀結構如果用像圖10-1及圖10-2的圖形來表示，在電腦程式裡是沒辦法處理的。所以到底該如何儲存(或表示)一棵樹，程式才好處理？一般來說，會使用鏈結串列來存放樹的節點，並使用鏈結來表示樹的分支。而使用鏈結串列來表示樹狀結構的方法，通常有兩種：一爲通用鏈結串列表示法；另一爲左子右弟表示法，而其中又以後者爲佳。茲分述如下：

通用鏈結串列表示法

假設樹的分支度爲n，也就是說樹中節點最多會有n個分支。爲了讓每一個節點都能正確表達，每一個鏈結串列的節點就必須要有n個鏈結欄位，用來指向其子樹。所以，通用鏈結串列的節點設計如圖10-3所示。由於並非每個節點都有n顆子樹，缺少子樹的鏈結將閒置不用(存放NULL)，很明顯的會造成浪費，除此之外，還需限制樹的分支度爲n，在實際應用上缺乏彈性。因此發展了「左子右弟」表示法，將鏈結欄位規範成2個。

● 圖10-3　通用鏈結串列的節點示意圖

左子右弟表示法

左子右弟(Leftmost-Child-Closest-Right-Slibling)表示法的每個節點，只需使用2個鏈結欄位。使用左子右弟表示法的好處，除了不會太過浪費鏈結串列節點的鏈結欄位外，還可以適用於任何種類的樹，且完全不需要限制樹的分支度。

採用左子右弟表示法，其鏈結串列節點必須有兩個鏈結欄位：一個指向最左邊(left most)的子節點；一個指向最靠近右邊(closest right)的兄弟節點。所以左子右弟表示法鏈結串列的節點設計，如圖10-4所示。缺少子樹，則leftmost_child_link欄位存放NULL；若無右邊兄弟節點則closest_right_slibling_link欄位存放NULL，根節點此欄位必定爲NULL。因此，若將圖10-2依左子右弟表示法儲存，則如圖10-5所示。如果將圖10-5的根節點提起來，則成爲圖10-6，該圖看起來像一棵二元樹。

資料data	
左子鏈結 leftmost_child_link	右弟鏈結 closest_right_slibling_link

● 圖10-4　左子右弟表示法鏈結串列的節點示意圖

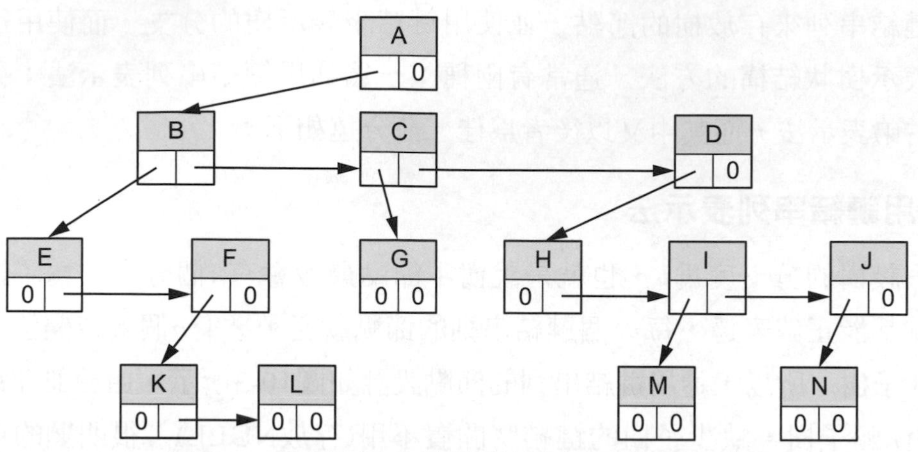

● 圖10-5　使用左子右弟表示法儲存圖10-2的示意圖

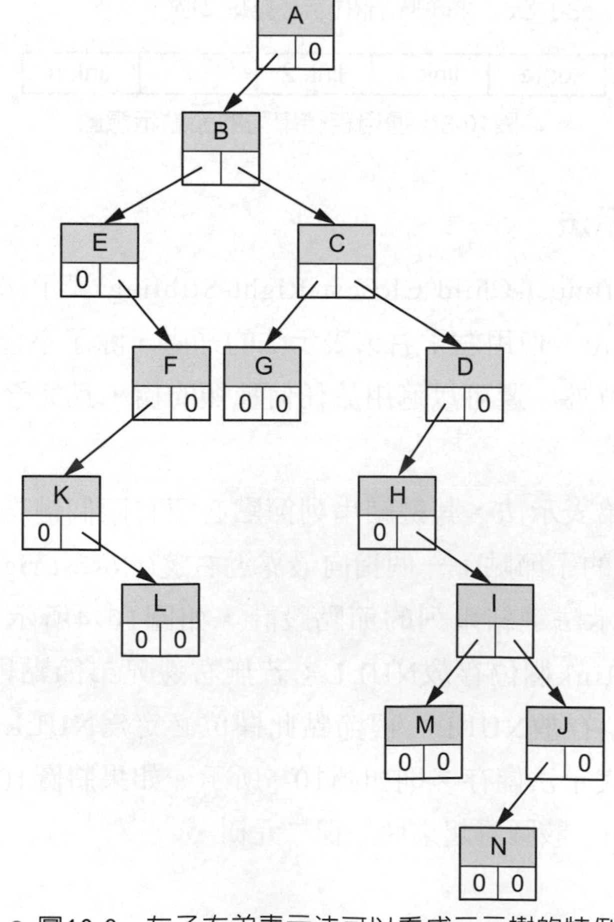

● 圖10-6　左子右弟表示法可以看成二元樹的特例

10-2
二元樹(binary tree)的簡介

上一小節提到，任何種類的樹都可以用左子右弟表示法，轉換成分支度爲2的樹，看起來像二元樹，其實不然。二元樹是一種特殊的樹，其優點除了比較節省鏈結串列節點的鏈結欄位外，同時還具備了一些基本運算。茲說明如下：

10-2-1 二元樹的定義

定義：

二元樹是由0個以上節點所構成的集合，當非空集合時，它包含了一個根節點及兩個獨立的左右子樹，兩個子樹也都是二元樹。第一個(左邊的)子樹稱爲左子樹；第二個(右邊的)子樹稱爲右子樹。左右子樹根節點分別稱爲該二元樹根節點的左子節點(Left child node)與右子節點(Right child node)。

說明：

其實，二元樹與分支度2的樹有些不同之處：

1. 二元樹可以是空的(0個節點)，而一般的樹不能是空的。
2. 二元樹的子樹具有順序性，而一般樹的子樹是沒有順序性的。

圖10-7展示了一個二元樹的範例。其中，根節點爲A，B及C分別爲A的左右子節點；F的左子樹爲空的二元樹；而D的右子樹爲以I爲根節點的IKL二元樹。

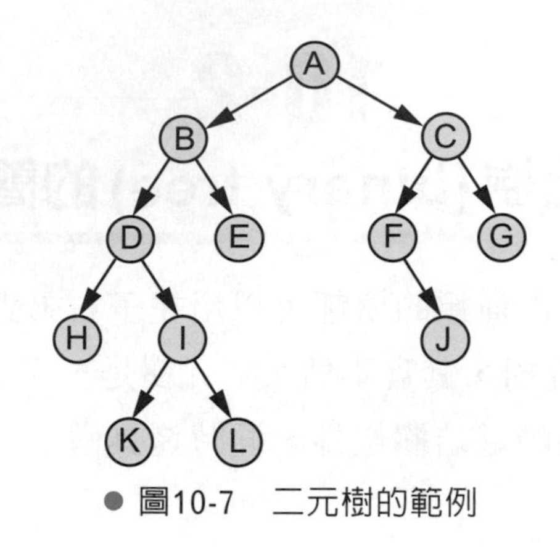

● 圖10-7　二元樹的範例

10-2-2　二元樹的特性

由於二元樹每個節點最多只能有兩個節點，所以衍生出一些特性，茲簡述如下：

1. 二元樹第 i 階層($i \geq 1$)最多的節點個數為2^{i-1}。
2. 對深度k($k \geq 1$)的二元樹而言，總節點數最多有2^k-1個。
3. 對任何非空二元樹T，n_i ($0 \leq i \leq 2$)是分支度為 i 的節點數，則$n_0=n_2+1$。也就是樹葉的數量(分支度為0的節點) =分支度為2的節點數+1。

10-2-3　特殊二元樹

在此定義三種特殊的二元樹，分別為「傾斜樹」、「完全二元樹」及「完整二元樹」：

傾斜樹(skewed tree)

每一個節點的右子樹皆為空集合，稱為左斜樹(left skewed tree)，如圖10-8(a)所示；每一個節點的左子樹皆為空集合，稱為右斜樹(right skewed tree)，如圖10-8(b)所示。

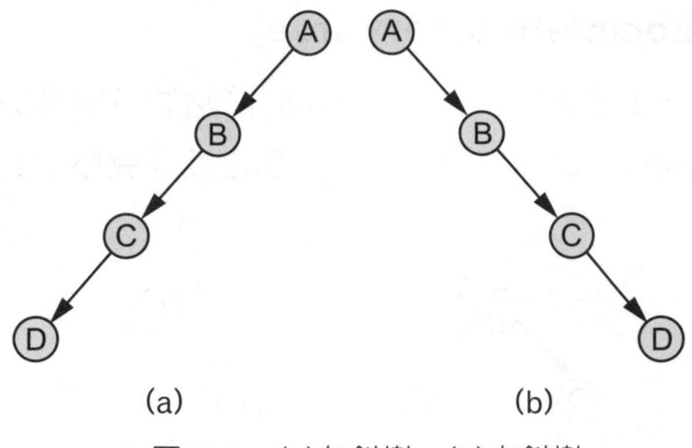

● 圖10-8 (a)左斜樹；(b)右斜樹

嚴格二元樹(strictly binary tree)

一棵二元樹的每個非終端節點，均有非空的左右子樹，稱之爲「嚴格二元樹」。

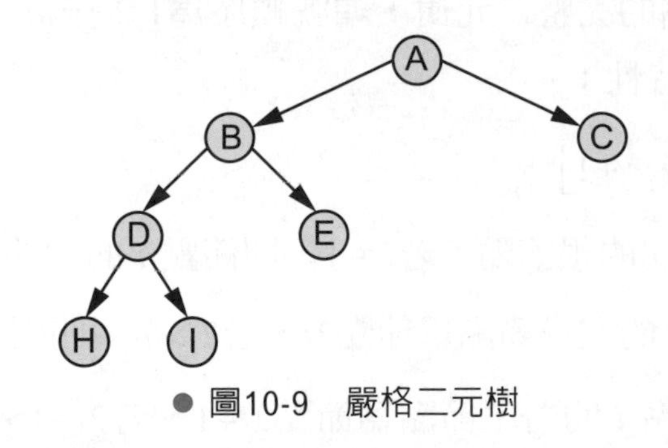

● 圖10-9 嚴格二元樹

完全二元樹(fully binary tree)

一棵二元樹，其高度爲$k(k\geq 0)$，且具有2^k-1個節點，稱之爲深度爲k的「完全二元樹」。也有稱之爲「完滿二元樹」或「滿枝二元樹」。

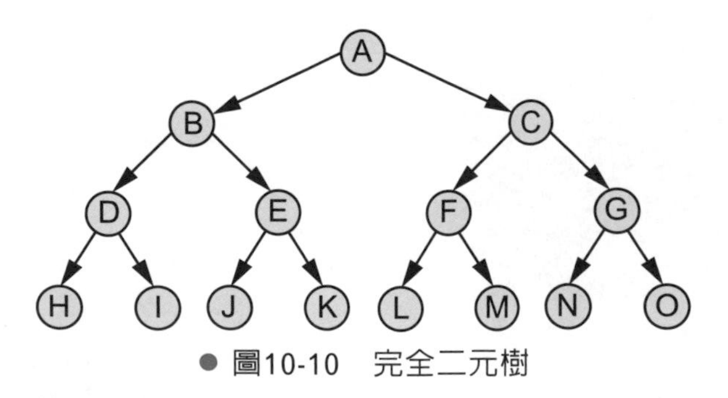

● 圖10-10 完全二元樹

完整二元樹(complete binary tree)

一棵二元樹T，其高度爲$k(k\geq 0)$，有n個節點若且唯若T的節點與深度爲k的完全二元樹的編號1~n節點完全一致時，稱之爲「完整二元樹」。

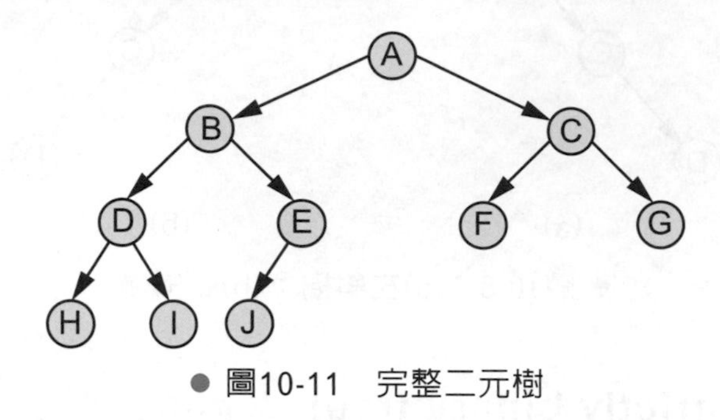

● 圖10-11　完整二元樹

完整二元樹的特性

假設一 n 個節點的完整二元樹，編號順序爲$1,2,\cdots,n$，則對任何一個節點$i(1\leq i\leq n)$，具有下列特性：

1. 該樹的高度爲$\lfloor log_2 n+1 \rfloor$[1]。
2. 若i=1，則 i 爲此樹的根節點；若$i\neq 1$，則節點 i 的父節點爲節點$\lfloor i/2 \rfloor$。
3. 若$2i\leq n$，則節點 i 的左子節點爲節點$2i$，若$2i>n$，則節點 i 無左子節點。
4. 若$2i+1\leq n$，則節點 i 的右子節點爲節點$2i+1$，若$2i+1>n$，則節點 i 無右子節點。

1. ⌊ ⌋爲取整數的意思。

10-3 二元樹的表示法

樹狀結構在程式撰寫上，大多使用鏈結串列來實作，因爲用鏈結來處理節點之間的連結，是相當方便的。當然也可以使用陣列或結構體陣列來實作，只是用陣列表示法的限制比較大。之前的堆疊與佇列，.NET Framework及Java SDK都有提供相對應的類別，但是對於樹狀結構(或二元樹)卻沒有相對應的類別可供使用，眞正的原因不是很清楚，可能是因爲樹狀結構比較複雜，沒辦法訂出一個通用的類別出來。

所以總括來說，樹狀結構就是用鏈結串列的方式來表示。本書的第5及6章提到鏈結串列的各種實作方式，包含以單一陣列、結構體陣列、動態配置結構體等[2]。其中，屬於陣列形式的結構並不適合用來實作任意類型的樹狀結構，但可以用來實作二元樹；而動態配置結構體因具有動態配置鏈結的特性，所以適合用來實作任意類型的樹狀結構。因此，本小節將介紹二元樹的陣列表示法及鏈結表示法。

10-3-1 二元樹的陣列表示

由於二元樹的特性，深度爲k的二元樹，其總節點數最多有2^k-1個。所以根據完整二元樹對每個節點做編號(編號順序由1開始)，實際在儲存節點時，缺少的節點仍須編號。如此，便可根據上一小節完整二元樹特性的部分，當已知節點編號爲 i 時，就可以很簡單的計算出其父節點$\lfloor i/2 \rfloor$ 、左子節點 $2i$ 及右子節點 $2i+1$ 的編號了。圖10-12展示了使用陣列表示法儲存二元樹的例子，雖然編號的順序由1開始，但在圖10-12中仍保留索引值爲0的陣列元素位置，以表示陣列索引值及爲節點編號。所以當給定一棵二元樹，只可能表示成唯一的一個陣列；反之，給定一個陣列表示法，也只能還原成一棵唯一的二元樹。

2. 在此沒有提到LinkedList類別，是因爲節點的鏈結數可能不只1個，當鏈結數超過1個，LinkedList類別反而不好處理。

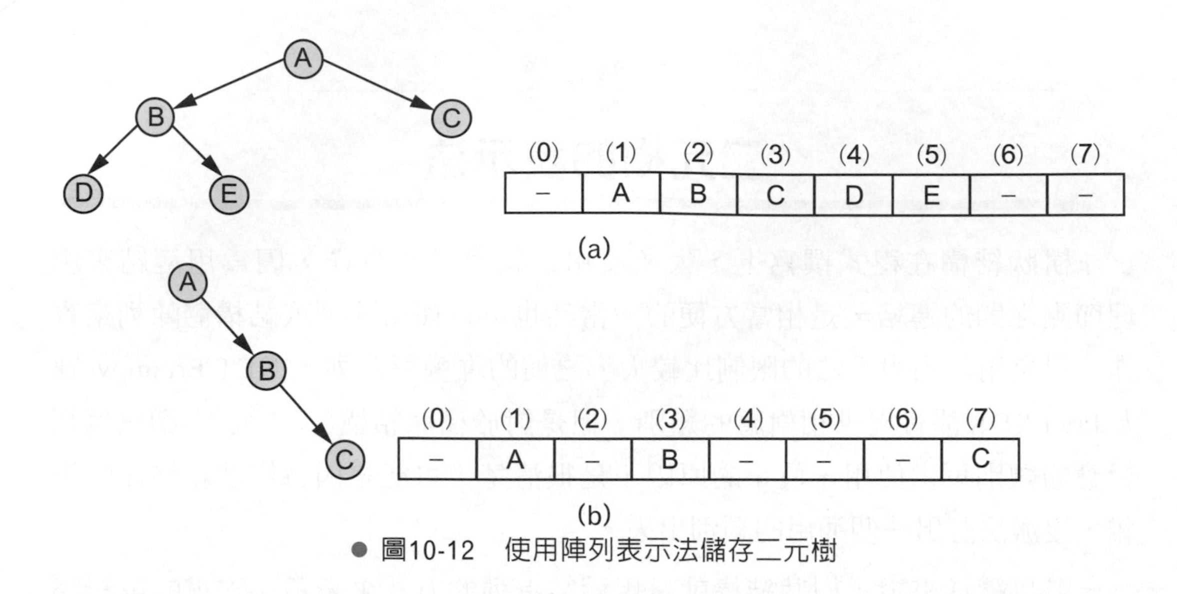

● 圖10-12　使用陣列表示法儲存二元樹

雖然屬於陣列形式的結構有兩種：單一陣列及結構體陣列。但使用單一陣列來儲存二元樹時，是將節點編號當成陣列索引值。因此，子節點與父節點之間的鏈結關係，是隱身於陣列索引值之間。然而，由於結構體陣列中會包含資料及左右子節點的欄位，在實作上比較像鏈結表示法，但是又有陣列的種種限制與不便。因此，本章並不打算介紹結構體陣列的表示法。

10-3-2　二元樹的鏈結表示

對於非完整二元樹的一般二元樹而言，使用鏈結表示法比較具有彈性。鏈結表示法中的每一個節點有三個欄位，分別是left_child(指向左子節點)、data(存放資料)、right_child(指向右子節點)，如圖10-13及程式碼10-1所示。

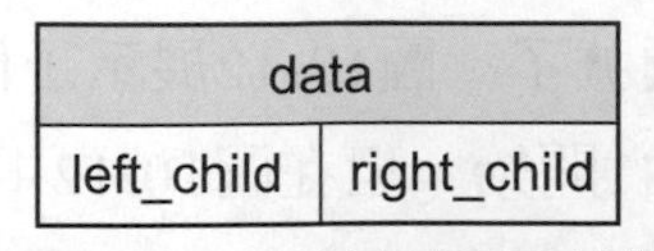

● 圖10-13　鏈結的節點結構

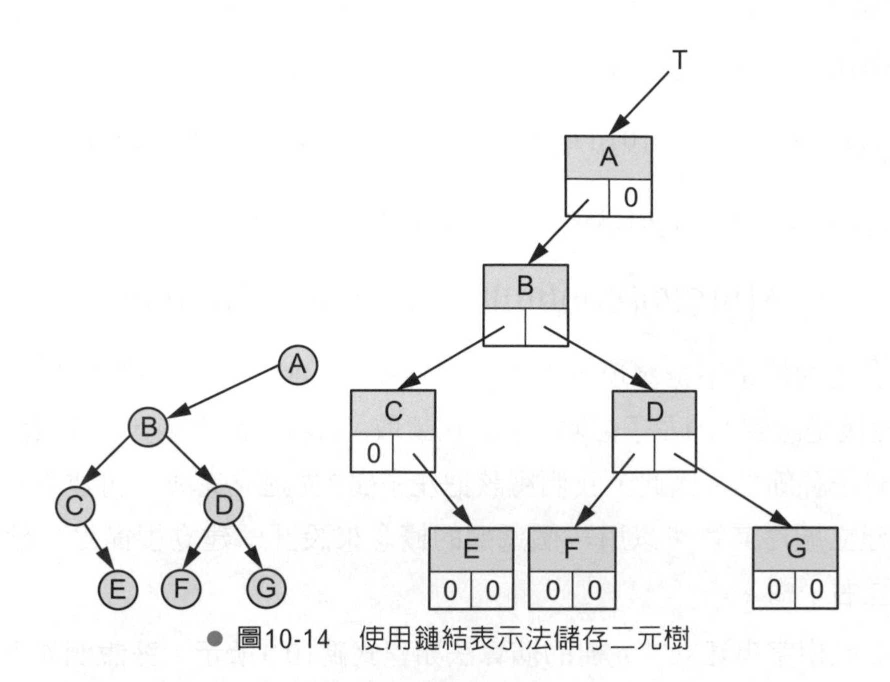

● 圖10-14　使用鏈結表示法儲存二元樹

10-4 二元樹的建立

要建立一棵二元樹，可以遵循很多種方法，在此，筆者將之歸納爲兩大類：一爲「二元樹的字串表示法」，另一爲「二元搜尋樹的建置法」。茲分述如下：

10-4-1　二元樹的字串表示法

基本上，二元樹是由根節點、左子樹及右子樹所構成，所以可以這樣表示：R(A…)(B…)。其中，R爲此二元樹的根節點，A及B分別爲左子樹與右子樹的根節點。其中「…」則是由左子樹及右子樹依同樣的原則遞迴撰寫。當然，左右子樹可能爲空子樹，此時，就以0來代表空子樹的根節點，而且之後就不會再出現「…」了。但若資料項爲數字，則可用「=」或「-」來代表空子樹。左右括號是爲了讓人們比較容易判斷它是哪一個節點的子節點，在程式讀取字串時，是可以忽略的。如此，我們可以用文字的方式表達一棵二元樹，並根據這棵文字描述的二元樹來建立實際的二元樹。

以圖10-7這棵二元樹為例，它的字串表示法為：

$$A\Big(B\Big(D\big(H(0)(0)\big)\Big(I\big(K(0)(0)\big)\big(L(0)(0)\big)\Big)\Big)\big(E(0)(0)\big)\Big)\Big(C\Big(F(0)\big(J(0)(0)\big)\Big)\big(G(0)(0)\big)\Big)$$

以圖10-14這棵二元樹為例，它的字串表示法為：

$$\mathrm{A}\Big(\mathrm{B}\big(\mathrm{C}(0)\big(\mathrm{E}(0)(0)\big)\big)\Big(\mathrm{D}\big(\mathrm{F}(0)(0)\big)\big(\mathrm{G}(0)(0)\big)\Big)\Big)(0)$$

從上述的例子不難發現，在讀取二元樹字串時，會先讀到整棵樹的根節點A，然後是讀到A的左子節點B，而在讀取A的右子節點前，會先讀取到B子樹的所有子孫節點。因此，我們應該把左子樹B先建立完成，再建立右子樹。這樣的建立順序其實可以用一個遞迴的概念來設計：建立根節點、建立左子樹、建立右子樹。

以二元樹字串建立二元樹的演算法如程式碼10-1所示，茲說明如下：

1. 樹節點treeNode的程式碼與第6章程式碼6-1以動態配置結構體的程式碼類似。
2. 建立二元樹的演算法由CreateBTree(char *list)副程式來實作，list參數為二元樹字串，如「A(B(C(0)(E(0)(0)))(D(F(0)(0))(G(0)(0))))(0)」。該字串仍保留左右括號，主要是為了提高對人們的可讀性，在程式讀取字串時，再做忽略的動作。
3. 第8行的pt表示目前處理到字串的哪個字元，由於以遞迴方式設計，為了讓每次遞迴呼叫不會將pt值重設，故宣告成static變數。
4. 第11~13行是用來處理字串中的括號。
5. 第14~16行，表示遇到0代表該子樹為空，直接回傳NULL，如此可以讓左或右子鏈結指向NULL。
6. 第19~20行為遞迴呼叫的部分，要先建立左子樹，在建立右子樹。

程式碼10-1

二元樹鏈結及以二元樹字串建立二元樹的程式碼(以C++為例)

```
1   typedef struct _treeNode {
2       int data;
3       struct _treeNode *leftChild;
4       struct _treeNode *rightChild;
5   } treeNode;
6   treeNode *CreateBTree(char *list) {
7       treeNode *NewNode = NULL;
8       static int pt = -1;
9       pt++;
10      if (list[pt] != '\0') {
11          while (list[pt] == '(' || list[pt] == ')') {
12              pt++;
13          }
14          if (list[pt] == '0') {
15              return NULL;
16          }
17          NewNode = (treeNode *)malloc(sizeof(treeNode));
18          NewNode->data = list[pt];
19          NewNode->leftChild = CreateBTree(list);
20          NewNode->rightChild = CreateBTree(list);
21      }
22      return NewNode;
23  }
24
```

10-4-2 二元搜尋樹的建置法

上一小節所謂的「二元樹字串」感覺上比較像是根據已經存在的圖形化二元樹所描繪出來的，也就是說，如果沒有一個已經畫好的二元樹圖形，那麼就沒辦法產生出二元樹字串。假設現在我們手邊只有一些資料(可能是數字或其他資料型別)，而這些資料可以儲存於一個陣列之中。我們希望能將這些資料建立成一棵二元樹，可以根據「二元樹的子樹具有順序性」的特性，來將這些資料建置成一棵二元樹。其建立規則如下所示：

1. 將陣列的第一個元素插入，成為二元樹的根節點。
2. 將陣列元素值與二元樹的節點比較，如果元素值大於節點值，將元素值插入成為節點的右子節點；如果右子節點不是空的，則重複比較節點值，直到找到插入的位置，將元素插入二元樹。
3. 如果元素值小於節點值，將元素值插入成為節點的左子節點；如果左子節點不是空的，則重複比較節點值，直到找到插入的位置，將元素插入二元樹。

依照此規則所建立出來的二元樹，其實就是一棵二元搜尋樹(binary search tree)，其建立方法留至下一章再做詳細介紹。

1. 本章介紹了資訊領域中非常重要的樹狀結構。
2. 二元樹是最常被應用到的樹狀結構，本章中介紹了它的特性、表示法及建立法。

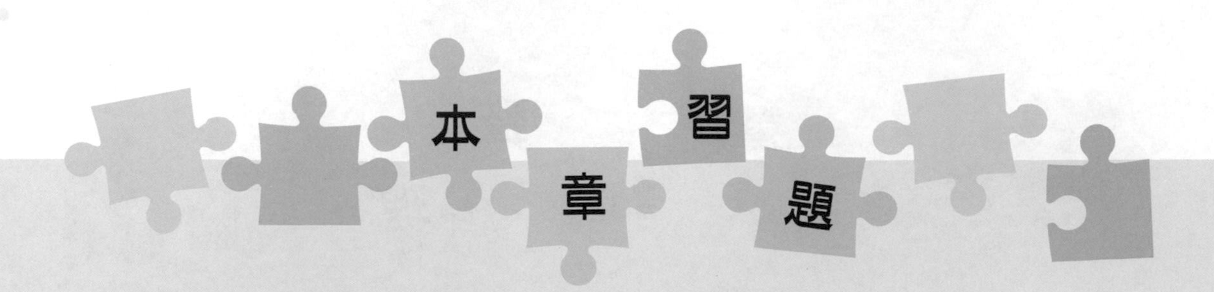

基礎題

(　　) 1. 樹狀結構中，分支度為0之節點稱為：

(1)根節點

(2)終端節點

(3)祖先節點

(4)非終端節點

(　　) 2. 下列何者不正確？

(1)二元樹可以為空集合

(2)二元樹的分支度為0, 1, 2

(3)二元樹不一定是AVL樹(自平衡二元搜尋樹)

(4)任何一個非空二元樹，若其終端節點數為a，而分支度為2之節點數為b，則b=a+1

(　　) 3. 從根節點到樹中所有終端節點的最常可能路徑，稱為樹的：

(1)高度

(2)層次

(3)分支度

(4)終端路徑

(　　) 4. 利用鏈結串列表示樹的結構，下列敘述何者錯誤？

(1)浪費空間

(2)浪費時間

(3)穩定性高

(4)速度快

(　　)5. 假設樹狀結構有n個節點，樹的分支度為k，欲利用鏈結串列表示，則每個節點必須有多少個鏈結？

(1)n^2

(2)n-1

(3)k

(4)k-1

(　　)6. 高度為k的二元樹最多有幾個節點？

(1)1

(2)k

(3)k-1

(4)2^k-1

(　　)7. 一個陣列可以看成一個完整二元樹(Complete Binary Tree)，即對陣列A[1], A[2], …, A[n]，視A[1]為根節點，A[k]的子節點為A[2k]和A[2k+1]，根據此方式，則A[5]的父節點為何？

(1)A[1]

(2)A[2]

(3)A[3]

(4)A[4]

(　　)8. 一個陣列可以看成一個完整二元樹(Complete Binary Tree)，即對陣列A[1], A[2], …, A[n]，視A[1]為根節點，A[k]的子節點為A[2k]和A[2k+1]，根據此方式，則A[5]的左子節點為何？

(1)A[9]

(2)A[10]

(3)A[11]

(4)A[12]

( )9. 一個陣列可以看成一個完整二元樹(Complete Binary Tree)，即對陣列A[1], A[2], …, A[n]，視A[1]為根節點，A[k]的子節點為A[2k]和A[2k+1]，根據此方式，則A[5]的右子節點為何？

(1)A[9]

(2)A[10]

(3)A[11]

(4)A[12]

( )10. Consider a binary tree T. What is the maximum number of nodes in T of depth k, k>1?

【97虎尾科技大學資訊管理所】

(1)2^k

(2)2^{k-1}

(3)2^k-1

(4)$2^{k-1}-1$

實作題

1. 請撰寫一支程式，將程式碼10-1所建立出來的二元樹，轉換成以陣列表示的二元樹，並依序印出陣列內容。

CH11

樹狀結構2

本章內容

- 11-1　二元樹的走訪
- 11-2　二元搜尋樹
- 11-3　二元運算樹 (binary expression tree)
- 重點整理
- 本章習題

前一章介紹二元樹的基本概念、表示法及建立法。本章將介紹二元樹的幾個重要應用。

11-1 二元樹的走訪

在前一章中，我們介紹了根據二元樹字串動態建立二元樹的方法，如程式碼10-1所示。但如何確定我們所建出來的二元樹是對的呢？很簡單，走一遍就知道了，也就是走訪二元樹的每個節點。二元樹的走訪是指走訪每一個節點各一次。當我們從根節點開始走訪時，只會有三個動作，就是：L(向左移動造訪左子樹)、D(印出根節點的資料)、R(向右移動造訪右子樹)。如此透過遞迴的呼叫(每棵子樹都是以相同方式走訪)，就可以完成整棵樹的走訪了。

L、D、R這三個動作，執行順序不同可以有3!=6種組合，分別是：LDR、LRD、DLR、DRL、RDL、RLD。但二元樹的特性就是左優先於右，所以只剩下LDR、LRD、DLR這三種走訪的方式了。此三種走訪的方式，可依資料所在的位置分別被命名爲：LDR中序走訪、LRD後序走訪、DLR前序走訪。茲分述如下：

1. **LDR中序走訪(InOrder)**：

   先走訪左子樹、然後印出目前節點(走訪目前節點)、最後再走訪右子樹。

2. **LRD後序走訪(PostOrder)**：

   先走訪左子樹、然後走訪右子樹、最後再印出目前節點(走訪目前節點)。

3. **DLR前序走訪(PreOrder)**：

   先印出目前節點(走訪目前節點)、然後走訪左子樹、最後再走訪右子樹。

11-1-1 LDR中序走訪(InOrder)

二元樹中序走訪的演算法如程式碼11-1所示，如剛剛所說的，我們採用遞迴的方式來實作。我們以圖11-1爲例說明二元樹中序走訪的演算法的執行過程：

Step01 從根節點A開始，因為節點A有左子樹，所以先走訪左子樹B=>(L)。

Step02 到節點B，因為節點B有左子樹，所以先走訪左子樹D=>(L)。

Step03 到節點D，因為節點D有左子樹，所以先走訪左子樹H=>(L)。

Step04 到節點H，因為節點H沒有左子樹，所以印出節點H=>(D)。接著走訪節點H的右子樹，因為節點H沒有右子樹，所以返回節點H的父節點D。

Step05 回到節點D，印出節點D=>(D)。

Step06 因為節點D有右子樹，所以接著走訪節點D的右子樹I=>(R)。

Step07 到節點I，因為節點I有左子樹，所以先走訪左子樹K=>(L)。

Step08 到節點K，因為節點K沒有左子樹，所以印出節點K=>(D)。接著走訪節點K的右子樹，因為節點K沒有右子樹，所以返回節點K的父節點I。

Step09 回到節點I，印出節點I=>(D)。

Step10 因為節點I有右子樹，所以接著走訪節點I的右子樹L=>(R)。

Step11 到節點L，因為節點L沒有左子樹，所以印出節點L=>(D)。接著走訪節點L的右子樹，因為節點L沒有右子樹，所以返回節點L的父節點I。

Step12 因為節點I的右子樹已經走訪完，所以返回節點I的父節點D。因為節點D的右子樹已經走訪完，所以返回節點D的父節點B，印出節點B=>(D)。

Step13 因為節點B有右子樹，所以接著走訪節點B的右子樹E=>(R)。

Step14 到節點E，因為節點E沒有左子樹，所以印出節點E=>(D)。接著走訪節點E的右子樹，因為節點E沒有右子樹，所以返回節點E的父節點B。

Step15 因為節點B的右子樹已經走訪完，所以返回節點B的父節點A，印出節點A=>(D)。

Step16　因為節點A有右子樹，所以接著走訪節點A的右子樹C=>(*R*)。

Step17　到節點C，因為節點C有左子樹，所以先走訪左子樹F=>(*L*)。

Step18　到節點F，因為節點F沒有左子樹，所以印出節點F=>(*D*)。

Step19　接著走訪節點F的右子樹J=>(*R*)。

Step20　到節點J，因為節點J沒有左子樹，所以印出節點J=>(*D*)。接著走訪節點J的右子樹，因為節點J沒有右子樹，所以返回節點J的父節點F。

Step21　因為節點F的右子樹已經走訪完，所以返回節點F的父節點C。印出節點C=>(*D*)。

Step22　接著走訪節點C的右子樹G=>(*R*)。

Step23　到節點G，因為節點G沒有左子樹，所以印出節點G=>(*D*)。接著走訪節點G的右子樹，因為節點G沒有右子樹，所以返回節點G的父節點C。因為節點C的右子樹已經走訪完，所以返回節點C的父節點A。因為根節點A的右子樹已經走訪完，所以結束程式。

圖11-1中的數字代表執行動作的順序，走訪左子樹的動作以黑色的數字表示、走訪右子樹的動作以黑色底線的數字表示、印出目前節點動作以藍色底線的數字表示。所以藍色底線的順序表示最終走訪的結果，依圖11-1中的數字所示，最終走訪的結果為：H, D, K, I, L, B, E, A, F, J, C, G。

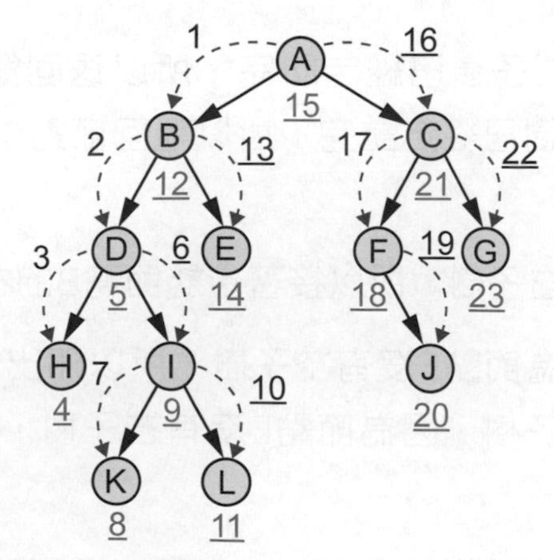

● 圖11-1　二元樹中序走訪的演算法的執行過程

程式碼11-1

二元樹的LDR中序走訪(InOrder)程式碼(以C/C++為例)

```
1   void InOrder(treeNode *ptr) {
2       if (ptr) {
3           InOrder(ptr->leftChild);
4           printf("%c ", ptr->data);
5           InOrder(ptr->rightChild);
6       }
7   }
```

11-1-2 DLR前序走訪(PreOrder)

二元樹前序走訪的演算法，如程式碼11-2所示，也是採用遞迴的方式來實作。二元樹前序走訪的演算法的執行過程，如圖11-2所示。因爲只有執行的順序不一樣，在此不再做文字的贅述。依圖11-2中的數字所示，最終走訪的結果爲：A, B, D, H, I, K, L, E, C, F, J, G。

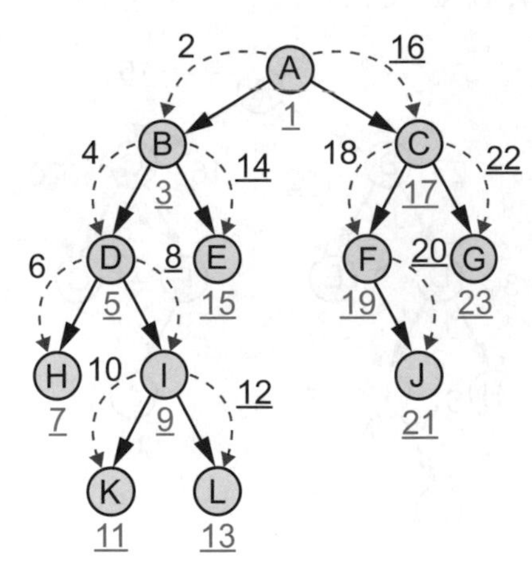

圖11-2 二元樹前序走訪的演算法的執行過程

程式碼11-2

二元樹的DLR前序走訪(PreOrder)程式碼(以C/C++為例)

```
1   void PreOrder(treeNode *ptr) {
2       if (ptr) {
3           printf("%c ", ptr->data);
4           PreOrder(ptr->leftChild);
5           PreOrder(ptr->rightChild);
6       }
7   }
```

11-1-3　LRD後序走訪(PostOrder)

二元樹後序走訪的演算法，如程式碼11-3所示，也是採用遞迴的方式來實作。二元樹後序走訪的演算法的執行過程，如圖11-3所示。因爲只有執行的順序不一樣，在此不再做文字的贅述。依圖11-3中的數字所示，最終走訪的結果爲：H, K, L, I, D, E, B, J, F, G, C, A。

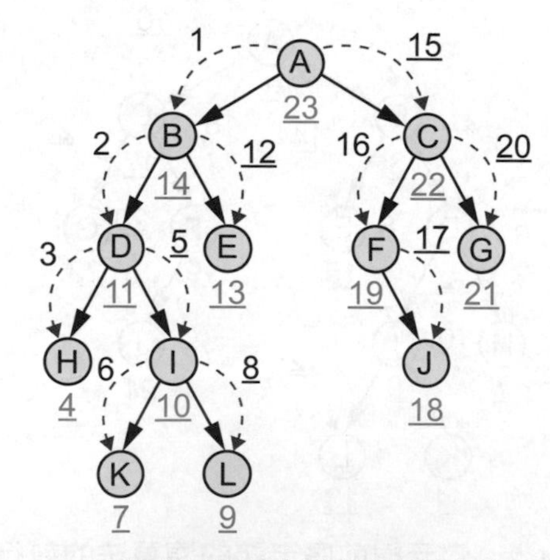

● 圖11-3　二元樹後序走訪的演算法的執行過程

程式碼11-3

二元樹的LRD後序走訪(PostOrder)程式碼(以C/C++為例)

```
1  void PostOrder(treeNode *ptr) {
2      if (ptr) {
3          PostOrder(ptr->leftChild);
4          PostOrder(ptr->rightChild);
5          printf("%c ", ptr->data);
6      }
7  }
```

11-1-4 二元樹走訪的主程式

二元樹走訪的主程式，如程式碼11-4所示，執行結果如圖11-4所示，所顯示的結果與上述結果一致。

程式碼11-4

二元樹走訪的主程式(以C/C++為例)

```
1  int main(void)
2  {
3      //char *list = "A(B(C(0)(E(0)(0)))(D(F(0)(0))(G(0)(0))))(0)";
4      char *list = "A(B(D(H(0)(0))(I(K(0)(0))(L(0)(0))))(E(0)(0)))(C(F(0)(J(0)
       (0)))(G(0)(0)))";
5      printf("二元樹建立中...");
6      treeNode *BTree = CreateBTree(list);
7      printf("...建立完畢");
8      printf("\n二元樹中序走訪結果：");
9      InOrder(BTree);
10     printf("\n二元樹前序走訪結果：");
11     PreOrder(BTree);
12     printf("\n二元樹後序走訪結果：");
13     PostOrder(BTree);
14     printf("\n");
15 }
```

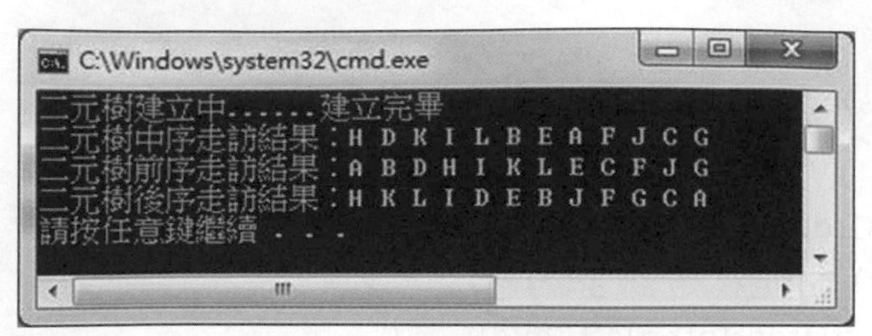

● 圖11-4　二元樹走訪的結果

11-2 二元搜尋樹

「二元搜尋樹」是二元樹中常見的特殊樹狀結構，它除了具有二元樹的特性外，還有下列特性：

對二元搜尋樹中的每個非終端節點(或內部節點)而言，它的左子樹所有節點的資料值，都小於它的資料值；而它的右子樹所有節點的資料值，都大於它的資料值。

圖11-5為二元搜尋樹的例子[1]，從圖中每個節點的值，不難發現每個非終端節點的左子樹，所有的節點值都小於它的資料值；它的右子樹所有的節點值，都大於它的資料值。如果以「中序走訪」的順序走訪這棵二元搜尋樹，會發現走訪的順序剛好是資料由小到大排列的順序：H(5), D(19), K(22), I(30), L(35), B(38), E(43), A(52), F(54), J(67), C(71), G(89)。因此，二元搜尋樹常應用於資料搜尋上，藉由將資料整理成二元搜尋樹，將可大幅提升資料搜尋的效率。

1. 這棵二元搜尋樹的圖形故意跟圖11-1一樣，以便後續的說明。

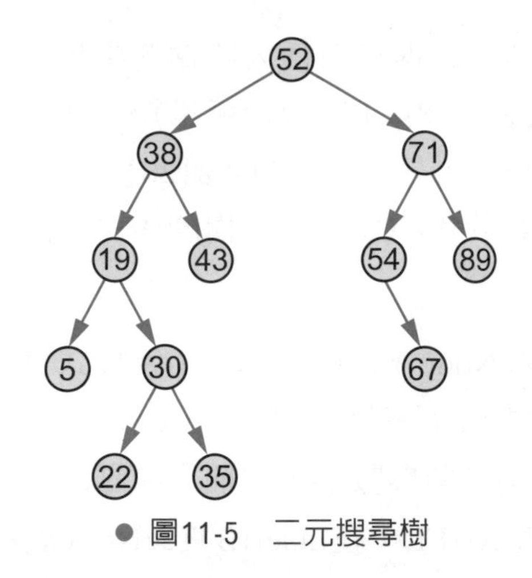

● 圖11-5　二元搜尋樹

而二元樹的運算包含：建立、插入、刪除、搜尋等，茲分述如下：

11-2-1　二元搜尋樹的插入與建立

假設要從一組輸入的資料(通常會把這些資料放在陣列中)來建立二元搜尋樹，其實每輸入一個資料(亦即每讀取一個陣列的元素)就要做一次「插入」的動作，所以二元搜尋樹的建立是透過插入的動作來完成的。而插入的動作須遵循下列原則步驟[2]：

1. 將陣列的第一個元素插入，成爲二元樹的根節點。
2. 將陣列元素值與二元樹的節點比較，如果元素值大於節點值，將元素值插入成爲節點的右子節點；如果右子節點不是空的，則重複比較節點值，直到找到插入的位置，將元素插入二元樹。
3. 如果元素值小於節點值，將元素值插入成爲節點的左子節點；如果左子節點不是空的，則重複比較節點值，直到找到插入的位置，將元素插入二元樹。

程式碼11-5爲二元搜尋樹插入節點的副程式，而程式碼11-8則爲二元搜尋樹範例程式，茲說明如下：

2. 這些原則與第10章10-4-2節所提到的原則一樣。

1. 範例程式旨在測試「二元搜尋樹插入節點的副程式」，產生10個1~100不重複的亂數(如程式碼11-8第14~17行所示)，依序插入二元搜尋樹中(使用insertBTreeNode副程式，如程式碼11-8第20行所示)。然後印出原始的資料串列及由小到大的排序串列(使用二元樹的中序走訪，如程式碼11-8第23行所示)。

2. insertBTreeNode(treeNode *head, int data)副程式實作二元搜尋樹插入節點的動作，該副程式傳入2個參數，第一個treeNode *head：為欲插入的二元搜尋樹的根節點[3]，第二個參數則是欲插入節點的資料。但由於二元搜尋樹的根節點head原本是NULL，在insertBTreeNode副程式中才會被配置，所以必須將配置的位址回傳回主程式，這樣才有辦法得到insertBTreeNode副程式中所配置的位址(如程式碼11-5第35行所示)。

3. insertBTreeNode副程式是根據上述的插入原則實作的。在步驟1，我們使用head(二元搜尋樹的根節點)是否等於NULL，來判斷二元搜尋樹是否為空，如程式碼11-5第9~11行所示。

4. 步驟2~3中的「重複比較節點」是使用inserted變數來控制一個while迴圈(如程式碼11-5第14~33行所示)，進入迴圈前設定inserted為0(如程式碼11-5第4行所示)，在找到插入節點位置時(如程式碼11-5第18及27行所示)，將inserted設為1，以便結束while迴圈。

5. 在while迴圈裡，使用current = current->leftChild(如程式碼11-5第21行所示)或current = current->rightChild(如程式碼11-5第30行所示)來走訪左子樹或右子樹。

---

3. 在此以參數的方式將二元搜尋樹的根節點傳入插入節點的副程式中，其用意在提高程式的可攜性。

程式碼11-5

二元搜尋樹插入節點的副程式(以C/C++為例)

```
1  treeNode *insertBTreeNode(treeNode *head, int data)
2  {
3      treeNode *newNode, *current;
4      int inserted = 0;
5      newNode = (treeNode*) malloc(sizeof(treeNode));
6      newNode->data = data;
7      newNode->leftChild = NULL;
8      newNode->rightChild = NULL;
9      if (head == NULL) {
10         head = newNode;
11     }
12     else {
13         current = head;
14         while (!inserted) {
15             if (current->data > newNode->data) {
16                 if (current->leftChild == NULL) {
17                     current->leftChild = newNode;
18                     inserted = 1;
19                 }
20                 else {
21                     current = current->leftChild;
22                 }
23             }
24             else {
25                 if (current->rightChild == NULL) {
26                     current->rightChild = newNode;
27                     inserted = 1;
28                 }
29                 else {
30                     current = current->rightChild;
31                 }
32             }
33         }
34     }
35     return head;
36 }
```

11-2-2 二元搜尋樹的搜尋

建立二元搜尋樹的目的，主要是用來做資料的搜尋，用來搜尋的值稱之爲鍵值(key value)。根據二元搜尋樹建立的原則，右子樹節點的值都大於左子樹的節點。因此，搜尋流程說明如下：

Step01　從根節點開始搜尋。

Step02　進行節點值的比較，如果鍵值與節點值一樣，則回傳搜尋節點值，搜尋完成。

Step03　若鍵值大於節點值，則往該節點的右子樹搜尋；若鍵值小於節點值，則往該節點的左子樹搜尋。

Step04　重複Step2~3，直到搜尋到節點值。若已經無子樹可再搜尋，則表示找不到資料。

程式碼11-6爲二元搜尋樹搜尋節點的副程式，茲說明如下：

1. 程式碼第2行實作Step1。
2. 重複搜尋的動作由while (ptr != NULL)迴圈來控制，如程式碼第4~15行所示。
3. 判斷是否搜尋到節點，由程式碼第5~7行實作，直接return ptr以結束副程式。
4. 若節點值比鍵值大，則走訪左子樹，如程式碼第9~11行所示。
5. 若節點值比鍵值小，則走訪右子樹，如程式碼第12~14行所示。
6. 測試搜尋節點的主程式在程式碼11-8的第49~62行，其中用一個while迴圈來實作多次輸入測試資料的功能。

程式碼11-6

二元搜尋樹搜尋節點的副程式(以C/C++為例)

```
1   treeNode *searchBTNode(treeNode *head, int data, treeNode &parent) {
2       treeNode *ptr = head;
3       parent = *head;
4       while (ptr != NULL) {
5           if (ptr->data == data) {
6               return ptr;
7           }
8           parent = *ptr;
9           if (ptr->data > data) {
10              ptr = ptr->leftChild;
11          }
12          else {
13              ptr = ptr->rightChild;
14          }
15      }
16      return NULL;
17  }
```

● 圖11-6　二元搜尋樹搜尋資料範例

11-2-3 二元搜尋樹的刪除

若要刪除二元搜尋樹的節點，在節點刪除後仍需滿足二元搜尋樹的特性，因此，節點刪除可分為四種情況來討論：

情況1：刪除終端節點

這個狀況沒什麼特別的，只要直接刪除即可。

情況2：刪除節點沒有左子樹

如果欲刪除的節點沒有左子樹，則可依該節點的種類分成兩種情況：

- **根節點：**如欲刪除的節點為根節點，只需將根節點的指標指向其右子節點即可。以圖11-7(a)為例，欲刪除根節點52，只需將根節點的指標head指向其右子節點71即可。

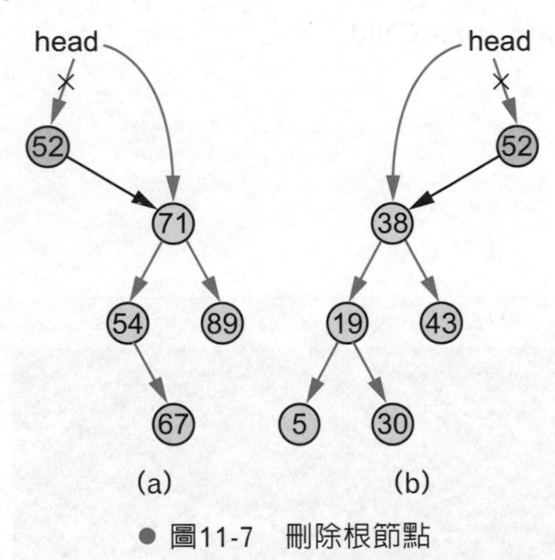

● 圖11-7 刪除根節點

- **非終端節點：**如欲刪除的節點為非終端節點，只要將欲刪除節點的父節點指向其右子節點即可。以圖11-8(a)為例，欲刪除非終端節點38(或71)，只需將父節點52的指標指向其右子節點43(或89)即可。

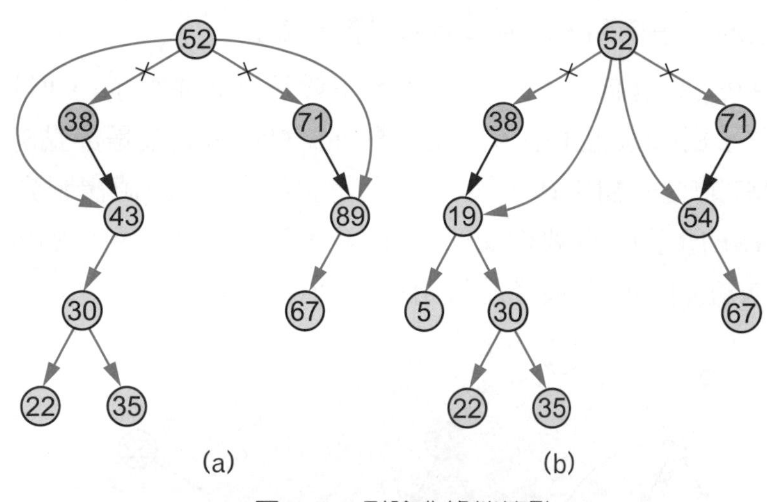

● 圖11-8　刪除非終端節點

情況3：刪除節點沒有右子樹

如果欲刪除的節點沒有右子樹，一樣可依該節點的種類分成上述兩種情況，其做法類似，只是將根節點或父節點指向欲刪除節點的左子節點而已，在此不再贅述。而範例分別如圖11-7(b)及圖11-8(b)所示。

情況4：刪除節點擁有左子樹和右子樹

如果欲刪除的節點擁有左子樹和右子樹，此情況會比較複雜。由於二元搜尋樹的節點是按照順序插入的，刪除掉某個節點後，仍須維持節點順序這個特性。所以，作法基本上會有兩種：要不找它前一個節點取代它的位置；要不找它後一個節點。這樣整棵二元搜尋樹的順序就不會變。茲將這兩種做法說明如下：

1. 找尋此節點的「中序立即前行者」：

(1) 對二元搜尋樹做中序走訪，可得到由小到大的排列順序，此節點(假設是節點Q)的「中序立即前行者」的意思，就是比節點Q小的前一個節點(假設是節點P)。

(2) 要如何找到節點P呢？從節點Q開始，先找節點Q的左子節點，然後再一直找它的右子節點，直到沒有右子節點爲止。

(3) 而節點P一定沒有右子樹(要不然就不會是這個節點了)，但是節點P可能會有左子樹(比節點P小，但比節點P的父節點(假設是節點S)大的節點會在節點P的左子樹中)。所以，不單是要把節點P的值複製到節點Q(如圖11-9(a)①所示)，還要把父節點S的右子節點，連結到節點P的左子樹(如圖11-9(a)②所示)。最後結果如圖11-9(b)所示。

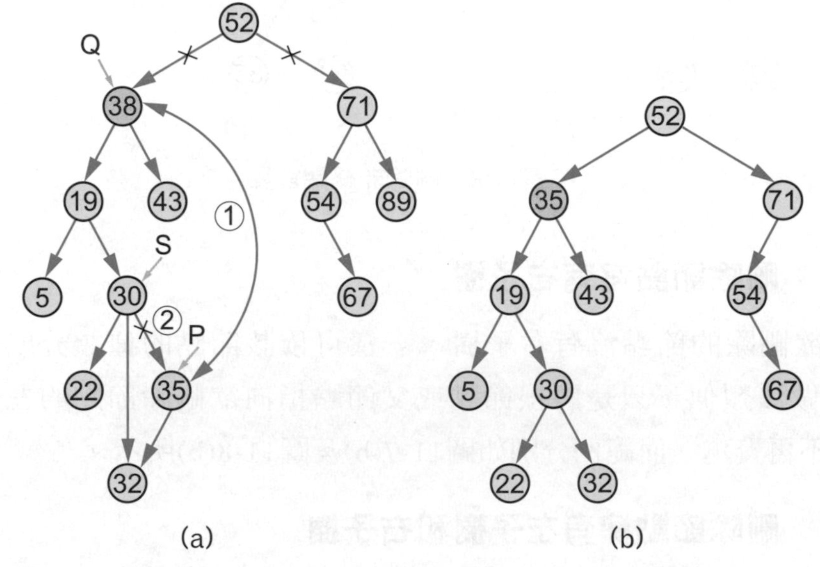

● 圖11-9　刪除擁有左子樹和右子樹的節點─「中序立即前行者」作法

2. 找尋此節點的「中序立即後行者」：

(1)「中序立即後行者」的意思，就是比節點Q大的後一個節點(假設是節點R)。

(2) 找尋節點R的方法根找尋節點P的方法類似，只是方向相反。從節點Q開始，先找節點Q的右子節點，然後再一直找它的左子節點，直到沒有左子節點爲止。

(3) 同樣的，節點R一定沒有左子樹(要不然就不會是這個節點了)，但是節點R可能會有右子樹(比節點R大，但比節點R的父節點(假設是節點T)小的節點會在節點R的右子樹中)。所以，不單是要把節點R的值複製到節點Q(如圖11-10(a)①所示)，還要把父節點T的左子節點連結到節點R的右子樹(如圖11-10(a)②所示)。最後結果如圖11-10(b)所示。

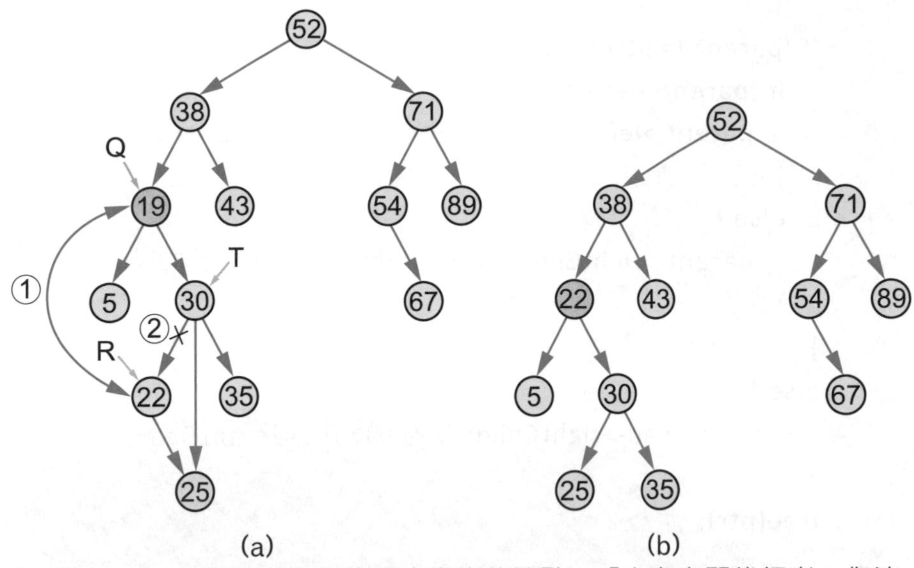

● 圖11-10　刪除擁有左子樹和右子樹的節點—「中序立即後行者」作法

程式碼11-7

二元搜尋樹搜尋節點的副程式(以C/C++為例)

```
1   treeNode *deleteBTNode(treeNode *head, treeNode *ptr, treeNode*
    parent)
    // head 二元搜尋樹的根結點；
    // ptr 欲刪除的節點；
    // parent 欲刪除節點的父節點
2   {
3       // 刪除二元樹節點，情況1：終端節點
4       if (ptr->leftChild == NULL && ptr->rightChild == NULL) {
5           if (parent->leftChild == ptr) {
6               parent->leftChild = NULL;
7           }
8           else {
9               parent->rightChild = NULL;
10          }
11          free(ptr);
12      }
13      // 刪除二元樹節點，情況2：沒有左子樹
14      else if (ptr->leftChild == NULL) {
```

```
15          if (parent != ptr) { //若相等，表示ptr是根節點
16              if (parent->leftChild == ptr) {
17                  parent->leftChild = ptr->rightChild; //左子節點
18              }
19              else {
20                  parent->rightChild = ptr->rightChild; //右子節點
21              }
22          }
23          else {
24              head = head->rightChild; // 根節點指向右子節點
25          }
26          free(ptr);
27      }
28      // 刪除二元樹節點，情況3：沒有右子樹
29      else if (ptr->rightChild == NULL) {
30          if (parent != ptr) {//若相等，表示ptr是根節點
31              if (parent->rightChild == ptr) {
32                  parent->rightChild = ptr->leftChild; //右子節點
33              }
34              else {
35                  parent->leftChild = ptr->leftChild; //左子節點
36              }
37          }
38          else {
39              head = head->leftChild; // 根節點指向左子節點
40          }
41          free(ptr);
42      }
43      // 刪除二元樹節點，情況4：擁有左子樹和右子樹
44      else {
45          treeNode *r; // 搜尋過程中的父節點
46          treeNode *s; // 搜尋過程中的子節點
47          r = ptr;
48          /*
49          // 「中序立即前行者」
50          s = ptr->leftChild; // 先往左走
```

```
51          while (s->rightChild != NULL) { // 找到最右邊的終端節節
52              r = s; // 搜尋過程中，保留父節點
53              s = s->rightChild; // 往右子樹走
54          }
55          ptr->data = s->data; // s 為 ptr 的「中序立即前行者」
56          if (r == s) {
57              r->leftChild = s->leftChild;
58          }
59          else {
60              r->rightChild = s->leftChild;
61          }
62          */
63          // 「中序立即後行者」
64          s = ptr->rightChild; // 先往右走
65          while (s->leftChild != NULL) { // 找到最左邊的終端節節
66              r = s; // 搜尋過程中，保留父節點
67              s = s->leftChild; // 往左子樹走
68          }
69          ptr->data = s->data; // s 為 ptr 的「中序立即後行者」
70          if (r == s) {
71              r->rightChild = s->rightChild;
72          }
73          else {
74              r->leftChild = s->rightChild;
75          }
76
77          free(s);
78      }
79      return head;
80  }
```

程式碼11-8

二元搜尋樹範例程式(以C/C++為例)

```
1    #define SIZE 10
2    int main(void) {
3        int T[SIZE];
4        int flag[100];
5        int r;
6        int input;
7        treeNode *head = NULL, *parent, p, *ptr;

8        printf("原始資料：");
9        srand(time(NULL)); // time() 函數需另外加入 #include <time.h>
10       for (int i = 0; i < 100; i++) {
11           flag[i] = false;
12       }
13       for (int i = 0; i < SIZE; i++) {
14           do {
15               r = (rand() % 100) + 1;
16           } while (flag[r - 1]);
17           flag[r - 1] = true;
18           T[i] = r;
19           printf("%d ", T[i]);
20           head = insertBTreeNode(head, T[i]);
21       }
22       printf("\n排序資料：");
23       InOrder(head);
24       printf("\n");

25       input = -1;
26       do {
27           printf("1. 插入節點\n");
28           printf("2. 搜尋節點\n");
29           printf("3. 刪除節點\n");
30           printf("0. 結束\n");
31           printf("請選擇動作(0~3)：");
32           scanf("%d", &input);
```

```
33          switch (input) {
34          case 1: // 插入節點
35              input = -1;
36              do {
37                  printf("請輸入欲插入的節點資料(-999結束)：");
38                  scanf("%d", &input);
39                  if (input == -999 || input == -1) {
40                      break;
41                  }
42                  head = insertBTreeNode(head, input);
43                  printf("排序資料：");
44                  InOrder(head);
45                  printf("\n");
46              } while (input != -999);
47              break;
48          case 2: // 搜尋節點
49              input = -1;
50              do {
51                  printf("請輸入欲搜尋的節點資料(-999結束)：");
52                  scanf("%d", &input);
53                  if (input == -999 || input == -1) {
54                      break;
55                  }
56                  if (searchBTNode(head, input, p) != NULL) {
57                      printf("二元搜尋樹包含節點 %d\n", input);
58                  }
59                  else {
60                      printf("二元搜尋樹不包含節點 %d\n", input);
61                  }
62              } while (input != -999);
63              break;
64          case 3: // 刪除節點
65              input = -1;
66              do {
67                  printf("請輸入欲刪除的節點資料(-999結束)：");
68                  scanf("%d", &input);
```

```
69                  if (input == -999 || input == -1) {
70                      break;
71                  }
72                  if ((ptr = searchBTNode(head, input, p)) != NULL) {
73                      parent = searchBTNode(head, p.data, p);
74                      head = deleteBTNode(head, ptr, parent);
75                      printf("已刪除節點 %d\n", input);
76                      printf("排序資料：");
77                      InOrder(head);
78                      printf("\n");
79                  }
80                  else {
81                      printf("欲刪除節點 %d 不存在\n", input);
82                  }
83              } while (input != -999);
84              break;
85          case 0: // 結束程式
86              exit(0);
87          default:
88              printf("請輸入 0~3 之間的整數\n");
89              break;
90          }
91      } while (input != -1);
92      if (input == -1) {
93          printf("\n輸入了非數字，程式中斷！\n");
94      }
95  }
```

11-3

二元運算樹(binary expression tree)

運算式的處理與計算是程式語言中常見且必須做的程序。由於運算式的處理需考慮運算子的優先順序，且大部分的運算子都有兩個運算元，在建立二元樹時，也是依照某種順序，所以可以根據這樣的特性，將運算式以二元樹的格式表現，此樹可稱爲「二元運算樹」(binary expression tree)。再以二元樹的走訪，即可計算出運算式的值。

11-3-1 二元運算樹的定義

根據上述的說明，可將二元運算樹定義如下：

二元運算式以二元樹表現時，其非終端節點為運算子，終端節點為運算元，優先順序高的運算子式優先順序低的子樹。

以一般算數運算子而言，其優先順序爲：

優先序	運算子	說明
1	(,)	括號
2	+, -	正負號
3	^	次方
4	*, /	乘除
5	+, -	加減
6	=	等於

11-3-2 二元運算樹的建立

將運算式轉換成二元運算樹的方法：

觀察法

步驟如下：

Step01　根據運算式的優先序及結合性，將運算式加入括號。

Step02　由內部括號開始，將括號中的運算子當根節點，左邊運算元當左子節點(或左子樹)，右邊運算元當右子節點(或右子樹)，依由內而外的順序處理其餘括號，直到最外層括號為止。

例如要將A/B-C*D+E^F-G運算式轉換爲二元運算樹：

先依運算式優先序加入括號：

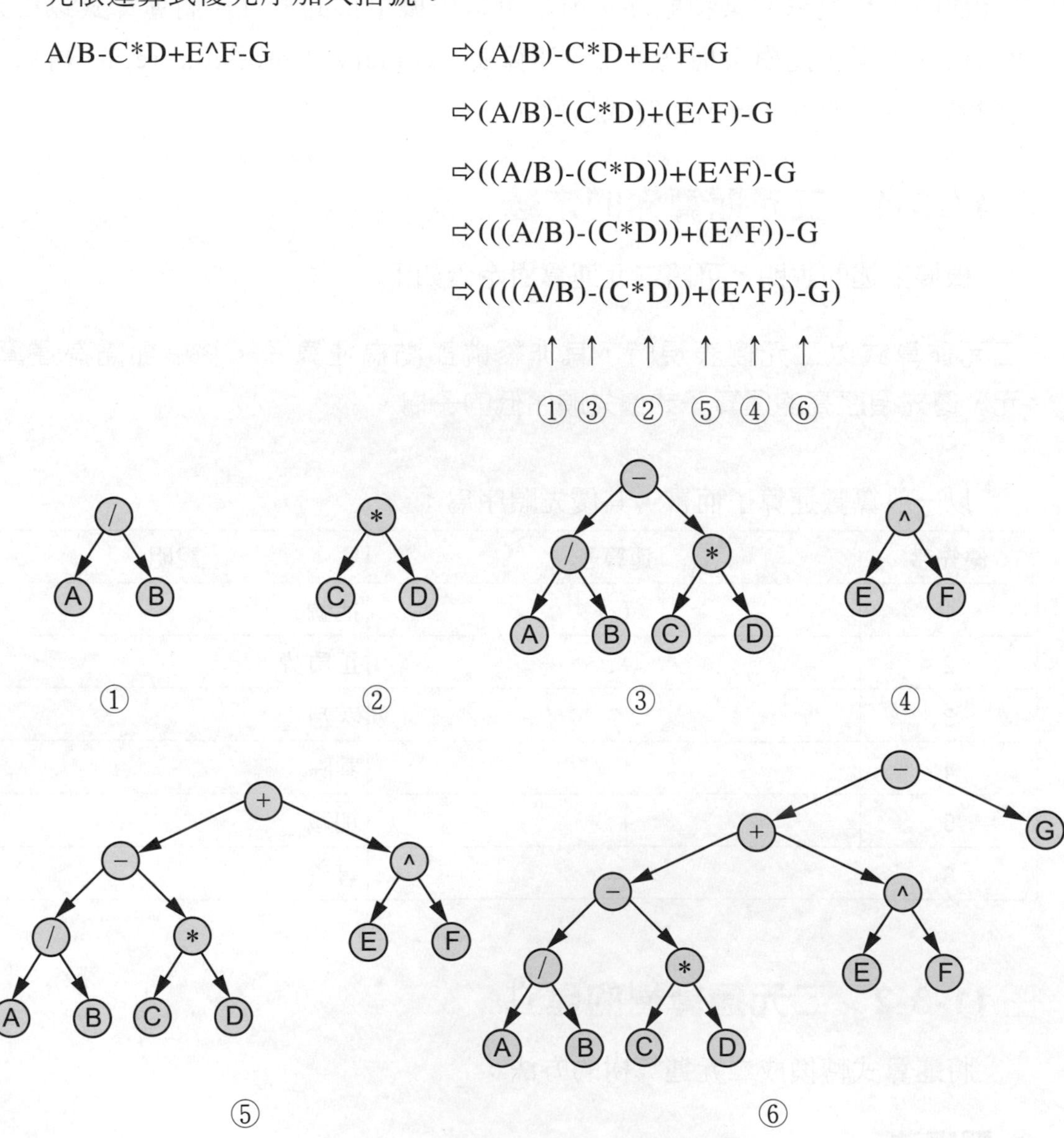

● 圖11-11　以觀察法手繪二元運算樹

練習

題目： 請將A/B^C+D*(-E-F)/G運算式轉換為二元運算樹。

陣列法

有很多資料結構的書籍使用遞迴程式來建立二元運算樹，會先將運算式的內容轉換成一個陣列，再透過這個陣列遞迴建立二元運算樹。奇怪的是，這個陣列的順序既不是運算式的前序表示法，也不是後序表示法，當然更不是中序表示法。這個陣列的內容是如何產生的？似乎是先用觀察法畫出運算式的二元運算樹(如圖11-11⑥所示)，再根據完全二元樹節點編號的順序填入陣列中。亦即將二元運算樹轉換成陣列表示法(轉換方法可參照10-3-1節)。所以，圖11-11⑥的二元運算樹可產生下列陣列內容：

{ ‘ ’, ‘-’, ‘+’, ‘G’, ‘-’, ‘^’, ‘ ’, ‘ ’, ‘/’, ‘*’, ‘E’, ‘F’, ‘ ’, ‘ ’, ‘ ’, ‘ ’, ‘A’, ‘B’, ‘C’, ‘D’ }[4]

所以，使用陣列法產生二元運算樹，必須經過兩道程序，其中有一道還必須使用人工繪製。很顯然，這樣的建置方式是很不方便的。

儘管這個方法很不方便，我們還是介紹一下這個程式的寫法：

1. 由於二元運算樹的建立方法會用到堆疊(下一小節才會介紹的)，所以比較方便的寫法是使用Stack類別。因此，我們以C#為例，來介紹二元運算樹建置的程式碼。
2. 既然使用C#來撰寫程式碼，C#語法中沒有struct的關鍵字，所以使用class來宣告treeNode結構體，如程式碼11-9所示。
3. 以陣列法建置二元運算樹的副程式，名為createBETreeFromArray(Object[] expArray, int index)，如程式碼11-10所示。這個副程式接收2個參數：第一個參數expArray為物件陣列(Object[])，是二元運算樹的陣列表示法所構成的物件陣列[5]；第二個參數index為目前要處理的是expArray字元陣列中的哪一個元素。

---

4. 注意，陣列的第0個索引值為空白字元，是因為二元樹節點的編號從1開始。而在二元運算樹沒有節點的位置上，也都放入一個空白字元。

5. 在此會用物件陣列的原因，是因為物件陣列在C#中是類別，可以自動取得這個陣列的長度。所以，原本在該副程式中需要傳入陣列長度的參數，使用物件陣列後，便可省略此參數。

4. 由於createBETreeFromArray副程式是遞迴呼叫，所以必須有停止條件，如第3~5行所示。要注意的是，第3行單引號內是一個空白字元，需與當初建立二元運算樹陣列表示法時，用來表示空節點的符號一致(如註腳4的說明)。

5. 根據完整二元樹的特性，節點*i*的左子節點爲節點2*i*、節點*i*的右子節點爲節點2*i*+1。所以在程式碼第9及10行會使用2 * index及2 * index +1作爲遞迴呼叫的引數。

程式碼11-9

treeNode類別(以C#為例)

```
1    class treeNode {
2        public char data;
3        public treeNode leftChild;
4        public treeNode rightChild;
5    }
```

程式碼11-10

以陣列法建置二元運算樹的副程式(以C#為例)

```
1    static treeNode createBETreeFromArray(Object [] expArray, int index) {
2        treeNode hNode;
3        if ( index >= expArray.Length|| expArray[index] == ' ') {
4            return null;
5        }
6        else {
7            hNode = new treeNode();
8            hNode.data = (char) expArray[index];
9            hNode.leftChild = createBETreeFromArray(expArray, 2 * index);
10           hNode.rightChild = createBETreeFromArray(expArray, 2 * index +
                                 1);
11           return hNode;
12       }
13   }
```

堆疊法

那有沒有辦法可以從運算式的中序表示法，直接透過程式來做轉換，而不經由人工處理呢？答案是有的，但還是得經過兩個步驟，而且每個步驟都需要堆疊才能完成：

1. 運算式的中序表示法轉換成後序表示法。[6]
2. 再從運算式的後序表示法轉換成二元運算樹。

   (1) 由左至右讀入後序運算式字串的單一字元。

   (2) 如果是運算元：建立一個節點，push到堆疊。

   (3) 如果是運算子：pop出所需的資料項，建立一個子樹，再push到堆疊。

   (4) 重複執行上述步驟，直到後序運算式字串全部處理完。

   例如要將A/B-C*D+E^F-G運算式轉換為二元運算樹：

   (1) 將A/B-C*D+E^F-G中序表示轉換後序表示法：

   AB/CD*-EF^+G-

   (2) 再將AB/CD*-EF^+G-轉換成二元運算樹：

下一個符號	堆疊	說明
A	空	
B	A	A是運算元，建立一個節點，push到堆疊。
/	B A	B是運算元，建立一個節點，push到堆疊。
C	①	/是二元運算子，pop兩個資料(第一個為右運算元，第二個為左運算元)，建立一個子樹，push到堆疊(稱為①子樹)。
D	C ①	C是運算元，建立一個節點，push到堆疊。
*	D C ①	D是運算元，建立一個節點，push到堆疊。

6. 詳細作法可參考第8-1節，此處不再贅述。

下一個符號	堆疊	說明
-	② ①	*是二元運算子，pop兩個資料(第一個為右運算元，第二個為左運算元)，建立一個子樹，push到堆疊(稱為②子樹)。
E	③	-是二元運算子，pop兩個資料(第一個為右運算元，第二個為左運算元)，建立一個子樹，push到堆疊(稱為③子樹)。
F	E ③	E是運算元，建立一個節點，push到堆疊。
^	F E ③	F是運算元，建立一個節點，push到堆疊。
+	④ ③	^是二元運算子，pop兩個資料(第一個為右運算元，第二個為左運算元)，建立一個子樹，push到堆疊(稱為④子樹)。
G	⑤	+是二元運算子，pop兩個資料(第一個為右運算元，第二個為左運算元)，建立一個子樹，push到堆疊(稱為④子樹)。
-	G ⑤	G是運算元，建立一個節點，push到堆疊。
無	⑥	-是二元運算子，pop兩個資料(第一個為右運算元，第二個為左運算元)，建立一個子樹，push到堆疊(稱為⑥子樹)。

以下則簡單敘述以堆疊法建置二元運算樹的程式碼：

1. 以堆疊法建置二元運算樹的副程式，名爲createBETreeFromPOE(Object[] expArray, int arraySize)，如程式碼11-11所示。這個副程式只接收1個參數expArray物件陣列(Object[])，爲運算式的後序表示法所構成的陣列。此物件陣列乃由PostOrder(head, strOut)副程式所自動產生(如程式碼11-15第19行所示)。

2. 程式碼11-16爲二元樹後序走訪副程式的修改版，所修改的部分是要將走訪後的結果儲存下來。因爲C#程式語言不支援方法內的靜態變數，所以在遞迴呼叫的架構下，又要依序保留所輸出的字串，只能使用ArrayList類別。而ArrayList類別不是泛型類別，轉換成陣列，只能轉成物件陣列(Object[])的資料型別。這也是createBETreeFromPOE副程式的第一個引數的資料型別是物件陣列的原因了。createBETreeFromArray副程式也亦然。

3. 以堆疊法建立二元運算樹，需判斷欲處理的節點是否為運算子。在此使用isOperator(char op)副程式(如程式碼11-13第10行所示)來處理這個判斷，其中op為欲處理節點的資料，其用意是在保留以後的擴充性。雖然目前僅處理‘*’、‘/’、‘+’、‘-’、‘%’[7]及‘^’[8]，日後可以增加其他運算子之判斷於此副程式中，而不用修改到其他副程式。

程式碼11-11

以堆疊法建置二元運算樹的副程式(以C#為例)

```
1   static treeNode createBETreeFromPOE(Object[] expArray) {
2       treeNode node = null;
3       Stack A = new Stack();
4       for (int i = 0; i < expArray.Length; i++) {
5           char op = (char) expArray[i];
6           node = new treeNode();
7           node.data = op;
8           node.leftChild = null;
9           node.rightChild = null;
10          if (isOperator(op)) {
11              node.rightChild = (treeNode)A.Pop();
12              node.leftChild = (treeNode)A.Pop();
13          }
14          A.Push(node);
15      }
16      return (treeNode)A.Pop();
17  }
```

程式碼11-12

判斷是否為運算子的副程式(以C#為例)

```
1   static bool isOperator(char op) {
2       return (op == '*' || op == '/' || op == '+' || op == '-' || op == '%' || op
            == '^') ? true : false;
3   }
```

7. % 表示求餘數。

8. ^ 表示次方。

11-3-3 二元運算樹的計算

根據二元樹的特性，每一個非終端節點連同它的子孫節點，都可構成一棵子樹。而二元運算樹的特性是，每個非終端節點，其資料都是運算子，且其左子節點(或左子樹)就是這個運算子的左運算元；而右子節點(或右子樹)就是這個運算子的右運算元。根據這樣的規則，就可以計算出這個非終端節點所構成的子樹的值。若這個非終端節點的左子節點或右子節點也是非終端節點(也就是左子樹或右子樹)，那就必須先把左子樹或右子樹的值求出來，才能求出這個非終端節點的值。到此應該不難發現，其實可以透過遞迴的方式求得二元運算樹的值。演算法如下：

1. 傳入二元運算樹的根節點。
2. 若傳入的節點爲終端節點(亦即沒有左子節點也沒有右子節點)，則回傳該節點的資料值。
3. 若傳入的節點爲非終端節點，則回傳下列運算式的值：

   (左子樹的值) (此非終端節點的運算子) (右子樹的值)

而程式碼說如下：

1. 程式碼11-13計算二元運算樹值的副程式evaluate(treeNode node)，是採用遞迴呼叫的方式求得二元運算樹的值。
2. 若欲處理的節點node不是終端節點，那就用遞迴的方式分別求得左子樹及右子樹的值，如第6及7行程式碼所示。然後再將所求得的左子樹及右子樹值，透過calculate副程式(如程式碼11-14第8行所示)計算該節點的值。
3. 若欲處理的節點爲終端節點，就直接回傳該節點的值，如第3行程式碼所示。由於node.data是char的資料型別，若要將數字字元轉換成整數值，只要將數字字元的值(亦即其ASCII值)減去字元‘0’的ASCII值(其值爲48)。
4. calculate(char opr, double leftOperand, double rightOperand)爲求得運算式值的副程式，其3個參數分別爲運算子、左運算元及右運算元。該副程式目前僅實作6種運算子，日後有需要可再擴充。但由於這6種運算子中有一個爲‘次方’，在C#裡是透過Math類別中的Pow方法求得。由於Math.Pow

方法的參數都是double的資料型別，所以calculate副程式的第2及第3個參數之資料型別也是double。

5. 主程式如程式碼11-15所示，其中分爲兩個部分：第一個部分是使用陣列法建立二元運算樹(如第2~12行程式碼所示)；第二個部分是使用堆疊法建立二元運算樹(如第13~20行程式碼所示)。
6. 程式碼11-15第3行爲二元運算式的陣列表示法，在此使用實際數字是因爲最後要計算這個二元運算樹的值。要注意的是，目前這個二元運算樹節點資料的型別爲char(也就是字元)，所以只能處理1位數的數字運算。若要處理多位數的數字運算，不單單只需修改treeNode類別data成員變數的資料型別，其他相關副程式也須做適當修改。此部分留給讀者自行練習。
7. 第二個部分使用堆疊法建立二元運算樹，需要用到運算式的後序表示法，在此是透過二元樹的後序走訪，從第一個部分所建立的二元運算樹得到的，如程式碼第11行所示。當然也可以透過第8-1節，直接由運算式的中序表示法轉換成後序表示法得之。
8. 圖11-12顯示程式碼11-15的執行結果。可以從第一部分的中序表示法得知，由陣列建立二元運算樹的副程式createBETreeFromArray的運作是正確的。而createBETreeFromPOE副程式，能將第一部分所得之運算式後序表示法，正確轉換成二元運算樹(從其中序表示法可得知)。並且，evaluate副程式也能正確求出二元運算樹的值。

程式碼11-13

計算二元運算樹值的副程式(以C#為例)

```
1   static double evaluate(treeNode node) {
2       if (node.leftChild == null && node.rightChild == null) {
3           return node.data - 48;
4       }
5       else {
6           double leftOperand = evaluate(node.leftChild);
7           double rightOperand = evaluate(node.rightChild);
8           return calculate(node.data, leftOperand, rightOperand);
9       }
10  }
```

程式碼11-14

求得運算式值的副程式(以C#為例)

```
1    static double calculate(char opr, double leftOperand, double
     rightOperand) {
2        switch (opr) {
3        case '*':
4            return leftOperand * rightOperand;
5        case '/':
6            return leftOperand / rightOperand;
7        case '+':
8            return leftOperand + rightOperand;
9        case '-':
10           return leftOperand - rightOperand;
11       case '%':
12           return leftOperand % rightOperand;
13       case '^':
14           return Math.Pow(leftOperand, rightOperand);
15       default:
16           return -1.0;
17       }
18   }
```

程式碼11-15

二元運算樹的建立與求值的主程式(以C#為例)

```
1    static void Main(string[] args) {
2        //char[] expArray = { ' ', '-', '+', 'G', '-', '^', ' ', ' ', '/', '*', 'E', 'F', ' ', ' ', ' ',
                             ' ', 'A', 'B', 'C', 'D' };
3        char[] expArray = { ' ', '-', '+', '8', '-', '^', ' ', ' ', '/', '*', '6', '2', ' ', ' ', ' ',
                            ' ', '9', '3', '5', '4' };
4        ArrayList expAryLst = new ArrayList(expArray);
5        Console.WriteLine("使用陣列法建立二元運算樹：");
6        treeNode head = createBETreeFromArray(expAryLst.ToArray(), 1);
7        Console.Write("中序表示法：");
8        InOrder(head);
```

```
9        Console.Write("\n後序表示法：");
10       ArrayList strOut = new ArrayList();
11       PostOrder(head, strOut);
12       Console.Write("\n運算式結果：{0}\n", evaluate(head));

13       Console.WriteLine("\n使用堆疊法建立二元運算樹：");
14       head = createBETreeFromPOE(strOut.ToArray());
15       Console.Write("中序表示法：");
16       InOrder(head);
17       Console.Write("\n後序表示法：");
18       strOut = new ArrayList();
19       PostOrder(head, strOut);
20       Console.Write("\n運算式結果：{0}\n", evaluate(head));
21   }
```

程式碼11-16

修改後的二元樹後序走訪副程式(以C#為例)

```
1    static void PostOrder(treeNode ptr, ArrayList strOut) {
2        if (ptr != null) {
3            PostOrder(ptr.leftChild, strOut);
4            PostOrder(ptr.rightChild, strOut);
5            Console.Write("{0} ", ptr.data);
6            strOut.Add(ptr.data);
7        }
8    }
```

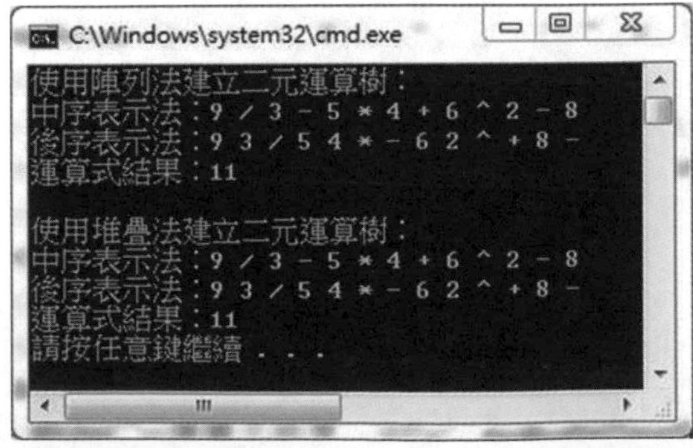

● 圖11-12　二元運算樹的建立與求值範例程式執行結果

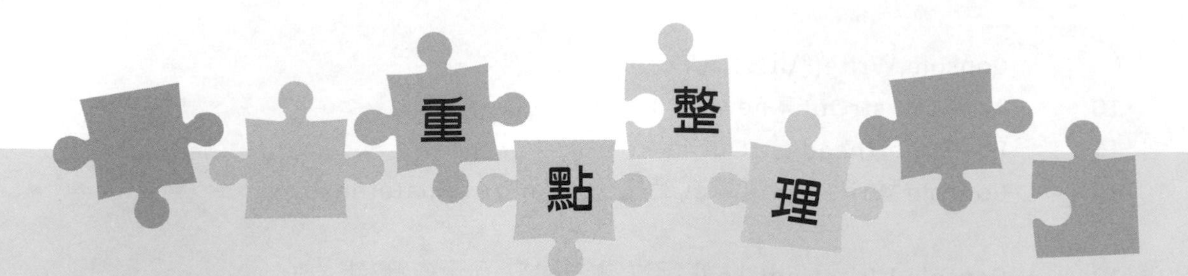

1. 對於二元樹的中序走訪、前序走訪及後序走訪的流程應熟知。
2. 應了解二元搜尋樹的特性與建立的原則。
3. 二元搜尋樹最常被用來實作搜尋的動作，應熟悉其演算法。
4. 二元搜尋樹的刪除動作最為複雜，應熟知各種情況的刪除演算法。
5. 應熟悉二元運算式的定義及各種不同的建立方法。
6. 應了解二元運算樹求值的演算法，更應思考後序可擴充的方案。

基礎題

(　　)1. 在二元樹的走訪順序中，先走訪左子節點、再走訪右子節點、最後再走訪父節點，稱作？

(1)前序走訪

(2)中序走訪

(3)後序走訪

(4)循序走訪

(　　)2. 在二元樹的走訪順序中，先走訪左子節點、再走訪父節點、最後再走訪右子節點，稱作？

(1)前序走訪

(2)中序走訪

(3)後序走訪

(4)循序走訪

(　　)3. 在二元樹的走訪順序中，先走訪父節點、再走訪左子節點、最後再走訪右子節點，稱作？

(1)前序走訪

(2)中序走訪

(3)後序走訪

(4)循序走訪

( )4. 依序使用4, 5, 7, 6, 8, 9, 3, 2, 1等幾個字母當作節點來建構一個二元樹。在使用中序的走法(Inorder Traversal)將這棵二元樹中節點的值印出時，字母的順序會由小到大排列。請問有關這個二元樹的敘述何者正確？ 【97雲林科技大學資訊管理所甲組】

(1)9是一個內部節點(Internal Node)

(2)7是一個葉節點(Leaf)

(3)2是一個葉節點(Leaf)

(4)該二元樹的樹根是4

( )5. 二元樹進行中序走訪時，要使用哪一種資料結構？

(1)堆疊

(2)佇列

(3)環狀佇列

(4)雜湊

( )6. 下列哪個敘述是錯誤的？

(1)知道前序與後序的走訪順序，可以唯一決定其二元樹

(2)知道前序與中序的走訪順序，可以唯一決定其二元樹

(3)知道後序與中序的走訪順序，可以唯一決定其二元樹

(4)二元樹的後序與前序的走訪順序相同

( )7. 在postorder traversal中，root會被__________處理？

【98高雄第一科技大學資訊管理所技術組】

(1)最後

(2)最先

(3)第二

(4)倒數第二

( ) 8. The following traversals unambiguously define a binary tree. What is its preorder traversal?

Inorder traversal: AIBHCGDFE

Postorder traversal: ABICHDGEF 【97虎尾科技大學資訊管理所】

(1)ABCDEFGHI

(2)ABCDEIHGF

(3)FGHIABCDE

(4)ABCGHIDEF

(5)none of the above

( ) 9. Given a binary search tree, which one of the following traversals will generate a sorted file? 【98中央大學網路學習科技所】

(1)Preorder

(2)Postorder

(3)Inorder

(4)Level-order

( ) 10. Suppose you have the preorder sequence: ABCDEFGHI and the inorder sequence: BCAEDGHFI of the same binary tree. Please construct the binary tree from these sequences.

【97北市教育大學資訊科學所】

實作題

1. 請嘗試修改二元運算樹的程式碼(包含程式碼11-10～程式碼11-16)，使之能儲存並計算多位數的整數。
2. 請嘗試修改程式碼11-15，使之能讓使用者自行輸入中序運算式，並讓程式能依此輸入建立二元運算樹，並求值。

CH12 圖形1

本章內容

- 12-1 圖形的概念
- 12-2 圖形表示法
- 12-3 圖形的走訪
- 12-4 圖形演算法的實作
- 重點整理
- 本章習題

圖形結構是一種探索兩個頂點間是否相連的一種關係圖，若在圖形中連接兩個頂點的邊塡上加權值(有時也稱花費值)，這類圖形就稱爲「網路」。圖形結構是資訊領域常應用的一種資料結構之一，事實上，「樹」就是「圖」的一種特例。但一般都會把樹獨立出來探討，因爲樹在應用上大多用來解決沒有構成迴路的結構；而圖則是用來解決迴路的結構，例如：最短路徑搜尋、拓樸排序等。

12-1 圖形的概念

12-1-1 圖形的種類

圖形的種類有兩種：一爲「無向圖形」、一爲「有向圖形」。無向圖形以(V_1,V_2)表示邊線，有向圖形以$\langle V_1,V_2\rangle$表示邊線。圖形(Graph)是由頂點(Vertice)和邊(Edge)所組成，以G=(V,E)來表示；其中V爲所有頂點的集合、E爲所有邊的集合。

如圖12-1(a)所示：

$$V=\{A,B,C,D,E\}$$

$$E=\{(A,C),(A,D),(A,E),(B,D),(B,E),(C,E),(D,E)\}$$

圖12-1(a)稱爲「無向圖形」，因爲它的邊沒有方向性，沒有方向性的邊以()表示。

如圖12-1(b)所示：

$$V=\{A,B,C,D,E\}$$

$$E=\{\langle A,B\rangle,\langle B,D\rangle,\langle C,B\rangle,\langle D,C\rangle,\langle D,E\rangle,\langle E,C\rangle\}$$

圖12-1(b)稱爲「有向圖形」，因爲它的邊有方向性，有方向性的邊以$\langle\ \rangle$表示。

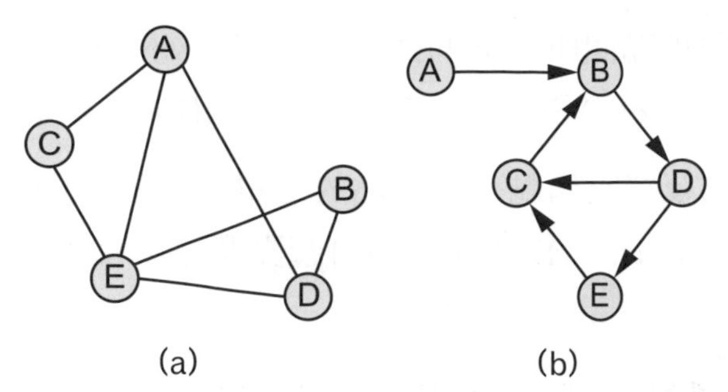

● 圖12-1　圖形的例子，(a)無向圖形；(b)有向圖形

12-1-2　圖形專有名詞

1. **完整圖形**：在「無向圖形」中，N個頂點正好有$N(N-1)/2$條邊，則稱為「完整圖形」。但在「有向圖形」中，則須有$N(N-1)$個邊才能稱為「完整圖形」。

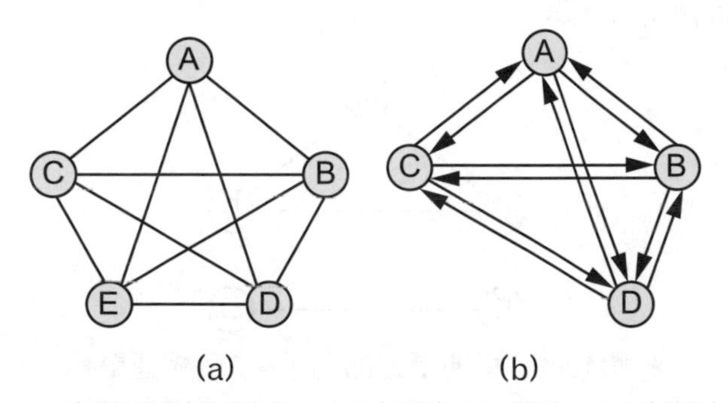

● 圖12-2　完整圖形的例子，(a)完整無向圖形；(b)完整有向圖形

2. **子圖**：G的子圖G'與G''包含於G，如所示。

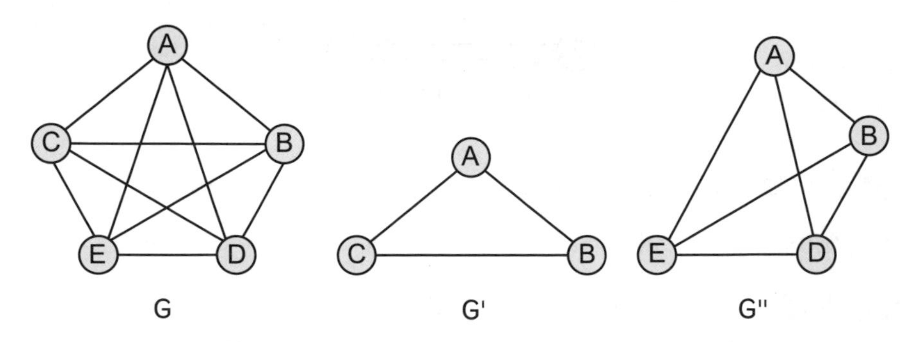

● 圖12-3　子圖的例子，G'與G''都是G的子圖

3. **路徑**：兩個不同頂點間所經過的邊稱爲路徑，如圖12-3 G，由A到E的路徑有{(A,B)、(B,E)}及{(A,B)、(B,C)、(C,D)、(D,E)}等等。

4. **循環**：起始頂點及終止頂點爲同一點的簡單路徑稱爲循環。如圖12-3 G，{(A,B)、(B,D)、(D,E)、(E,C)、(C,A)}起點及終點都是A，所以是一個循環路徑。

5. **相連(亦稱爲連通)**：在無向圖形中，若頂點V_i到頂點V_j間存在路徑，則V_i和V_j是相連的。

6. **相連圖形**：如果圖形G中，任兩個頂點均爲相連，則此圖形稱爲相連圖形，否則稱爲非相連圖形。

7. **路徑長度**：路徑上所包含邊的總數爲路徑長度。

8. **相連單元(亦稱爲連通單元)**：圖形中相連在一起的最大子圖總數，如圖12-4有2個相連單元。

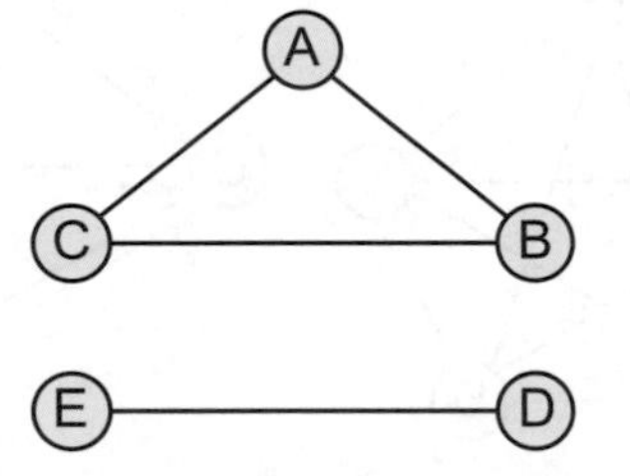

● 圖12-4　相連單元的例子，2個相連單元

9. **強相連(亦稱爲強連通)**：在有向圖形中，若兩個頂點間有兩條方向相反的邊稱爲強相連，圖12-5所示。

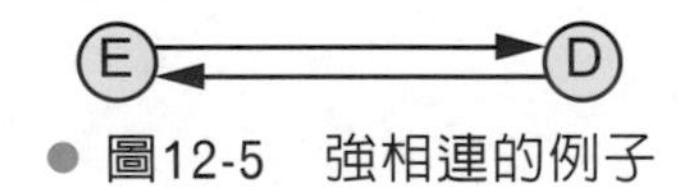

● 圖12-5　強相連的例子

10. **分支度**：在無向圖形中，一個頂點所擁有邊的總數爲分支度，如圖12-3 G，A頂點的分支度爲4。

11. **入/出分支度**：在有向圖形中，以頂點A爲箭頭終點的邊之個數爲入分支度(亦稱爲內分支度)；反之由A出發的箭頭總數爲出分支度(亦稱爲外分支度)。如圖12-6，A的入分支度爲3，出分支度爲1。

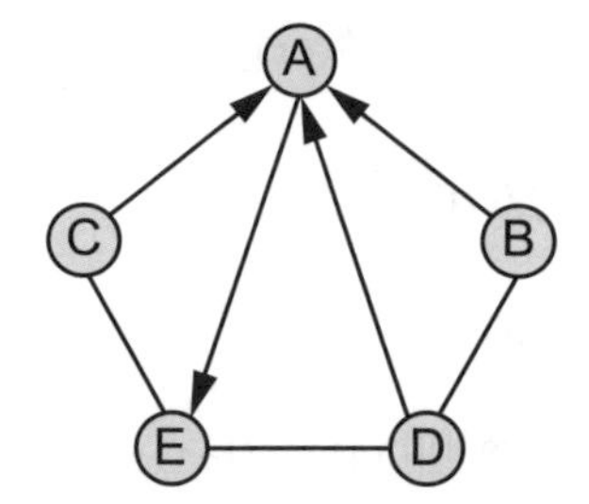

● 圖12-6　分支度的例子

12-2 圖形表示法

儲存圖形的資料結構(或是方法)有很多，本書僅介紹最常用的兩種：「相鄰矩陣」(adjacency matrix)和「相鄰串列」(adjacency list)。

12-2-1　相鄰矩陣表示法

假設圖有n個頂點，則使用n×n的二維陣列來存放該圖形。假設矩陣稱之為M，元素為 a_{ij}，其中$1 \le i,j \le n$，i 為列索引；j 為行索引。則 a_{ij} 以下列規則來設定：

1. 若邊(V_i, V_j)存在(若為有向圖形則為$\langle V_i, V_j \rangle$)，則陣列元素a_{ij}=1。
2. 若邊(V_i, V_j)不存在，則矩陣元素a_{ij}=0。

以圖12-1為例，所建構出來的相鄰矩陣如圖12-7所示。

	A(0)	B(1)	C(2)	D(3)	E(4)
A(0)	0	0	1	1	1
B(1)	0	0	0	1	1
C(2)	1	0	0	0	1
D(3)	1	1	0	0	1
E(4)	1	1	1	1	0

(a)

	A(0)	B(1)	C(2)	D(3)	E(4)
A(0)	0	1	0	0	0
B(1)	0	0	0	1	0
C(2)	0	1	0	0	0
D(3)	0	0	1	0	1
E(4)	0	0	1	0	0

(b)

● 圖12-7　圖形結構的相鄰矩陣表示法範例

以下整理一些相鄰矩陣表示法的特性：

無向圖形相鄰矩陣表示法的特性

1. 相鄰矩陣中元素值只可能爲0或1。
2. 主對角線上的元素值都是0(亦即M[i][i]=0)，因爲頂點不可自成迴路。
3. 若M[i][j]=1，代表頂點 i 和頂點 j 相鄰；反之若M[i][j]=0，代表頂點 i 和頂點 j 不相鄰。
4. 無向圖形的相鄰矩陣一定是「對稱矩陣」，且其中非零項的數目恰好是邊數的2倍。
5. 每一列(或每一行)都記錄著某個頂點連接到其他頂點的狀態，該列非零項的數目，爲該頂點的分支度。如圖12-7(a)的第0列(或第0行)有3個非零項，表示頂點A的分支度爲3。

有向圖形相鄰矩陣表示法的特性

1. 有向圖形的相鄰矩陣不一定是對稱矩陣。
2. M[i][j]=1表示頂點 i 有邊到頂點 j；但M[j][i]不一定爲1，因爲頂點 j 不一定同時有邊到頂點 i。因此，整個矩陣的非零項的數目，會剛好等於有向圖形的邊數。
3. 每一列非零項的數目，代表該頂點的出分支度；而每一行非零項的數目，代表該頂點的入分支度。

12-2-2 相鄰串列表示法

如果圖形結構的頂點數很多，但邊數很少，相鄰矩陣就會變成稀疏矩陣，會造成記憶體的浪費。爲了避免儲存空間的浪費，可以考慮將相鄰頂點用串列一個一個串起來。以圖12-1爲例，所建構出來的相鄰串列如圖12-8所示。

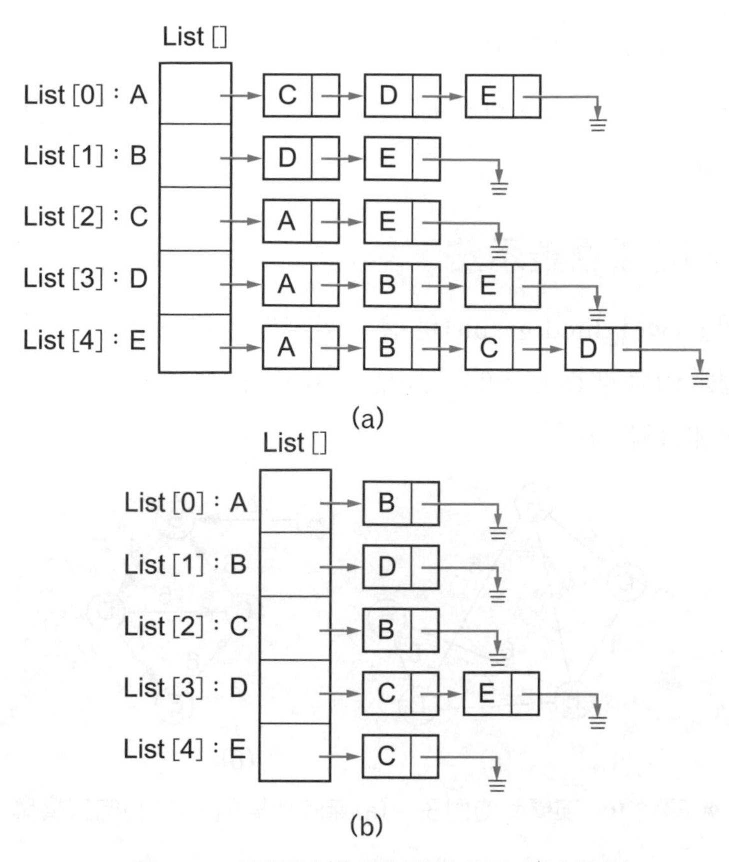

● 圖12-8　圖形結構的相鄰串列表示法範例

以下整理一些相鄰串列表示法的特性：

無向圖形相鄰串列表示法的特性

1. List[]為指標(或參考)陣列，用來記錄串列的第一個節點位址(或參考)，其元素個數為圖形結構的頂點數目。
2. 節點總數剛好等於圖形結構邊數的2倍，原因和相鄰矩陣一樣，一個無向圖形的邊的兩個頂點，會各自在對方的串列中出現。
3. 每個串列的節點數目為該頂點的分支度。

有向圖形相鄰串列表示法的特性

1. List[]陣列的說明同無向圖形相鄰串列表示法特性的第1項。
2. 節點總數會剛好等於圖形結構的邊數。

3. 每個串列的節點數目爲該頂點的出分支度。
4. 至於各頂點的入分支度，則需掃描所有串列，將各節點出現在所有串列中的次數作加總。

12-2-3 加權圖表示法

「加權圖」(weighted graph)是指一個圖形，它的每一個邊都對應到一個數值，而這個數值就稱爲此邊的「加權」(weight)。圖12-9(a)及(b)分別是無向加權圖及有向加權圖的例子。

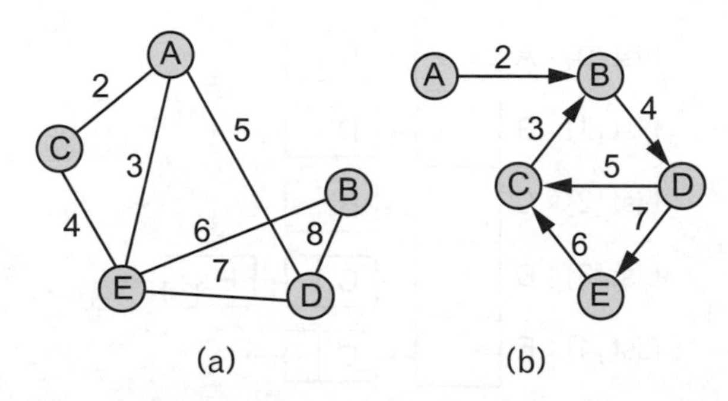

● 圖12-9 加權圖的例子，(a)無向加權圖；(b)有向加權圖

加權圖的相鄰矩陣表示法：

1. 如果頂點V_i到頂點V_j的邊之加權爲k，則M[i][j]=k。
2. 如果頂點V_i與頂點V_j並不相鄰，則M[i][j]=∞。
3. 並且定義，對所有的 i，M[i][i]=0。

	A(0)	*B*(1)	*C*(2)	*D*(3)	*E*(4)
A(0)	0	∞	2	5	3
B(1)	∞	0	∞	8	6
C(2)	2	∞	0	∞	4
D(3)	5	8	∞	0	7
E(4)	3	6	4	7	0

(a)

	A(0)	*B*(1)	*C*(2)	*D*(3)	*E*(4)
A(0)	0	2	∞	∞	∞
B(1)	∞	0	∞	4	∞
C(2)	∞	3	0	∞	∞
D(3)	∞	∞	5	0	7
E(4)	∞	∞	6	∞	0

(b)

● 圖12-10 加權圖的相鄰矩陣表示法範例

加權圖的相鄰串列表示法比較少用，如果需要，就是在每個節點再加一個「加權」的欄位，如圖12-11所示。

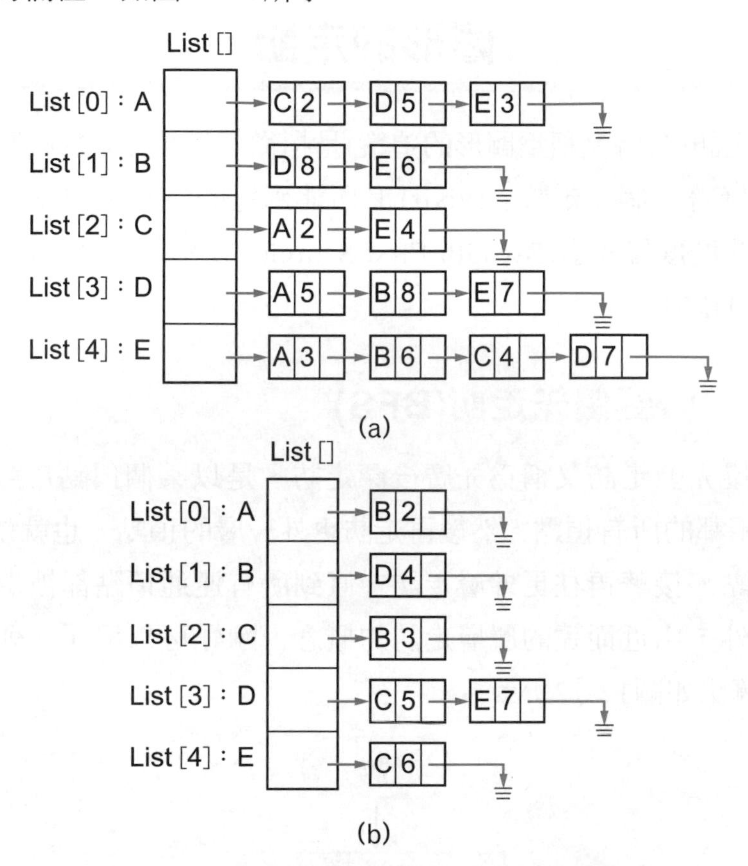

● 圖12-11　加權圖的相鄰串列表示法範例

12-3 圖形的走訪

圖形的走訪(有時又稱為圖形的追蹤)是指從某個頂點V_s為起點，照著某種順序，一個接著一個「走訪」(visit) V_s所能到達的每一個頂點。而走訪的順序有兩種：「廣度優先」(Breadth First Search, BFS)和「深度優先」(Deepth First Search, DFS)。

12-3-1 廣度優先走訪(BFS)

「廣度優先」走訪又稱為先廣後深走訪，是以某個頂點V_s為起點，先拜訪和起點V_s相鄰的所有頂點。然後再走訪更外一層的頂點，也就是其他與V_s相鄰的所有頂點。接著再往更外層走訪，直到所有連通頂點都被走訪過為止。這種由內而外，由近而遠的層層走訪的概念，剛好可以用「佇列結構」來完成。BFS演算法如圖12-12所示。

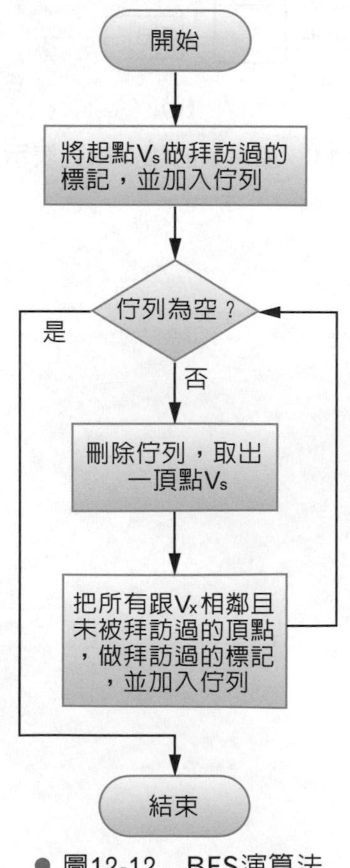

● 圖12-12 BFS演算法

範例

以圖12-1(a)為例，由A作為起始頂點，使用廣度優先走訪，列出走訪的順序。

根據演算法，將每個步驟列於下表：

動作說明	佇列	已走訪頂點
Step0 初始狀態	空	無
Step1 走訪A(輸出A)， 標示A已走訪， 將A加入佇列。	*A*	*A*
Step2 刪除佇列，取得頂點A， 將所有與A相鄰且未被拜訪過的頂點(C,D,E)一一拜訪(輸出C,D,E)，且加入佇列。	*C,D,E*	*A,C,D,E*
Step3 刪除佇列，取得頂點C， 沒有任何頂點與C相鄰且未被拜訪過。	*D,E*	*A,C,D,E*
Step4 刪除佇列，取得頂點D， 將所有與D相鄰且未被拜訪過的頂點(B)一一拜訪(輸出B)，且加入佇列。	*B,E*	*A,C,D,E,B*
Step5 刪除佇列，取得頂點B， 沒有任何頂點與B相鄰且未被拜訪過。	*E*	*A,C,D,E,B*
Step6 刪除佇列，取得頂點E， 沒有任何頂點與E相鄰且未被拜訪過。	空	*A,C,D,E,B*
Step7 佇列已空，停止。		

練習

以圖12-3 G''為例，由A作為起始頂點，使用廣度優先走訪，列出走訪的順序。

12-3-2　深度優先走訪(DFS)

「深度優先」走訪又稱為先深後廣走訪，是以某個頂點V_s為起點，接著選擇和V_s相鄰的任一頂點V_x，並由V_x繼續做深度優先走訪。當到達某個頂點V_u時，若V_u所有相鄰的頂點都已走訪過，無法繼續深入時，則必須退回V_u的上個拜訪點，然後繼續做深度優先走訪。「深度優先」走訪可以使用「堆疊結構」來完成，其演算法如圖12-14所示；也可以使用「遞迴」的方式來完成，如圖12-13所示。

演算法：DFS(起點V_s)

　拜訪V_s

　對所有與V_s相鄰且未被拜訪過的頂點V_x，重複迴圈

　　遞迴呼叫DFS(V_x)

　迴圈結束

演算法結束

● 圖12-13　DFS遞迴演算法

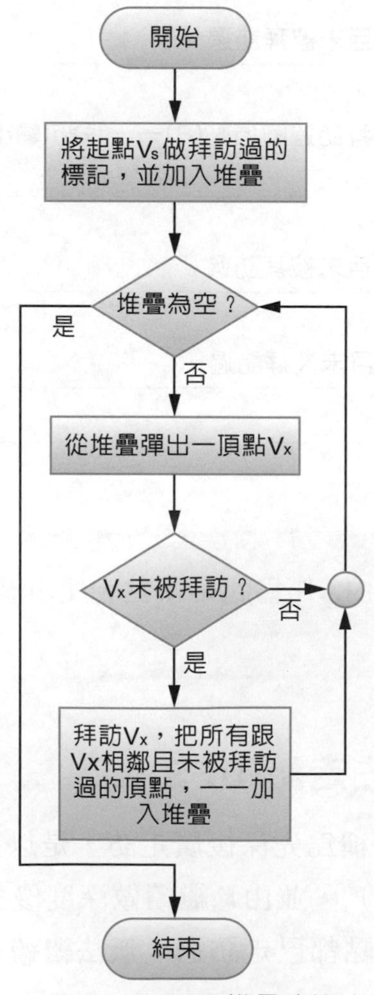

● 圖12-14　DFS堆疊演算法

範例

以圖12-1 (a)為例，由A作為起始頂點，使用深度優先走訪，列出走訪的順序。

根據演算法，將每個步驟列於下表：

動作說明	堆疊	已走訪頂點
Step0 初始狀態	空	無
Step1 將A推入堆疊。	A	無
Step2 彈出堆疊，取得頂點A， 將所有與A相鄰且未被拜訪過的頂點(C,D,E)一一推入堆疊。 拜訪A	E D C	*A*
Step3 彈出堆疊，取得頂點E， 將所有與E相鄰且未被拜訪過的頂點(B,C,D)一一推入堆疊。 拜訪E	D C B D C	*A,E*
Step4 彈出堆疊，取得頂點D， 將所有與D相鄰且未被拜訪過的頂點(B)一一推入堆疊。 拜訪D	B C B D C	*A,E,D*
Step5 彈出堆疊，取得頂點B， 沒有任何頂點與B相鄰且未被拜訪過。 拜訪B	C B D C	*A,E,D,B*

動作說明	堆疊	已走訪頂點
Step6 彈出堆疊，取得頂點C， 沒有任何頂點與C相鄰且未被拜訪過。 拜訪C	B D C	A,E,D,B,C
Step7 彈出堆疊，取得頂點B， 沒有任何頂點與B相鄰且未被拜訪過。	D C	A,E,D,B,C
Step8 彈出堆疊，取得頂點D， 沒有任何頂點與D相鄰且未被拜訪過。	C	A,E,D,B,C
Step9 彈出堆疊，取得頂點C， 沒有任何頂點與C相鄰且未被拜訪過。	空	A,E,D,B,C
Step10 堆疊已空，停止。		

練習

➧ **題目：**以圖12-3 G''為例，由A作為起始頂點，使用深度優先走訪，列出走訪的順序。

12-4 圖形演算法的實作

以下就先針對本章所提到的各種圖結構演算法的實作，做一個簡單的介紹，包含「圖形資料結構的建立」及「圖形走訪」等：

12-4-1 圖形結構的建立

圖形結構的表示法分為兩種：一為相鄰陣列表示法，一為相鄰串列表示法。也就是說，在後續實作圖形結構的演算法時，要不使用陣列結構，要不使用串列結構來表示欲處理的那個圖形結構。問題是，一開始的陣列結構或是串列結構該如何輸入程式，而又能不失其彈性？也就是說，不要把圖形結構寫死在程式碼內，而是讓程式能自動讀取使用者所輸入的圖形結構。

圖形的相鄰陣列表示法，不管是用來表示無向圖形、有向圖形、或是加權圖，都是使用矩陣來表示。矩陣的維度n就是圖形頂點的個數。而我們又可以使用輸入檔的概念，讓程式自動讀取圖形的結構。因此，建立一個輸入檔，包含了圖形結構的陣列表示法，就可以很容易讓程式自動產生圖形結構。比起建立圖形的相鄰串列還要來的簡單。若後續的程式碼有需要用到圖形的相鄰串列，程式也很容易從相鄰矩陣轉換成相鄰串列的格式。

ACM-ICPC[1]是大學程式競賽中歷史悠久，參賽規模最大的團隊程式競賽，競賽題目通常都是要求程式要依規定讀入輸入檔，然後依要求產生輸出檔，而且通常都是撰寫主控台的程式[2]。有很多線上評分(Online Juage)的網站提供相當多這類的題目，如UVa Online Juage是目前題目最多的一個線上評分平台。國內的「大學程式能力檢定」(Collegiate Programming Examination)是爲了提升國內學生的程式能力所設立的，而CPE題目也大多來自著名UVA Online Judge網站。

在此，我們將示範如何寫程式從輸入檔讀入所需的資料？如何依題目要求產生輸出檔？其實，這類的題目，並不是眞的去開啓一個檔案，或寫入一個檔案；而是使用標準輸入/輸出(Standard Input/Output)，利用命令列的「重導向」，將輸入檔轉向爲標準輸入，而將標準輸出轉向爲檔案。

圖形結構的相鄰矩陣輸入檔的定義如下：

第1行有1個正整數，令其為n，表示圖形的頂點數。從第2行開始連續n行，每行有n個整數，且每個整數之間以一個空白字元隔開。假設將n×n個整數存放於矩陣M中，而元素a_{ij}(其中1≤i,j≤n，i為列索引；j為行索引)的值若為0，表示邊(V_i, V_j)不存在；若為1，表示邊(V_i, V_j)存在；若為-1，表示加權圖中的頂點V_i與頂點V_j並不相鄰；若為其他正整數，表示加權圖中的頂點V_i與頂點V_j的邊之加權值。

1. Association for Computing Machinery- International Collegiate Programming Contest
2. 這也是筆者認爲主控台程式很重要的原因。

通常我們會使用Visual Studio整合型工具來開發C/C++，如何在這樣的整合型開發工具內使用到命令列的參數呢？我們可以從專案的屬性頁面來設定，如圖12-16所示。從左邊點選「偵錯」頁籤，在右邊的畫面可以看到「命令引數」的欄位，點選右邊的文字方塊，輸入「< input.txt」。其中，「input.txt」爲您所建置的輸入檔，其內容須參照上述定義，若以圖12-7(a)爲範例的話，內容可爲圖12-15所示。如定義所述，其中第1行爲一個正整數，表示圖形的頂點數爲5，之後有連續5行，每行有5個整數，且每個整數之間以一個空白字元隔開。而「input.txt」檔必須放在專案的資料夾內，如圖12-7所示。

所以根據這樣的定義，我們就可以寫成是把輸入檔讀進來，並產生一個圖形結構的相鄰矩陣表示法，如程式碼12-1所示，其中會用到動態配置二維陣列的副程式，如程式碼12-2所示。但如果想建立圖形結構的相鄰串列表示法，則可由相鄰矩陣表示法來轉換。由於我們所指示的程式碼是以C/C++所撰寫，並無法使用.NET Framework的LinkedList類別，所以最方便的方法是使用本書第6章所述的，以動態配置結構體所實作的鏈結串列，有關動作副程式請參考第6章程式碼6-1。不管是無向圖形、有向圖形、加權圖形，都是根據每個頂點的出分支度來建立串列的，所以只要逐列掃瞄圖形結構的相鄰陣列，就可找出每個頂點向外所連接的頂點了。因此，建立圖形結構相鄰串列的動作副程式如程式碼12-8所示。爲了能夠讓我們分辨相鄰串列中的節點是代表哪個頂點，我們在節點資料結構(myNode)的宣告中加入了vertexNum欄位(如程式碼12-5所示)，用來記錄頂點編號。同樣的，配置串列節點的副程式也須做修改，如程式碼12-6所示。在列印串列的副程式(如程式碼12-7所示)中，沒有括號的數字就是頂點編號。

```
5
0 0 1 1 1
0 0 0 1 1
1 0 0 0 1
1 1 0 0 1
1 1 1 1 0
```

● 圖12-15　輸入檔範例

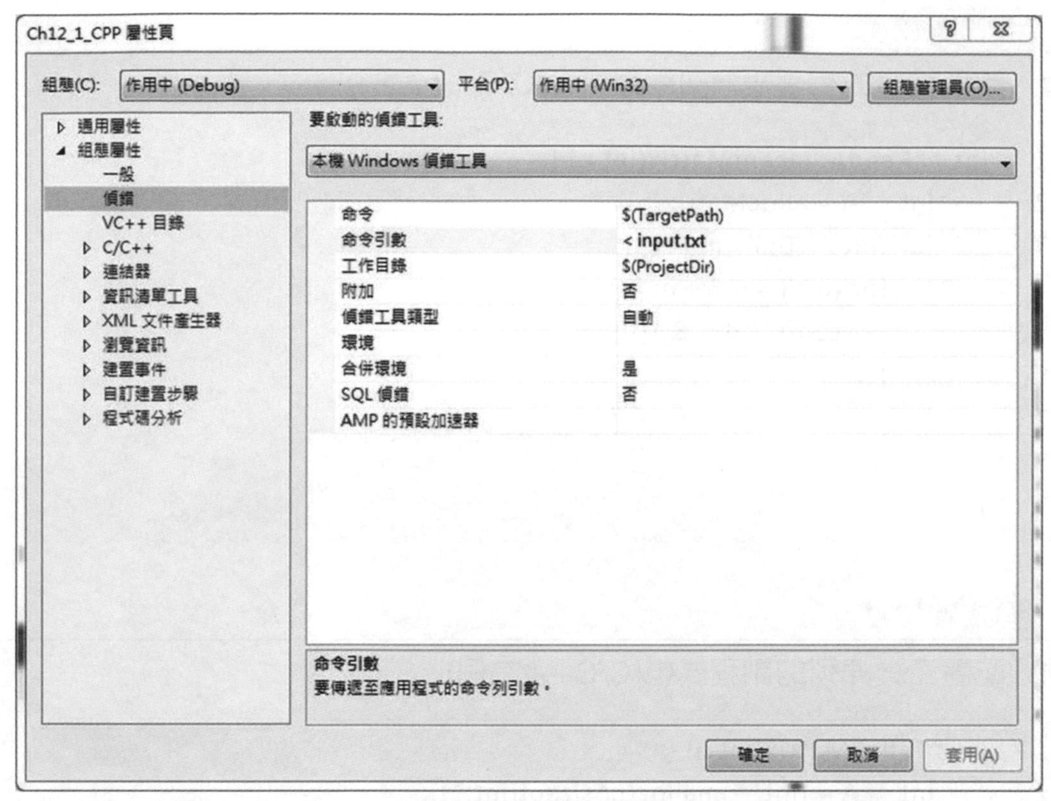

● 圖12-16　Visual Studio的專案屬性頁面，設定命令列引數的方法

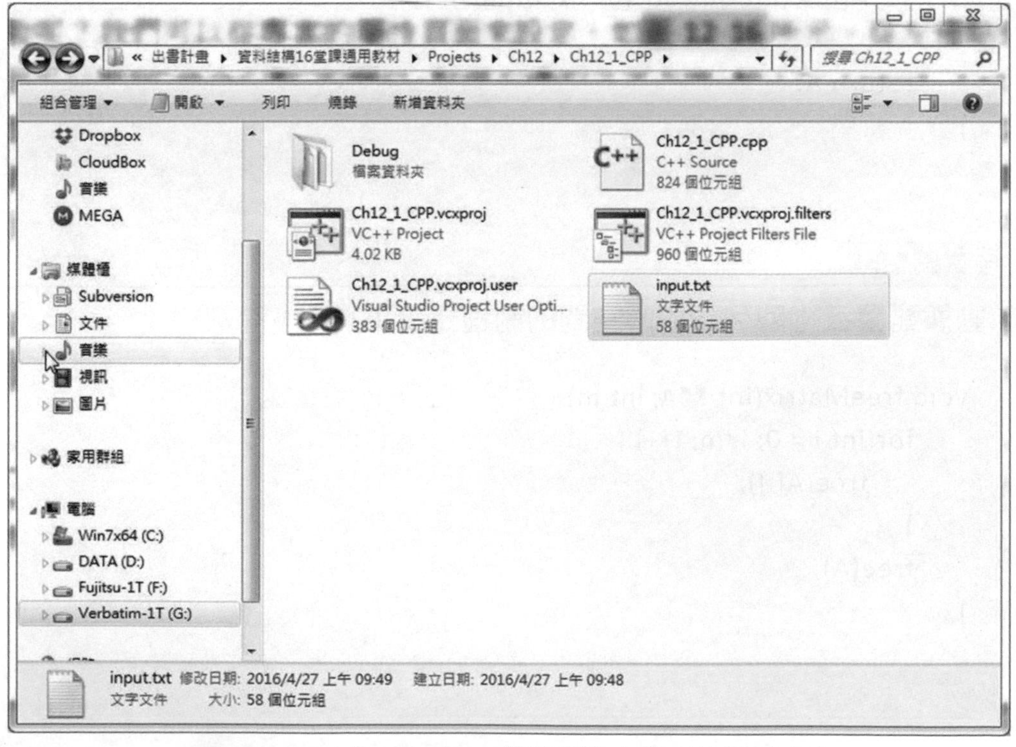

● 圖12-17　「input.txt」檔必須放在專案的資料夾內

程式碼12-1

讀入圖形結構的相鄰矩陣的副程式(以C/C++為例)

```
1   int **ReadAdjacentMatrix(int n) {
2       int **A = allocMatrix(n);
3       for (int i = 0; i < n; i++) {
4           for (int j = 0; j < n; j++) {
5               scanf("%d ", &A[i][j]);
6           }
7       }
8       return A;
9   }
```

程式碼12-2

動態配置二維陣列的副程式(以C/C++為例)

```
1   int **allocMatrix(int n) {
2       int **A = (int**)malloc(n*sizeof(int *));
3       for (int i = 0; i < n; i++) {
4           A[i] = (int*)malloc(n*sizeof(int));
5       }
6       return A;
7   }
```

程式碼12-3

釋放動態配置二維陣列記憶體空間的副程式(以C/C++為例)

```
1   void freeMatrix(int **A, int m) {
2       for(int i = 0; i<m; i++) {
3           free(A[i]);
4       }
5       free(A);
6   }
```

程式碼12-4

列印二維陣列的副程式(以C/C++為例)

```
1    void printMatrix(int** A, int n) {
2        for (int i = 0; i < n; i++) {
3            for (int j = 0; j < n; j++) {
4                printf("%d ", A[i][j]);
5            }
6            printf("\n");
7        }
8    }
```

程式碼12-5

串列節點的宣告(以C/C++為例)

```
1    typedef struct _myNode {
2        int data;
3        int vertexNum;
4        struct _myNode *nextLink;
5        struct _myNode *prevLink;
6    } myNode;
7    typedef myNode *myNodePtr;
```

程式碼12-6

配置串列節點的副程式(以C/C++為例)

```
1    myNodePtr allocNode(int vertexNum, int data) {
2        myNodePtr newNode = (myNodePtr)malloc(sizeof(myNodePtr));
3        newNode->vertexNum= vertexNum;
4        newNode->data = data;
5        newNode->nextLink = NULL;
6        newNode->prevLink = NULL;
7        return newNode;
8    }
```

程式碼12-7

列印串列陣列的副程式(以C/C++為例)

```
1   void printList(myNodePtr *list, int n) {
2       myNodePtr p;
3       int cnt;
4       for (int i = 0; i < n; i++) {
5           p = list[i];
6           cnt = 0;
7           while (p != NULL) {
8               printf("%d(%d) ", p->vertexNum, p->data);
9               p = p->nextLink;
10              cnt++;
11          }
12          printf("\n");
13      }
14  }
```

程式碼12-8

以相鄰矩陣建立相鄰串列的副程式(以C/C++為例)

```
1   myNodePtr *CreateAdjanceList(int **M, int num) {
2       myNodePtr *list = (myNodePtr *)malloc(num*sizeof(myNodePtr*));
3       myNodePtr prev=NULL, newNode=NULL;
4       for (int i = 0; i < num; i++) {
5           list[i] = NULL;
6           for (int j = 0; j < num; j++) {
7               if (M[i][j] != 0) {
8                   if (list[i] == NULL) {
9                       list[i] = allocNode(j, M[i][j]);
10                      prev = list[i];
11                  }
12                  else {
13                      newNode = allocNode(j, M[i][j]);
14                      prev->nextLink = newNode;
```

```
15                  prev = newNode;
16              }
17          }
18      }
19    }
20    return list;
21  }
```

12-4-2 BFS演算法的實作

根據BFS的演算法是必須用到佇列(如圖12-12所示)，而我們的程式是以C/C++所撰寫的，無法使用.NET Framework的Queue類別，所以還是得使用本書第6章所述的，以動態配置結構體所實作的鏈結串列來模擬佇列。而本書的第9章有提到，佇列的兩個主要動作副程式「加入」及「刪除」，可以用第6章的addLast(int data)及removeFirst()來實作。以下則簡單敘述程式設計的觀念：

1. 程式碼12-9爲BFS的副程式，其中傳入2個參數，第一爲圖形的相鄰串列list，是由上一小節CreateAdjanceList副程式所建構出來的；第二爲起始節點編號num。

2. visitNode副程式用來對節點做拜訪的動作，在此我們使用多載副程式(Overloading)，傳入的參數有不同資料型別。一個爲傳入myNodePtr型別的節點(如程式碼12-14所示)、另一爲傳入int型別的節點編號(如程式碼12-15所示)。如果是用C語言撰寫，則須將這兩個多載副程式用不同副程式名稱來實作。

3. 根據BFS演算法，一開始就對起始節點作拜訪的記號，而BFS副程式傳入的參數是節點編號num，所以使用visitNode(num)來拜訪num編號的節點[3]，如程式碼12-9的第3行所示。

4. 在本章，爲了方便處理「加入」的動作，我們將addLast副程式所傳入的參數與回傳值的資料型別改成節點指標(myNodePtr)，如程式碼12-10所示。

3. 這也就是visitNode需要有傳入節點編號參數副程式的原因。

5. 由於所有的頂點均為list的節點，如果直接將list[num]所指到的節點直接加到佇列中，那麼在「刪除」佇列節點以及判斷佇列是否為空佇列時，將會出現錯誤。實際的做法是不能直接將list[num]或其節點直接「加入」佇列，而須根據其頂點編號及資料值，新增一個節點再加入佇列，如程式碼12-9的第5及12行所示。而新增一個佇列節點的程式如程式碼 12-16所示，其中我們在節點結構中多了一個成員變數vertexNum，用來記錄頂點編號。

程式碼12-9

BFS以佇列實作的副程式(以C++為例)

```
1   void BFS(myNodePtr*list, int num) {
2       myNodePtr p = list[num];
3       visitNode(num);
4       if (isEmpty()) {
5           addLast(allocNode(num, 1));
6       }
7       while (!isEmpty()) {
8           p = list[removeFirst()->vertexNum];
9           while (p != NULL) {
10              if (!isVisited[p->vertexNum]) {
11                  visitNode(p);
12                  addLast (allocNode(p->vertexNum, p->data));
13              }
14              p = p->nextLink;
15          }
16      }
17      printf("\n");
18  }
```

程式碼12-10

addLast副程式(以C++為例)

```
1   myNodePtr addLast () {
2       return addAfter(tail, newNode);
3   }
```

程式碼12-11

addAfter副程式(以C++為例)

```
1   myNodePtr addAfter(myNodePtr listIdx, myNodePtr newNode) {
2       if (isEmpty()) {
3           listIdx = head = tail = newNode;
4       }
5       myNode *n = listIdx->nextLink;
6       newNode->nextLink = n;
7       newNode->prevLink = listIdx;
8       listIdx->nextLink = newNode;
9       if (listIdx == tail) {
10          tail = newNode;
11      }
12      else {
13          n->prevLink = newNode;
14      }
15      return newNode;
16  }
```

程式碼12-12

removeFirst副程式(以C++為例)

```
1   myNodePtr removeFirst() {
2       return removeNode(head);
3   }
```

程式碼12-13

removeNode副程式(以C++為例)

```
1   myNodePtr removeNode(myNodePtr listIdx) {
2       if (listIdx != NULL) {
3           myNodePtr n = listIdx->nextLink;
4           myNodePtr p = listIdx->prevLink;
5           if (listIdx == head) {
```

```
6                   head = n;
7                   if (head != NULL)
8                       head->prevLink = NULL;
9               }
10              else {
11                  if (p != NULL)
12                      p->nextLink = n;
13              }
14              if (listIdx == tail) {
15                  tail = p;
16                  if (tail != NULL)
17                      tail->nextLink = NULL;
18              }
19              else {
20                  if (n != NULL)
21                      n->prevLink = p;
22              }
23          }
24          return listIdx;
25      }
```

程式碼12-14

visitNode(myNodePtr ptr)副程式(以C++為例)

```
1   void visitNode(myNodePtr ptr) {
2       isVisited[ptr->vertexNum] = true;
3       printf("%d ", ptr->vertexNum);
4   }
```

程式碼12-15

visitNode(int vertexNum)副程式(以C++為例)

```
1   void visitNode(int vertexNum) {
2       isVisited[vertexNum] = true;
3       printf("%d ", vertexNum);
4   }
```

程式碼12-16

allocNode(int vertexNum, int data)副程式(以C++為例)

```
1    myNodePtr allocNode(int vertexNum, int data) {
2        myNodePtr newNode = (myNodePtr)malloc(sizeof(myNodePtr));
3        newNode->vertexNum = vertexNum;
4        newNode->data = data;
5        newNode->nextLink = NULL;
6        newNode->prevLink = NULL;
7        return newNode;
8    }
```

12-4-3 DFS演算法的實作

根據DFS演算法是可以使用堆疊或是遞迴的方式來實作，本書示範以堆疊實作DFS演算法。同樣在不能使用.NET Framework的Stack類別的情況下，我們一樣使用第6章的addFirst(int data)及removeFirst()來實作堆疊的兩個主要動作「推入」及「彈出」。以下則簡單敘述程式設計的觀念：

1. 程式碼12-17爲DFS的副程式，一樣傳入2個參數，第一爲圖形的相鄰串列list，是由上一小節CreateAdjanceList副程式所建構出來的；第二爲起始節點編號num。
2. 一樣將addFirst副程式所傳入的參數與回傳值的資料型別改成節點指標(myNodePtr)，如程式碼12-18所示。

程式碼12-17

DFS以佇列實作的副程式(以C++為例)

```
1    void DFS(myNodePtr*list, int num) {
2        myNodePtr p = list[num];
3        if (isEmpty()) {
4            addFirst(allocNode(num, 1));
5        }
6        while (!isEmpty()) {
7            p = removeFirst();
```

```
8            if (!isVisited[p->vertexNum]) {
9               visitNode(p);
10              p = list[p->vertexNum];
11              while (p != NULL) {
12                 if (!isVisited[p->vertexNum]) {
13                    addFirst(allocNode(p->vertexNum, p->data));
14                 }
15                 p = p->nextLink;
16              }
17           }
18        }
19        printf("\n");
20     }
```

程式碼12-18

addFirst副程式(以C++為例)

```
1   myNodePtr addFirst(myNodePtr newNode) {
2       if (isEmpty()) {
3           head = newNode;
4           tail = newNode;
5       }
6       else {
7           head->prevLink = newNode;
8           newNode->nextLink = head;
9           head = newNode;
10      }
11      return newNode;
12  }
```

12-4-4　主程式

前面列出了大部分的副程式，而這些副程式應該都有一些修改，其餘沒列出來的，請參考第6或7章程式碼。

主程式的說明如下：

1. 主要是用來測試BFS及DFS演算法，但在此之前須讀入圖形結構。
2. 使用ReadAdjacentMatrix副程式來讀取外部檔案的內容。
3. 然後用CreateAdjanceList副程式將相鄰矩陣轉換成相鄰串列表示法。
4. BFS及DFS演算法都需要使用到相鄰串列表示法。
5. 執行結果如圖12-18所示。

程式碼12-19

主程式(以C++為例)

```
1   int main(void) {
2       while (scanf("%d\n", &num) != EOF) {
3           M = ReadAdjacentMatrix(num);
4           printf("相鄰矩陣：\n");
5           printMatrix(M, num);
6           list = CreateAdjanceList(M, num);
7           printf("\n相鄰串列：\n");
8           printList(list, num);

9           isVisited = (bool *)malloc(num*sizeof(bool));
10          printf("\nBFS：\n");
11          resetIsVisited(num);
12          BFS(list, 0);
13          printf("\nDFS：\n");
14          resetIsVisited(num);
15          DFS(list, 0);
16      }
17  }
```

程式碼12-20

printList副程式(以C++為例)

```
1   void printList(myNodePtr *list, int n) {
2       myNodePtr p;
3       int cnt;
4       for (int i = 0; i < n; i++) {
5           p = list[i];
6           cnt = 0;
7           while (p != NULL) {
8               printf("%d(%d) ", p->vertexNum, p->data);
9               p = p->nextLink;
10              cnt++;
11          }
12          printf("\n");
13      }
14  }
```

● 圖12-18　執行結果

1. 了解圖形的種類分為「無向圖形」及「有向圖形」兩大類。若每一個邊都對應到一個數值，則這樣的圖稱為「加權圖」。
2. 了解圖形結構的相鄰矩陣與相鄰串列表示法及其特性。
3. 了解圖形走訪的演算法「廣度優先」走訪與「深度優先」走訪，及其演算法。

基礎題

(　　) 1. 下列敘述何者錯誤？

(1) 樹(Tree)可視為圖(Graph)的特例

(2) 尤拉環路(Euler Circuit)的充分且必要條件為每個頂點(Vertices)的分支度(Degree)必須是奇數(Odd)

(3) 簡單路徑(Simple Path)係指路徑上除了起點(Starting Point)和終點(Ending Point)可能相同外，其他的頂點都不同的路徑

(4) 完全無向圖(Complete Undirected Graph)中，n個頂點恰好擁有n(n-1)/2條邊

(　　) 2. 有向圖(Direct Graph)中，若以頂點V為箭頭的邊數目，稱之為頂點V的：

(1)入分支度(In-degree)

(2)出分支度(Out-degree)

(3)路徑(Path)

(4)以上皆非

(　　) 3. 一條簡單路徑(Simple Path)，若其起點與終點為同一頂點時稱為：

(1)樹

(2)迴圈(循環)

(3)相連路徑

(4)子圖

(　　) 4. 無向圖形的相鄰矩陣是一種“對稱矩陣”，為了節省記憶體空間，我們可以利用哪一種方式來儲存？

(1)稀疏矩陣

(2)相鄰串列

(3)上三角矩陣

(4)以上皆是

(　　) 5. 若以相鄰矩陣(Adjacency Matrix)來表示圖形，則該矩陣第3列上所有不為0的元素個數為：
(1)圖形上所有節點個數
(2)圖形上所有節點個數的一半
(3)節點3所有鄰居節點個數
(4)節點3所有鄰居節點個數的一半

(　　) 6. 若一個無向圖有n個頂點，則其最大邊數為何？
(1)(n-1)
(2)n
(3)n(n-1)/2
(4)n(n-1)

(　　) 7. 若一個有向圖有n個頂點，則其最大邊數為何？
(1)(n-1)
(2)n
(3)n(n-1)/2
(4)n(n-1)

(　　) 8. 相鄰串列中所使用的節點結構，下列敘述何者正確？
(1)由1個欄位組成
(2)由2個欄位組成
(3)由3個欄位組成
(4)由4個欄位組成

(　　) 9. 相鄰串列中所使用的節點結構是由那些欄位構成？
(1)資料欄位及指標欄位
(2)首節點欄位及尾節點欄位
(3)頂點欄位及指標欄位
(4)以上皆非

(　　) 10. 在圖形上的每個邊都給予一個權重值(Weight)，其主要目的為：

(1)距離

(2)成本

(3)關係強度

(4)以上皆是

實作題

1. 請將DFS演算法以遞迴的方式實作。

CH13 圖形2

本章內容

- 13-1　擴張樹
- 13-2　最低成本擴張樹 (Minimum Cost Spanning Tree)
- 13-3　最短路徑問題
- 重點整理
- 本章習題

前一章已經介紹了圖形的基本概念及走訪的演算法，這章則要介紹幾個圖形結構常用的範例。

13-1 擴張樹

擴張樹(Spanning Tree)有時又稱爲展開樹，是將無向圖形的所有頂點使用邊線連接起來，但邊線不會形成迴圈。也就是說，擴張樹的邊線將比頂點數少1，因爲再多一邊線，就會形成迴圈。一個圖形G的擴張樹T可定義爲：

1. T為G的子圖。
2. T包含G所有的頂點。
3. T是一棵樹。

一個圖形G的擴張樹可能不只一個，除非圖形G本身就是一棵樹。圖13-1列出圖形及它的擴張樹的例子。

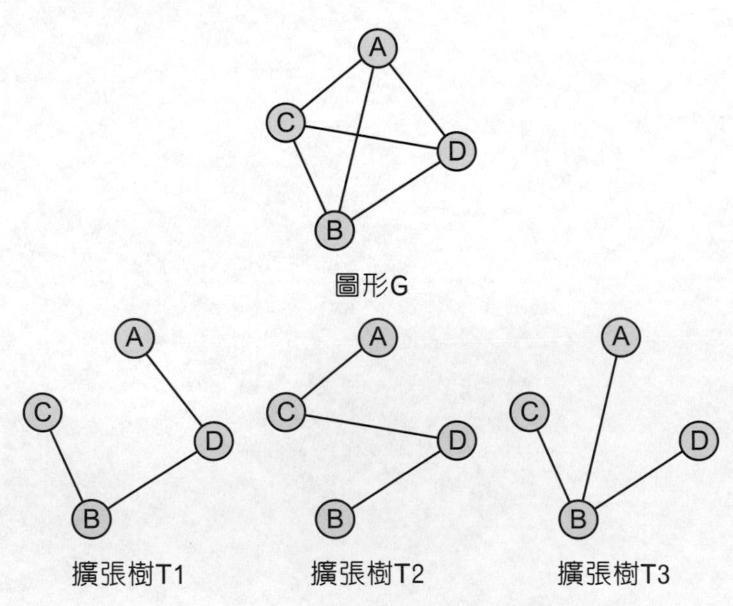

● 圖13-1　圖形G和幾個它的擴張樹

一個連通圖形的擴張樹，必定包含所有頂點，且根據樹的性質，邊數爲頂點數減一。我們可以在拜訪圖形的節點時，把所經過的邊逐一加入擴張樹T中。因此，依搜尋法不同可分爲「廣度優先擴張樹」(BFS Spanning Trees)及「深度優先擴張樹」(DFS Spanning Trees)，茲分述於下列小節。

13-1-1 擴張樹表示法

不過在開始解說這兩種擴張樹的演算法時，必須先決定擴張樹的表示法，也就是該如何儲存擴張樹結構。雖然本書第10章有討論到樹的表示法，但不論用「通用鏈結串列表示法」或是「左子右弟表示法」都不太適合來表示擴張樹。其實，擴張樹是原本圖形結構的子圖，所以用圖形結構表示法來儲存擴張樹結構是再適合不過了。其中又以「相鄰矩陣表示法」在走訪圖形時比較方便建立擴張樹的結構。所以，後續的演算法如果提到「將邊(V_x,V_y)加入擴張樹T」，意思就是「將矩陣元素a_{xy}設爲1」。

13-1-2 廣度優先擴張樹(BFS Spanning Trees)

可藉由BFS演算法來獲得BFS擴張樹。假設T爲BFS擴張樹的「相鄰矩陣」，一開始將T的所有元素皆設爲0。只要將走訪的邊逐一加入T中即可。廣度優先擴張樹演算法如圖13-2廣度優先擴張樹演算法所示，跟BFS演算法一樣是使用佇列來完成的。

以圖13-3(a)爲例，根據演算法會先得到廣度優先擴張樹T的相鄰矩陣(如圖13-3(c)所示)，再根據圖13-3(c)的相鄰矩陣，可以畫出擴張樹T的圖形(如圖13-3(b)所示)。

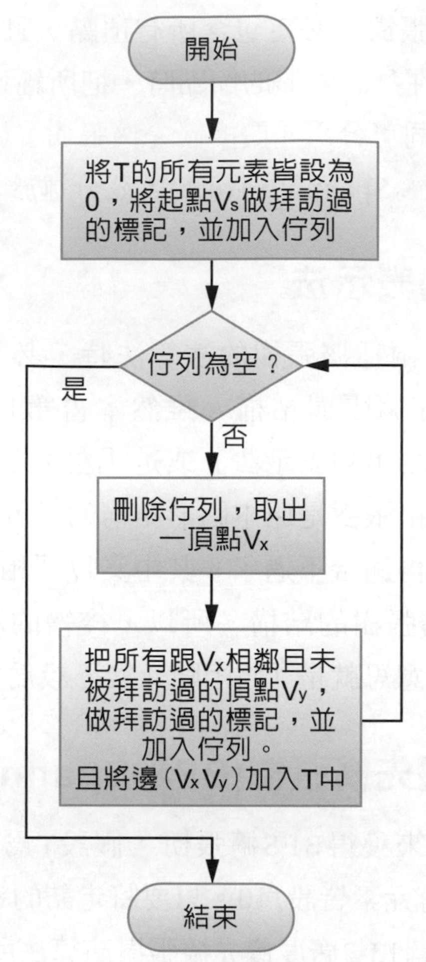

● 圖13-2　廣度優先擴張樹演算法

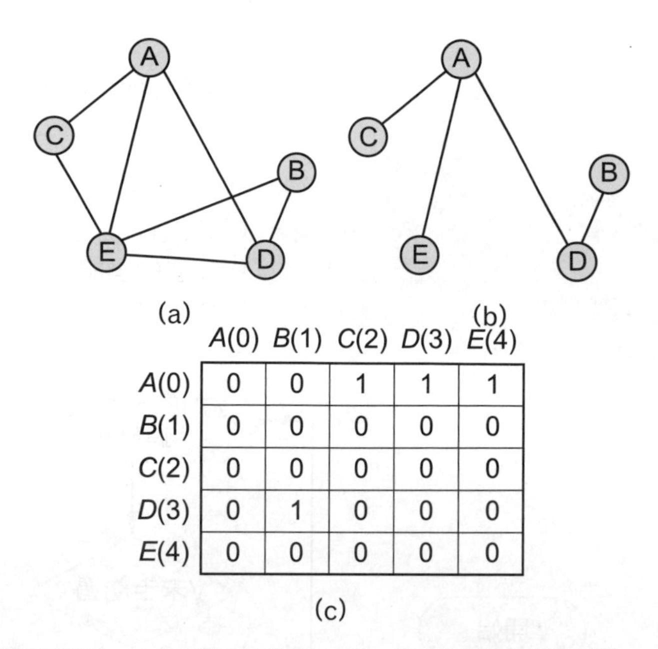

	A(0)	B(1)	C(2)	D(3)	E(4)
A(0)	0	0	1	1	1
B(1)	0	0	0	0	0
C(2)	0	0	0	0	0
D(3)	0	1	0	0	0
E(4)	0	0	0	0	0

● 圖13-3　擴張樹的例子，(a)無向圖形G；(b) G的廣度優先擴張樹T；(c) T的相鄰矩陣表示法

13-1-3　深度優先擴張樹(DFS Spanning Trees)

一樣藉由DFS演算法來獲得DFS擴張樹。假設T為DFS擴張樹的「相鄰矩陣」，一開始將T的所有元素皆設為0。只要將走訪的邊逐一加入T中即可。深度優先擴張樹演算法如圖13-4所示，跟DFS演算法一樣是使用堆疊來完成的，當然也可以用遞迴來完成。

以圖13-5(a)為例，根據演算法會先得到深度優先擴張樹T的相鄰矩陣(如圖13-5(c)所示)，再根據圖13-5(c)的相鄰矩陣，可以畫出擴張樹T的圖形(如圖13-5(b)所示)。

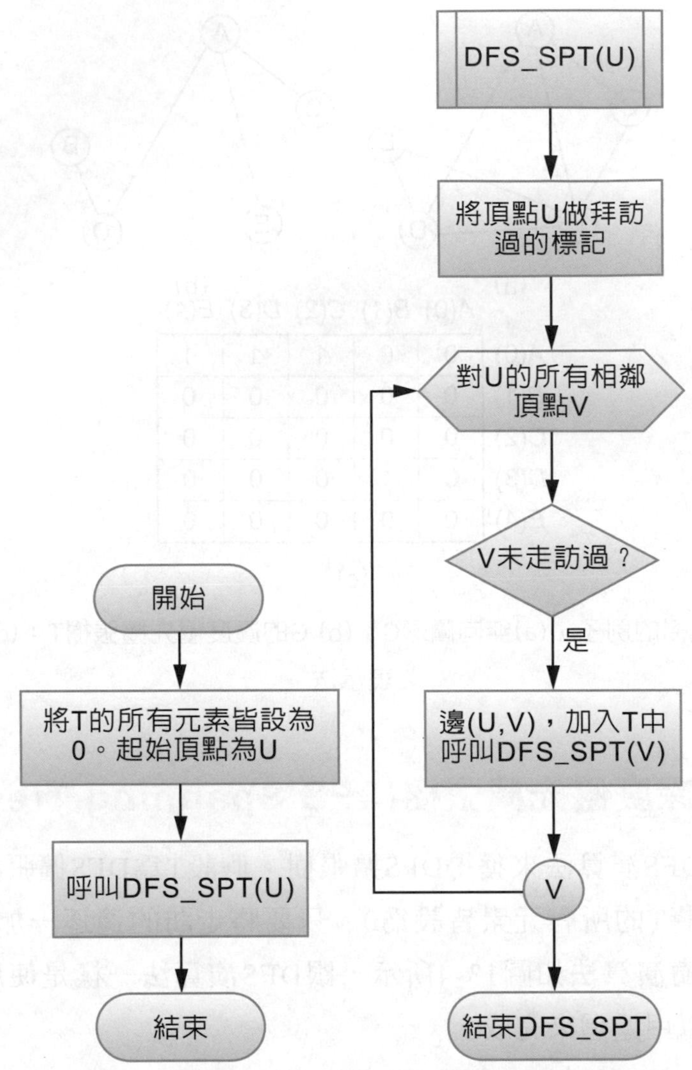

● 圖13-4 深度優先擴張樹演算法(必須使用遞迴法)

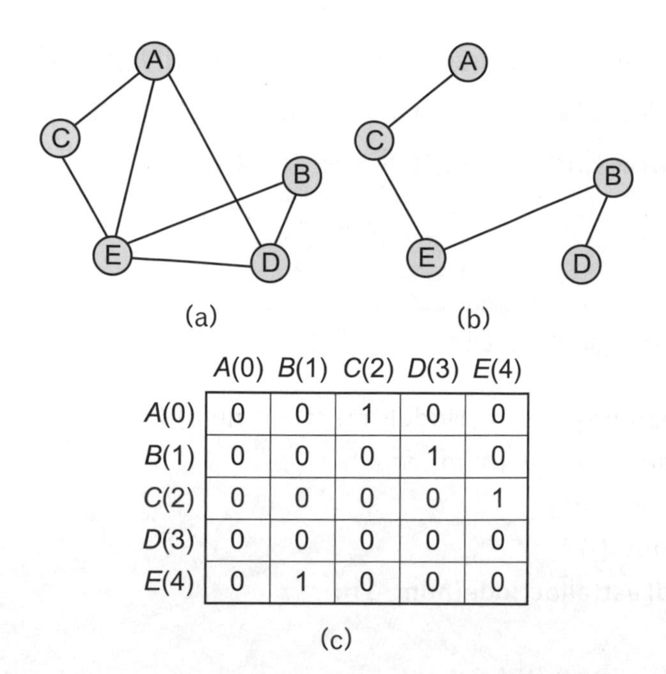

	A(0)	B(1)	C(2)	D(3)	E(4)
A(0)	0	0	1	0	0
B(1)	0	0	0	1	0
C(2)	0	0	0	0	1
D(3)	0	0	0	0	0
E(4)	0	1	0	0	0

● 圖13-5　擴張樹的例子，(a)無向圖形G；(b) G的深度優先擴張樹T；(c) T的相鄰矩陣表示法

13-1-4　程式碼

程式碼13-1~程式碼13-4爲BFS及DFS擴張樹演算法的主程式及相關副程式，茲分述如下：

1. BFS擴張樹的演算法跟上一章的BFS演算法類似，只差在當V_x的相鄰頂點V_y頂點被設定爲「拜訪過」時，要將邊(V_x,V_y)加入擴張樹T中，如程式碼13-1第14行所示。
2. DFS擴張樹的演算法要用遞迴呼叫的方式比較好實作，在進行遞迴呼叫之前要將邊(V_x,V_y)加入擴張樹T中，如程式碼13-2第7行所示。
3. BFSSpanningTree及DFSSpanningTree副程式都會用到isVisited陣列，來記錄哪個頂點已被拜訪過。所以在程式碼13-4中呼叫BFSSpanningTree及DFSSpanningTree副程式前都會先呼叫resetIsVisited副程式(如第12及18行)，來清除isVisited陣列的元素值(如程式碼13-3所示)。

4. 程式執行結果如圖13-6所示，其中BFS擴張樹的相鄰矩陣與圖13-3(c)相同，其圖形結構如圖13-3(b)所示；而DFS擴張樹的相鄰矩陣與圖13-5(c)相同，其圖形結構如圖13-5(b)所示。從圖形結構看得出來，程式的執行結果是正確的。

程式碼13-1

BFSSpanningTree副程式(以C++為例)

```
1   void BFSSpanningTree(myNodePtr*list, int num) {
2       myNodePtr p = list[num], v;
3       visitNode(num);
4       if (isEmpty()) {
5           addLast(allocNode(num, 1));
6       }
7       while (!isEmpty()) {
8           v = removeFirst();
9           p = list[v->vertexNum];
10          while (p != NULL) {
11              if (!isVisited[p->vertexNum]) {
12                  visitNode(p);
13                  addLast(allocNode(p->vertexNum, p->data));
14                  BFSST[v->vertexNum][p->vertexNum] = 1;
15              }
16              p = p->nextLink;
17          }
18      }
19      printf("\n");
20  }
```

程式碼13-2

DFSSpanningTree副程式(以C++為例)

```
1   void DFSSpanningTree(myNodePtr*list, int num) {
2       myNodePtr p;
3       visitNode(num);
4       p = list[num];
5       while (p != NULL) {
6           if (!isVisited[p->vertexNum]) {
7               DFSST[num][p->vertexNum] = 1;
8               DFSSpanningTree(list, p->vertexNum);
9           }
10          p = p->nextLink;
11      }
12  }
```

程式碼13-3

resetIsVisited副程式(以C++為例)

```
1   void resetIsVisited(int num) {
2       for (int i = 0; i < num; i++) {
3           isVisited[i] = false;
4       }
5   }
```

程式碼13-4

BFS及DFS擴張樹的主程式(以C++為例)

```
1   int main(void) {
2       while (scanf("%d\n", &num) != EOF) {
3           M = ReadAdjacentMatrix(num);
4           printf("相鄰矩陣：\n");
5           printMatrix(M, num);
6           list = CreateAdjanceList(M, num);
7           printf("\n相鄰串列：\n");
```

```
8           printList(list, num);
9           BFSST = allocMatrix(num);
10          isVisited = (bool *)malloc(num*sizeof(bool));
11          printf("\nBFS：\n");
12          resetIsVisited(num);
13          BFSSpanningTree(list, 0);
14          printf("\nBFS Spanning Tree：\n");
15          printMatrix(BFSST, num);
16          DFSST = allocMatrix(num);
17          printf("\nDFS：\n");
18          resetIsVisited(num);
19          DFSSpanningTree(list, 0);
20          printf("\n\nDFS Spanning Tree：\n");
21          printMatrix(DFSST, num);
22      }
23  }
```

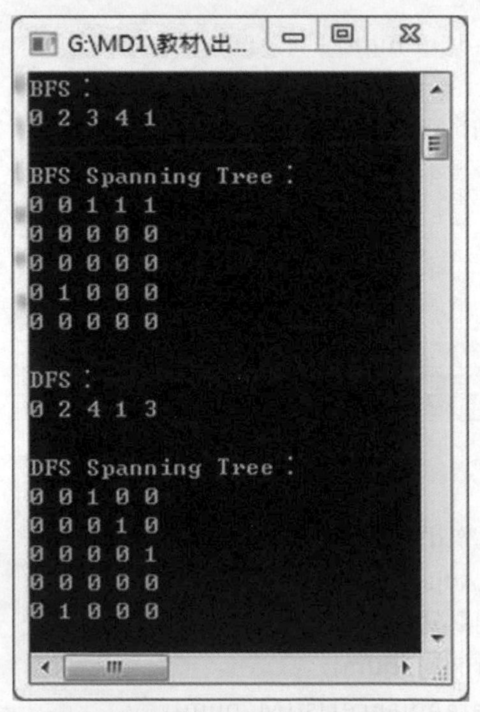

● 圖13-6　BFS擴張樹及BFS擴張樹程式的執行結果

13-2
最低成本擴張樹(Minimum Cost Spanning Tree)

加權圖G的每一個邊都有一個數值，這個值可以代表頂點與頂點間的距離，或是從這個頂點到那個頂點所需花費的成本。G的擴張樹T中所有邊加權值的和，稱爲T的「成本」，或「花費」(Cost)。在G的眾多擴張樹中，會有一棵擴張樹的成本最少，稱之爲「最低成本擴張樹」(Minimum Cost Spanning Tree)。我們把圖13-1加上加權值之後，就如圖13-7所示。

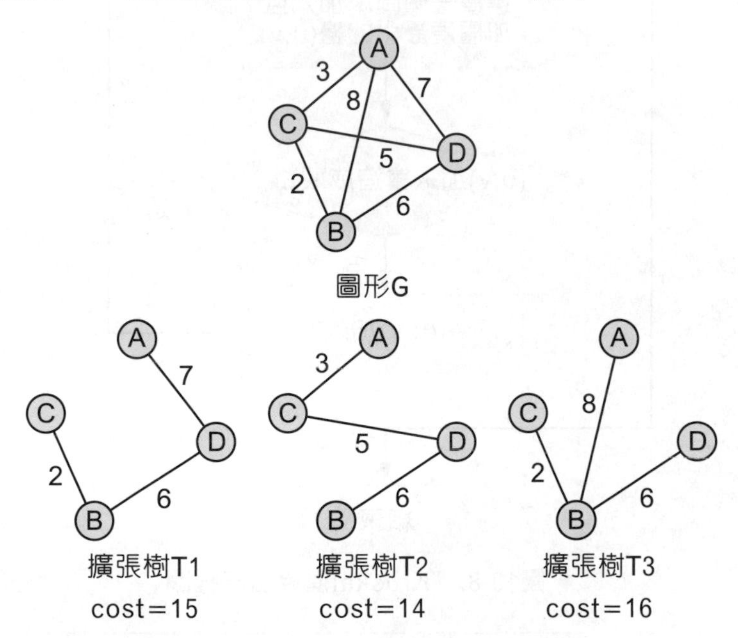

● 圖13-7　圖形G和幾個它的擴張樹的成本

要找到最低成本擴張樹的方法有很多，在此只介紹其中兩種比較常用的方法，Kruskal演算法及Prim演算法：

13-2-1　Kruskal演算法

Kruskal演算法是將所有的邊由小到大排序好，然後逐一將這些邊加入擴張樹T中，但只要是加入後會造成環路的邊，就捨棄。如此，T從空集合一直到T的邊數爲頂點數減一爲止。其演算流程如圖13-8所示；而執行範例如圖13-9所示。

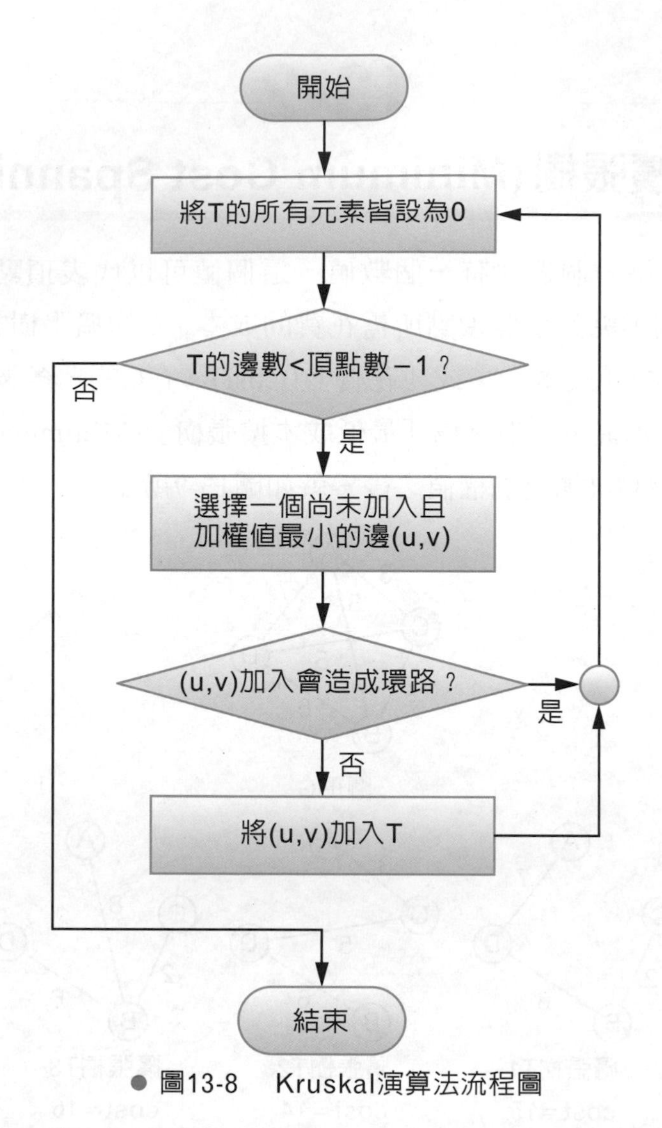

● 圖13-8　Kruskal演算法流程圖

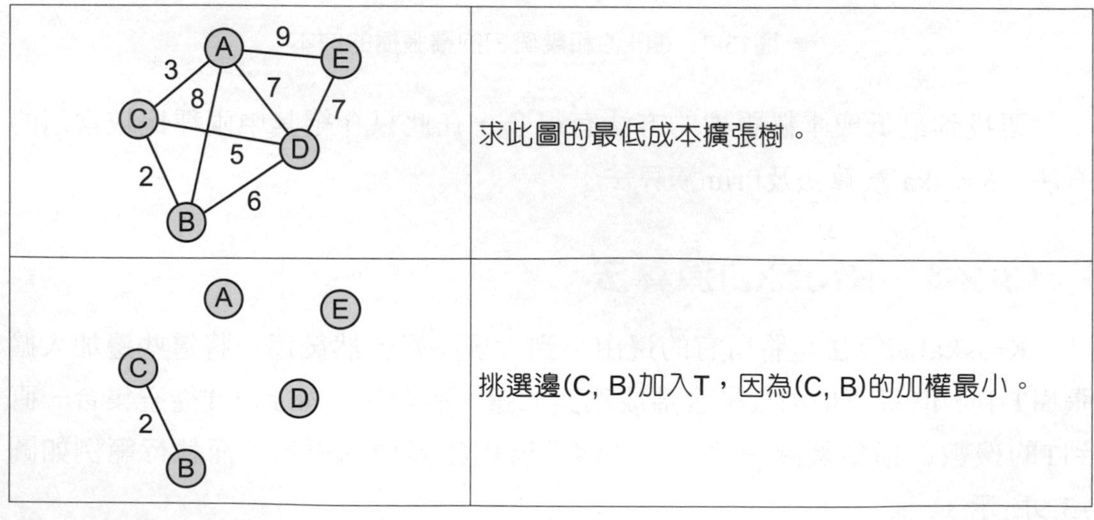

	求此圖的最低成本擴張樹。
	挑選邊(C, B)加入T，因為(C, B)的加權最小。

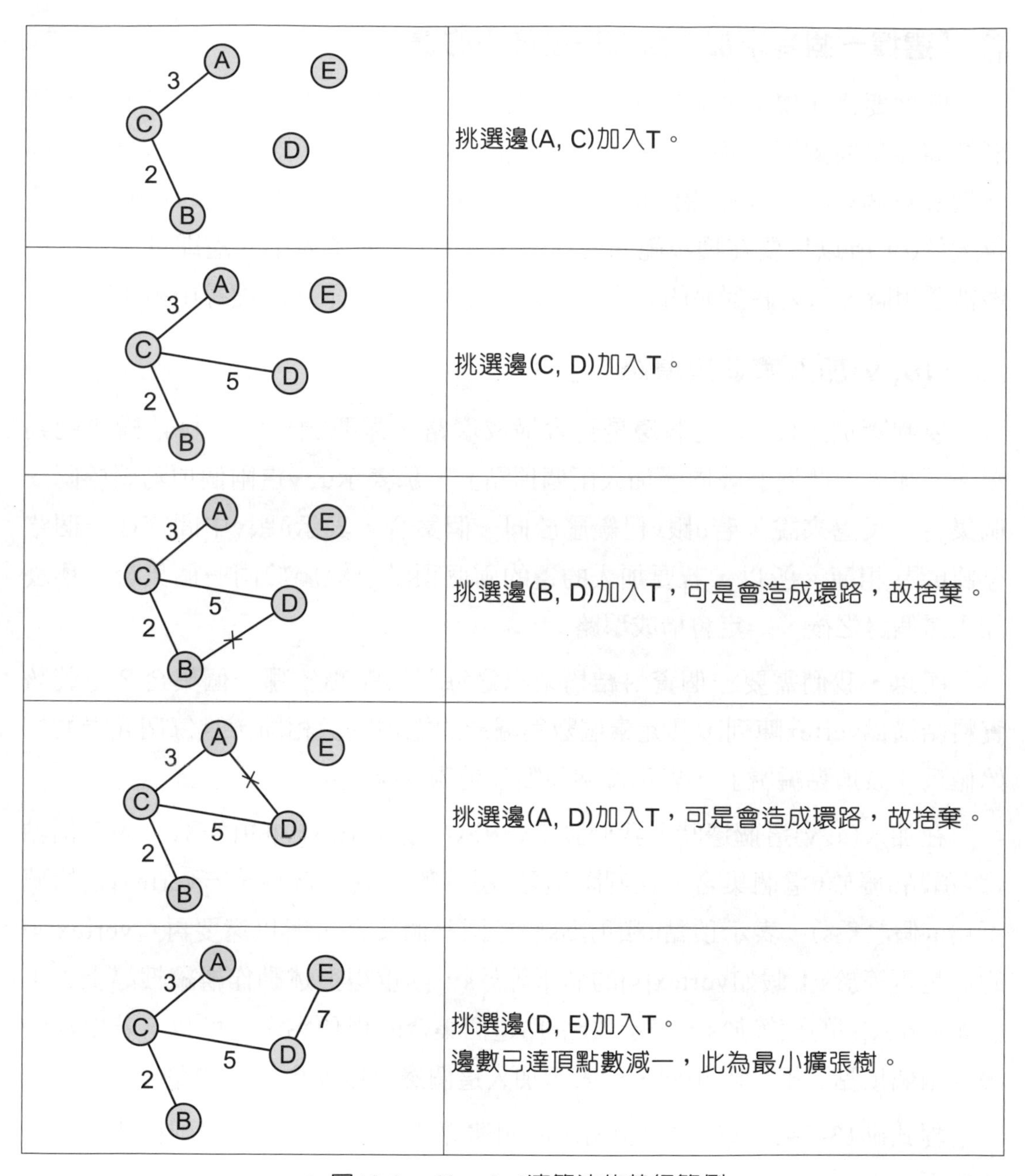

● 圖13-9　Kruskal演算法的執行範例

13-2-2　Kruskal程式碼

在Kruskal演算法中有兩個重要步驟：「選擇一個尚未加入且加權值最小的邊」、「(u, v)加入會造成環路？」。只要釐清這兩個步驟的做法，那要實作Kruskal演算法就不難。

「選擇一個尚未加入且加權值最小的邊」：

既然要找「邊」的資訊，所以要從「圖形結構的相鄰矩陣」著手。若圖形結構爲無向圖形，那只要搜尋相鄰矩陣的上三角矩陣即可；而有向圖形則需搜尋整個矩陣。在本書的例子中，若兩頂點有連接，相對應的矩陣元素值會大於0，所以只要在搜尋範圍內找出大於0且加權值最小的邊即可。當這個邊被選用時，只要將對應的元素值設定爲-1，即可在下次的搜尋中被排除。

「(u, v)加入會造成環路？」：

要判斷加入(u, v)這個邊是否會構成環路，需要額外的資料結構才能判斷。「加入一個邊」等同「加入兩個頂點」，那表示u, v這兩個頂點屬於同一個集合。反過來說，若u跟v已經屬於同一個集合，表示u跟v中間存在一個路徑將u跟v相連。所以，若要加入的邊的兩個頂點已經屬於同一個集合，那麼加入這個邊之後，一定會構成環路。

所以，我們需要一個資料結構來記錄每個頂點屬於哪一個集合？定義該資料結構爲vertex陣列，其元素個數與圖形的總頂點數相同，且每個元素的初始值爲「該頂點編號」，表示每個頂點都是獨立集合。

在加入(u, v)這個邊時，我們設定vertex[u]跟vertex[v]的值爲v，表示頂點v跟頂點u屬於v這個集合。在判斷頂點u屬於哪一個集合時，若vertex[u]的值不爲u(假設爲s)，表示頂點u和頂點s屬於同一個集合，所以還要再看vertex[s]的值是否等於s；假如vertex[s]的值不等於s，則重複上述動作繼續搜尋上去；假如vertex[s]的值等於s，表示頂點s爲這個集合的根頂點了。所以，若要加的邊其兩個頂點之根頂點相同，則表示加入這個邊之後就會構成環路。

程式碼13-5~程式碼13-10爲Kruskal演算法的主程式及相關副程式，茲分述如下：

1. 實作這個演算法最困難的地方就在於判斷「加入(u, v)後是否會造成環路？」。在此，我們使用isSameSet(vertex)副程式來判斷；其中vertex參數是一個含有兩個元素的陣列，vertex[0]表示要加入的邊之起點，vertex[1]則爲終點；回傳值爲布林值，若加入的邊會造成環路，則回傳true，否則回傳false。

2. 而isSameSet(vertex)副程式內利用findRoot(vertex[0])及findRoot(vertex[1])來分別找尋這兩個頂點的根頂點，若兩個頂點的根頂點相同，則加入vertex所構成的邊後會造成環路。

3. 程式碼13-7是minEdge副程式，主要用來搜尋加權值最小的邊，但因爲無向圖形的相鄰矩陣是呈現上三角矩陣與下三角矩陣的對稱狀態，故在搜尋最小加權值的邊時，只需搜尋上三角形(或下三角形)，第4行的type的值若爲0，表示要處理無向圖形。

4. minEdge副程式的回傳值是布林資料型別，用來表示是否有找到最小加權值的邊，我們用min的值是否爲初始的設定值LARGE_VAL，來判斷是否有找到最小加權值的邊，如第13~15行程式碼所示；第二個參數vertex是用來儲存所找到的最小加權值邊的兩個頂點；第17行程式碼在找到最小加權值的邊時，要將相鄰矩陣的對應元素值設定爲LARGE_VAL，這是我們自己定義的極大值(整數)，以確保這個邊在下次搜尋時，不會被認爲是最小加權值的邊。

程式碼13-5

findRoot副程式(以C++為例)

```
1  int findRoot(int vertex) {
2      int p = vertex;
3      while (rootVertex[p] != p) {
4          p = rootVertex[p];
5      }
6      return p;
7  }
```

程式碼13-6

isSameSet副程式(以C++為例)

```
1   bool isSameSet(int *vertex) {
2       int v0 = findRoot(vertex[0]);
3       int v1 = findRoot(vertex[1]);
4       return (v0 == v1) ? true : false;
5   }
```

程式碼13-7

minEdge副程式(以C++為例)

```
1   bool minEdge(int** MK, int *vertex, int num, int type) {
2       int i, j, b, mnI = -1, mnJ = -1, min = LARGE_VAL;
3       for (i = 0; i < num; i++) {
4           b = (type == 0) ? i+1 : 0; // type == 0 : 無向圖形
5           for (j = b; j < num; j++) {
6               if (min > MK[i][j]) {
7                   vertex[0] = mnI = i;
8                   vertex[1] = mnJ = j;
9                   min = MK[i][j];
10              }
11          }
12      }
13      if (min == LARGE_VAL) {
14          return false;
15      }
16      else {
17          MK[mnI][mnJ] = LARGE_VAL;
18          return true;
19      }
20  }
```

程式碼13-8

Kruskal副程式(以C++為例)

```
1   void Kruskal(int** MK, int num, int type) {
2       int vertex[2];
3       int edge = 0;
4       while (edge < num-1) {
5           if (minEdge(MK, vertex, num, type) && !isSameSet(vertex)) {
6               KruskalMinST[vertex[0]][vertex[1]] = M[vertex[0]][vertex[1]];
7               if (type == 0) {
8                   KruskalMST[vertex[1]][vertex[0]] = M[vertex[0]][vertex[1]];
9               }
10              rootVertex[vertex[0]] = rootVertex[vertex[1]] = vertex[1];
11              edge++;
12          }
13      }
14  }
```

程式碼13-9

KruskalInit副程式(以C++為例)

```
1   void KruskalInit() {
2       KruskalMST = allocMatrix(num);
3       MK = CopyMatrix(M, num);
4       rootVertex = (int *)malloc(num*sizeof(int));
5       for (int i = 0; i < num; i++) {
6           rootVertex[i] = i;
7       }
8   }
```

程式碼13-10

Kruskal和Prim演算法的主程式(以C++為例)

```
1   int main(void) {
2       while (scanf("%d\n", &num) != EOF) {
3           M = ReadAdjacentMatrix(num);
4           printf("相鄰矩陣：\n");
5           printMatrix(M, num);
6           list = CreateAdjanceList(M, num);
7           printf("\n相鄰串列：\n");
8           printList(list, num);

9           KruskalInit();
10          Kruskal(MK, num, 0);
11          printf("\nKruskal Minimun Spanning Tree：\n");
12          printMatrix(KruskalMST, num);

13          PrimInit();
14          Prim(MP, 0, num, 0);
15          printf("\nPrim Minimun Spanning Tree：\n");
16          printMatrix(PrimMST, num);
17      }
18  }
```

13-2-3 Prim演算法

Prim演算法是逐一選擇適當的邊加入擴張樹T中，且過程中T一直保持樹的結構。一開始T沒有任何的邊，只有一個頂點(此頂點可以是任何一個頂點)。若分別以E(*T*)和V(*T*)表示T中邊和頂點的集合，則一開始E(*T*)={ }(空集合)且V(*T*)={u}。選擇邊的方式是選一個不在T中且加權值最小的邊(u, v)，其中u∈V(*T*)且v∉V(*T*)。然後重複到邊數是總頂點數減一。其演算流程如圖13-10所示；而執行範例如圖13-11所示。

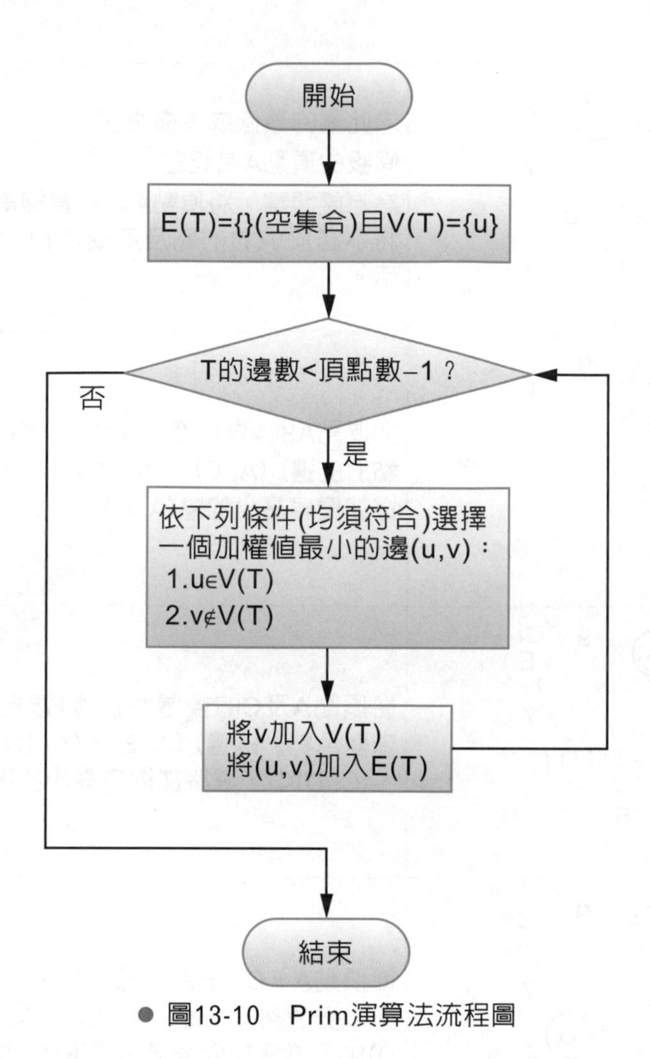

● 圖13-10 Prim演算法流程圖

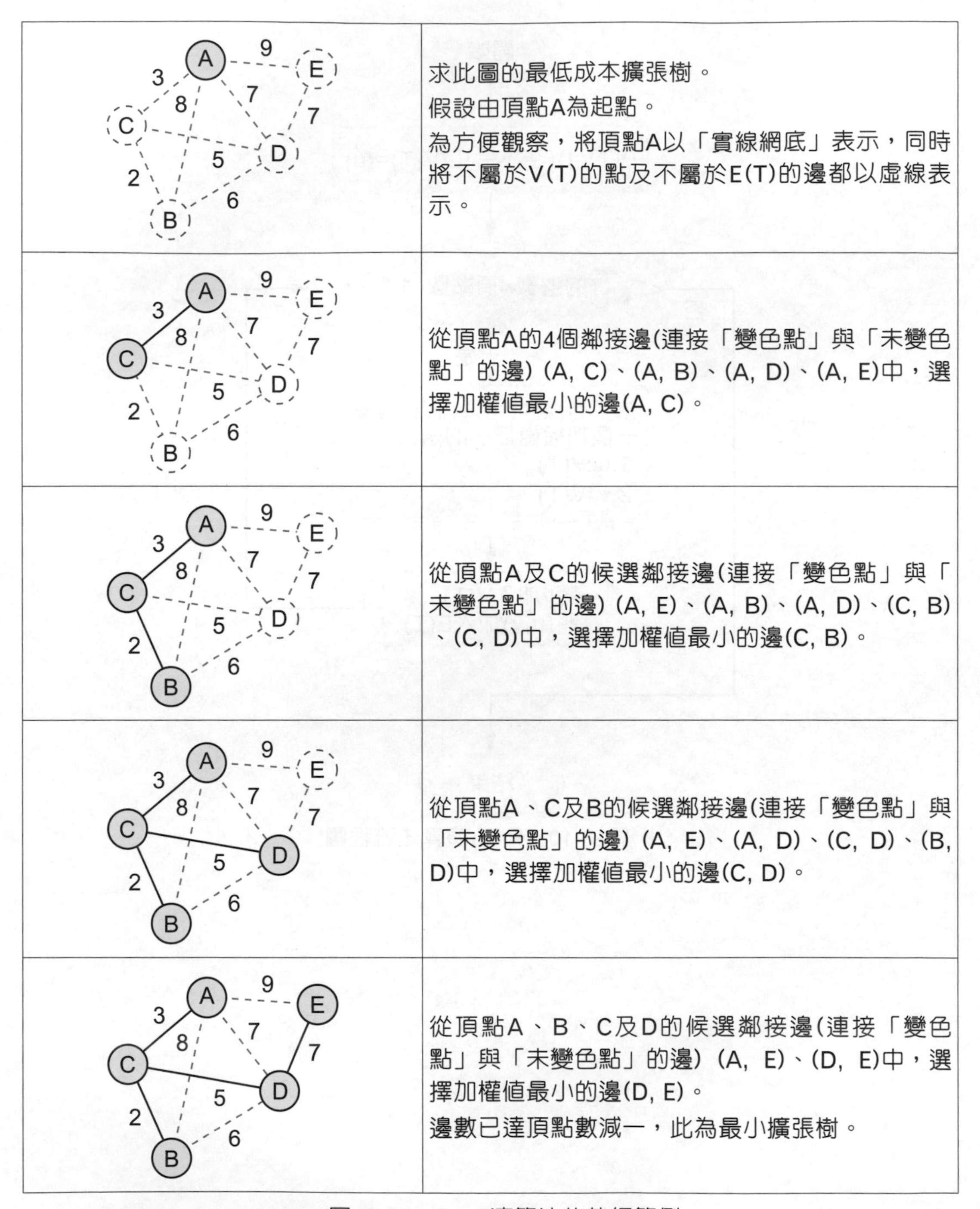

求此圖的最低成本擴張樹。
假設由頂點A為起點。
為方便觀察，將頂點A以「實線網底」表示，同時將不屬於V(T)的點及不屬於E(T)的邊都以虛線表示。

從頂點A的4個鄰接邊(連接「變色點」與「未變色點」的邊) (A, C)、(A, B)、(A, D)、(A, E)中，選擇加權值最小的邊(A, C)。

從頂點A及C的候選鄰接邊(連接「變色點」與「未變色點」的邊) (A, E)、(A, B)、(A, D)、(C, B)、(C, D)中，選擇加權值最小的邊(C, B)。

從頂點A、C及B的候選鄰接邊(連接「變色點」與「未變色點」的邊) (A, E)、(A, D)、(C, D)、(B, D)中，選擇加權值最小的邊(C, D)。

從頂點A、B、C及D的候選鄰接邊(連接「變色點」與「未變色點」的邊) (A, E)、(D, E)中，選擇加權值最小的邊(D, E)。
邊數已達頂點數減一，此為最小擴張樹。

● 圖13-11　Prim演算法的執行範例

13-2-4 Prim程式碼

在此我們仍然以一個相鄰矩陣T來記錄擴張樹，所以在Prim演算法中的「將(u, v)加入E(*T*)」的意思就是在相鄰矩陣T的對應元素上，設定該邊的加權值。而V(T)為加入的頂點，我們以串列來實作。

程式碼13-11~程式碼13-13為Prim演算法的相關副程式，而主程式碼跟Kruskal演算法的主程式寫在一起(如程式碼13-10所示)，茲分述如下：

1. 由於Prim演算法要逐一地將頂點加到V(*T*)集合中，並不斷地做u∈V(*T*)且v∉V(*T*)的測試，最方便的做法是用串列來實作V(*T*)集合。程式碼13-13第4及7行實作將頂點加入串列；程式碼13-12第5~15行及程式碼13-11則利用串列的走訪來做必要的測試。
2. 跟Kruskal演算法一樣使用type參數來表示要處理的是無向圖形？還是有向圖形？如程式碼13-13第10~13行所示。

程式碼13-11

isInList副程式(以C++為例)

```
1   bool isInList(int v) {
2       myNodePtr U = head;
3       while (U != NULL) {
4           if (v == U->vertexNum) {
5               return true;
6           }
7           U = U->nextLink;
8       }
9       return false;
10  }
```

程式碼13-12

findMinEdge副程式(以C++為例)

```
1   void findMinEdge(int** MP, int *vertex) {
2       myNodePtr U = head;
3       int min = LARGE_VAL;
4       int u, v, p;
5       while (U != NULL) {
6           p = U->vertexNum;
7           for (int i = 0; i < num; i++) {
8               if (!isInList(i) && (min > MP[p][i])) {
9                   min = MP[p][i];
10                  u = p;
11                  v = i;
12              }
13          }
14          U = U->nextLink;
15      }
16      vertex[0] = u;
17      vertex[1] = v;
18  }
```

程式碼13-13

Prim副程式(以C++為例)

```
1   void Prim(int** MP, int vertexNum, int num, int type) {
2       int vertex[2];
3       int edge = 0;
4       addLast(allocNode(vertexNum, 1));
5       while (edge < num - 1) {
6           findMinEdge(MP, vertex);
7           addLast(allocNode(vertex[1], 1));
8           PrimMinST[vertex[0]][vertex[1]] = M[vertex[0]][vertex[1]];
9           MP[vertex[0]][vertex[1]] = LARGE_VAL;
10          if (type == 0) {
11              PrimMST[vertex[1]][vertex[0]] = M[vertex[0]][vertex[1]];
```

```
12              MP[vertex[1]][vertex[0]] = LARGE_VAL;
13          }
14          edge++;
15      }
16  }
```

程式碼13-14

PrimInit副程式(以C++為例)

```
1   void PrimInit() {
2       PrimMST = allocMatrix(num);
3       MP = CopyMatrix(M, num);
4   }
```

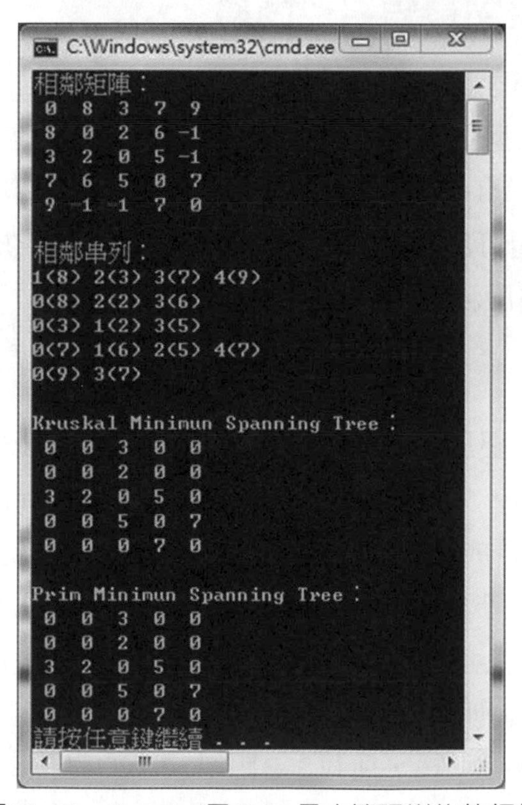

● 圖13-12　Kruskal及Prim最小擴張樹的執行結果

13-3 最短路徑問題

可以利用圖形結構來解決的最典型問題之一，就是最短路徑問題。在圖形中，從某個頂點到各頂點的路徑不是唯一，所以如果要從眾多路徑中找出路徑最短者，成爲最短路徑問題(Shortest Path)。而所謂「最短路徑」，如果圖形的邊有加權值，是指路徑的加權值總和最小者；如果沒有加權值，是指路徑上邊數的總和，或者將邊的加權值視爲1，計算路徑的加權值總和。最常見的「最短路徑問題」有兩種：

- **出發點最短路徑問題：**由某頂點到所有頂點的最短路徑。
- **每一對頂點間最短路徑問題：**所有任意兩頂點間的最短路徑。

13-2-1 出發點最短路徑問題

「出發點最短路徑問題」是分別列出某個出發點到所有其他頂點的最短路徑。此問題的最典型例子就是「交通路網數值圖」的應用，由城市(頂點)與城市(頂點)間交通路網(邊)的距離(加權值)，計算從某個城市出發，到各城市的最短路徑。此問題可應用於旅行時的路線選擇、航空班機的轉運服務、或是物流通運業的轉運服務等。

原理：

解決此問題的主要原理類似Prim演算法，如圖13-13由頂點S出發，它有2個相連的頂點C、B，先取得C，因爲S到C的路徑比S到B短。所以，由頂點S連結到各頂點可以看成由{S, C}連結到各頂點了。S可連結到B；C可連結到{A, B, D}，所以下一步到得了的頂點有{A, B, D}，S到A的距離爲S-C的距離1加上C-A的距離3，總共是4；S-D的距離爲S-C的距離1加上C-D的距離5，總共是6；而S-B的距離則有兩個：可以是S-C的距離1加上C-B的距離2，總共是3、也可以是S-B的距離4，所以S-B距離最小的是由S-C-B，距離爲3。因此，可得下一步的頂點爲B，走的路徑是S-C-B。如此，每次由下一步到得了的頂點中增加一個頂點，其S到該頂點距離最小。

演算法：

假設一個圖形G={V,E}；V是頂點集合，|V|=n代表頂點數；E是邊集合；G_m={V_m,E_m}，G_m、V_m、E_m此問題解答的圖形、頂點、邊；W矩陣爲圖形G的加權相鄰矩陣；dist陣列用來存放由頂點到各頂點間目前的最短距離；visited陣列代表該頂點是否已被走訪；prev陣列代表到達此頂點的前一個頂點。假設起始頂點爲U，演算法步驟如下：

1. 對每個頂點V，設定dist[V] = W[U][V]，visited[V] = 0，prev[V] = -1。
2. 對於dist陣列中不為0及-1的位置i設定prev[i] = U。然後設定visited[U] = 1，dist[U] = 0，並將頂點U加入V_m中。
3. 如果|V_m |>n，跳到步驟5。否則從dist陣列中找到距離最小的頂點V，且visited[V]為0者，設定visited[V] = 1，將頂點V加入V_m中，將邊(prev[V], V)加入E_m中。
4. 對所有visited[V]為0的頂點i做
   dist[i] = min(dist[i], dist[V] + W[V][i])。
   如果dist[i]有改變，設定prev[i]為V。
   回到步驟3。

注意：當W[V][i]為-1時，表示頂點V與i之間並沒有相連，故須以最大數取代。

5. 已找到最短路徑，依序列出V_m中的頂點(此為最短路徑所經過的節點順序)，結束。

以上這個演算法就是知名的Dijkstra演算法。

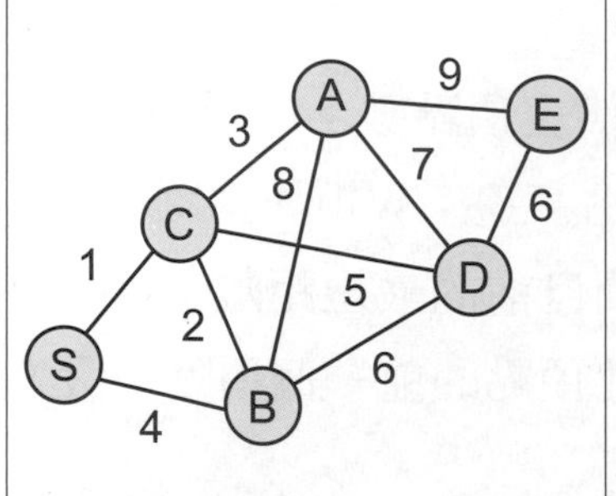

W矩陣	A(0)	B(1)	C(2)	D(3)	E(4)	S(5)
A(0)	0	8	3	7	9	–1
B(1)	8	0	2	6	–1	4
C(2)	3	2	0	5	–1	1
D(3)	7	6	5	0	6	–1
E(4)	9	–1	–1	6	0	–1
S(5)	–1	4	1	–1	–1	0

	A(0)	B(1)	C(2)	D(3)	E(4)	S(5)
dist	–1	4	1	–1	–1	0
visited	0	0	0	0	0	*1*
prev	–1	*5*	*5*	–1	–1	0

V_m ={S(5)}

◆ 起始頂點S

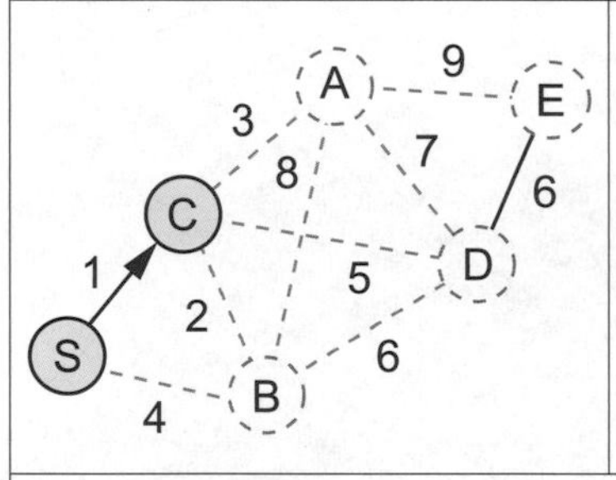

	A(0)	B(1)	C(2)	D(3)	E(4)	S(5)
dist	*4*	*3*	1	*6*	–1	0
visited	0	0	*1*	0	0	1
prev	*2*	*2*	5	*2*	–1	0

V_m ={S(5),C(2)}

◆ dist[2]的值最小，所以選定頂點C(2)。
◆ 對visted[i]為0的那幾個頂點去更新dist[i]的值為min(dist[i], dist[V] + W[V][i])，其中有更新的點為{A(0),B(1),D(3)}。
◆ 所以，prev陣列中{0, 1, 3}的位置都填入目前所選定頂點的索引值2。

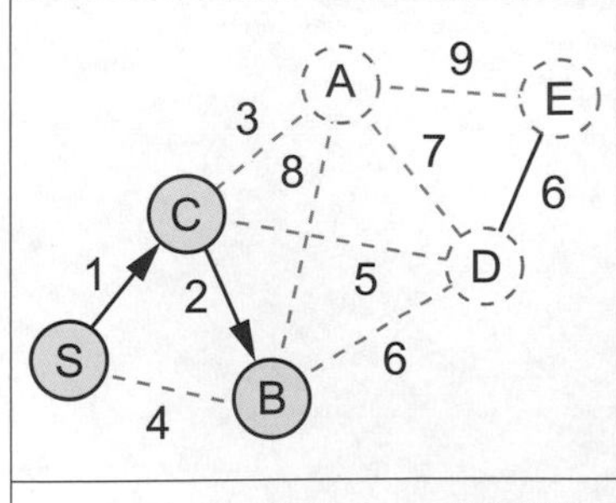

	A(0)	B(1)	C(2)	D(3)	E(4)	S(5)
dist	4	3	1	6	–1	0
visited	0	*1*	1	0	0	1
prev	2	2	5	2	–1	0

V_m ={S(5),C(2),B(1)}

◆ dist[1]的值最小，所以選定頂點B(1)。
◆ 對visted[i]為0的那幾個頂點去更新dist[i]的值為min(dist[i], dist[V] + W[V][i])，但是值都沒有更新。

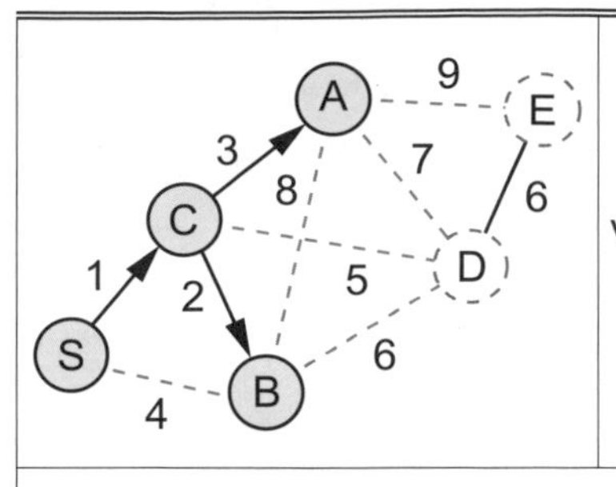

	A(0)	B(1)	C(2)	D(3)	E(4)	S(5)
dist	4	3	1	6	13	0
visited	1	1	1	0	0	1
prev	2	2	5	2	0	0

V_m={S(5),C(2),B(1),A(0)}

- dist[0]的值最小，所以選定頂點A(0)。
- 對visted[i]為0的那幾個頂點去更新dist[i]的值為min(dist[i], dist[V] + W[V][i])，其中有更新的點為E(4)。
- 所以，prev陣列中{4}的位置填入目前所選定頂點的索引值0。

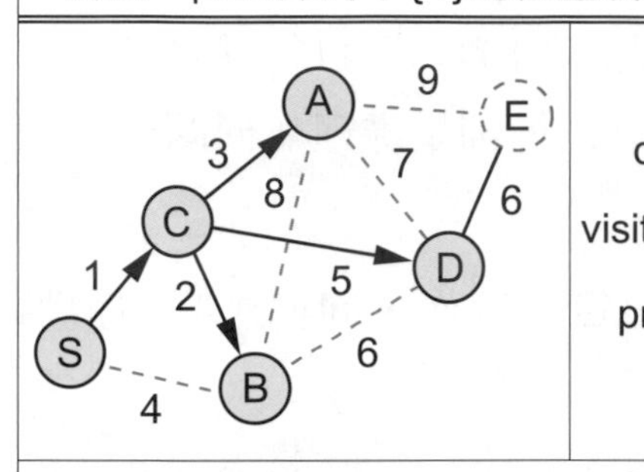

	A(0)	B(1)	C(2)	D(3)	E(4)	S(5)
dist	4	3	1	6	12	0
visited	1	1	1	1	0	1
prev	2	2	5	2	3	0

V_m={S(5),C(2),B(1),A(0),D(3)}

- dist[3]的值最小，所以選定頂點D(3)。
- 對visted[i]為0的那幾個頂點去更新dist[i]的值為min(dist[i], dist[V] + W[V][i])，其中有更新的點為E(4)。
- 所以，prev陣列中{4}的位置填入目前所選定頂點的索引值3。

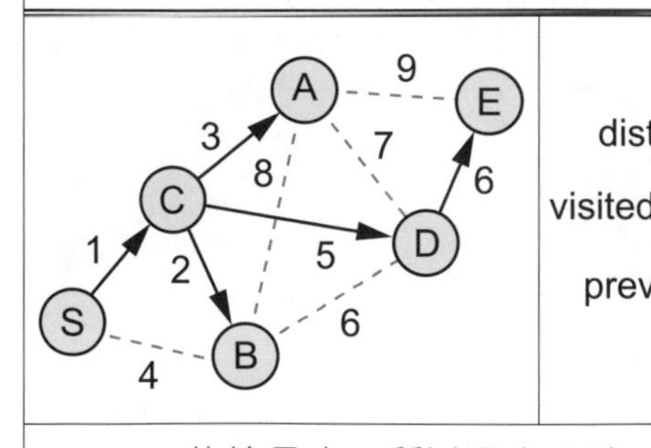

	A(0)	B(1)	C(2)	D(3)	E(4)	S(5)
dist	4	3	1	6	12	0
visited	1	1	1	1	1	1
prev	2	2	5	2	3	0

V_m={S(5),C(2),B(1),A(0),D(3),E(4)}

- dist[4]的值最小，所以選定頂點D(3)。
- $|V_m|$=n，找到最小路徑。
- 其中，dist陣列紀錄起始頂點到各頂點的最短距離。
- 而從V_m集合及prev陣列可以推算出從起始頂點到該頂點的路徑。

● 圖13-13　以Dijkstra演算法解決最短路徑問題的範例

13-2-2 Dijkstra程式碼

程式碼13-15~程式碼13-19為Dijkstra演算法的主程式及相關副程式，茲分述如下：

1. Dijkstra演算法的步驟2中的「將頂點U加入V_m中」及步驟3中的「將頂點V加入V_m中」，然後用$|V_m|$>n來判斷目前已加入V_m的頂點數。在程式中，並沒有實際去計算V_m的頂點數，而是另外用vertexNum變數來記錄頂點數(如程式碼13-18第7及16行所示)。這個部分，讀者可以自行修改成直接從V_m串列來計算頂點個數。
2. 一樣用相鄰矩陣來記錄圖形的最短路徑，在程式碼13-18第11行就是將目前的最短路徑dist[V]加到邊(prev[V], V)上，而第13行則是處理無向圖形的相鄰矩陣。
3. 程式碼13-16為getMinEdge副程式，是根據演算法實作，回傳未拜訪頂點中距離最小的頂點編號。
4. 程式碼13-17為setMinEdge副程式，也是根據演算法，對所有未被拜訪過的頂點做最短距離的更新，根據dist[i] = min(dist[i], dist[V] + W[V][i])公式，如第5行所示。

程式碼13-15

DijkstraInit副程式(以C++為例)

```
1    void DijkstraInit(int U) {
2        dist = (int *)malloc(num*sizeof(int));
3        visited = (bool *)malloc(num*sizeof(bool));
4        prev = (int *)malloc(num*sizeof(int));
5        DijkstraSP = allocMatrix(num);
6        for (int i = 0; i < num; i++) {
7            dist[i] = M[U][i];
8            visited[i] = false;
9            prev[i] = -1;
10           if (dist[i] > 0) {
11               prev[i] = U;
```

```
12            }
13        }
14    }
```

程式碼13-16

getMinEdge副程式(以C++為例)

```
1    int getMinEdge() {
2        int min = LARGE_VAL;
3        int idx;
4        for (int i = 0; i < num; i++) {
5            if (!visited[i] && min > dist[i]) {
6                min = dist[i];
7                idx = i;
8            }
9        }
10       return idx;
11   }
```

程式碼13-17

setMinDist副程式(以C++為例)

```
1    void setMinDist(int V) {
2        int D;
3        for (int i = 0; i < num; i++) {
4            if (!visited[i]) {
5                D = dist[V] + M[V][i];
6                if (D < dist[i]) {
7                    dist[i] = D;
8                    prev[i] = V;
9                }
10           }
11       }
12   }
```

程式碼13-18

Dijkstra副程式(以C++為例)

```
1    void Dijkstra(int U, int type) {
2        int vertexNum = 1, V;
3        visited[U] = true;
4        dist[U] = 0;
5        prev[U] = U;
6        addLast(allocNode(U, 1));
7        while (vertexNum < num) {
8            V = getMinEdge();
9            visited[V] = true;
10           addLast(allocNode(V, 1));
11           DijkstraSP[prev[V]][V] = dist[V];
12           if (type == 0) {
13               DijkstraSP[V][prev[V]] = dist[V];
14           }
15           setMinDist(V);
16           vertexNum++;
17       }
18   }
```

程式碼13-19

Dijkstra演算法主程式(以C++為例)

```
1    int main(void) {
2        while (scanf("%d\n", &num) != EOF) {
3            M = ReadAdjacentMatrix(num);
4            printf("相鄰矩陣：\n");
5            printMatrix(M, num);
6            list = CreateAdjanceList(M, num);
7            printf("\n相鄰串列：\n");
8            printList(list, num);
9            int U = 5;
10           DijkstraInit(U);
11           Dijkstra(U);
```

```
12          printf("\nDijkstra Shortest Path：\n");
13          printMatrix(DijkstraSP, num);
14      }
15  }
```

● 圖13-14 Dijkstra演算法執行結果

13-2-3 每一對頂點間最短路徑問題

如果我們想要知道每一個頂點到其他頂點的最短路徑時，有一個方法是將這V個頂點輪流當做起點，去執行上一小節介紹的Dijkstra演算法，也就是呼叫Dijkstra演算法V次。不過，Floyd提出了另一個運算比較單純的演算法，以加權相鄰矩陣爲基礎，不斷運算並嘗試減少矩陣元素的值。以圖13-13的W加權相鄰矩陣爲例，這代表一開始每個頂點間「目前已知」的最短距離，我們令$W^{-1}=W$爲加權相鄰矩陣的初始值。但是這些距離可能被更新而得到更小的值。

原理：

W^{-1}顯示的是圖形頂點初始的連結情況，其中有某些頂點可能一開始沒有直接連結，但可以透過其他頂點，將兩個原本沒有直接連結的頂點連結在一起，這就表示原本沒有直接連結的兩個頂點，中間存在一條「路徑」。所以如何去更新W^{-1}矩陣呢？可以從第0個頂點開始，檢查哪些頂點可以透過頂點0而連結在一起，甚至可以得到更短的距離。也就是可以透過下列公式來更新：

$$W^{0}(i,j)=min\left(W^{-1}(i,j),W^{-1}(i,0)+W^{-1}(0,j)\right) \tag{1}$$

其中，$W^{-1}(i, j)$表示頂點 i 到頂點 j 的距離；$W^{-1}(i,0)$表示頂點 i 到頂點0的距離；$W^{-1}(0, j)$表示頂點0到頂點 j 的距離。所以，$W^{-1}(i,0)+W^{-1}(0, j)$的意思就是頂點 i 經過頂點0到頂點 j 距離。如果這段距離比直接從頂點 i 到頂點 j 的距離$W^{-1}(i, j)$小，則$W^{-1}(i, j)$的值會被更新。因此，$W^{0}(i, j)$將會記錄著從頂點 i 最多只能經過頂點0到頂點 j 最短距離。

根據上述原理，可以整理出一個通式：

$$W^{k}(i,j)=min\left(W^{k-1}(i,j),W^{k-1}(i,k)+W^{k-1}(k,j)\right) \tag{2}$$

也就是說：

- $W^{1}(i, j)$爲從頂點 i 最多只能經過頂點0, 1到頂點 j 最短距離。
- $W^{2}(i, j)$爲從頂點 i 最多只能經過頂點0, 1, 2到頂點 j 最短距離。
- $W^{k}(i, j)$爲從頂點 i 最多只能經過頂點0, 1, 2, ⋯, k 到頂點 j 最短距離。
- $W^{n-1}(i, j)$爲從頂點 i 最多只能經過頂點0, 1, 2, ⋯, n-1到頂點 j 最短距離。因此，W^{n-1}矩陣記錄著各個頂點間的最短距離。

W^{n-1}只記錄各個頂點間的最短距離，但是卻沒告訴我們最短路徑。要得知最短路徑，在剛剛的計算中必須引入一個「前一個路徑矩陣」path。path[i][j]表示要從頂點 i 到達頂點 j 的前一個頂點。前一個路徑矩陣的初始值可設爲path[i][j]=j，表示從頂點 i 到頂點 j 的前一個頂點爲頂點 j。

那要如何更新path矩陣呢？就是當$W^k(i, j)$被更新時，表示從頂點 i 出發，經過頂點 k 再到頂點 j 的距離會變短。所以path[i][j]就必須設爲 k，代表以頂點 k 作爲到達頂點 j 的前一個頂點，會使得頂點 i 到頂點 j 距離變短。

演算法：

假設一個圖形G，其加權相鄰矩陣爲W；path爲「前一個路徑矩陣」，path[i][j]代表從頂點 i 到達頂點 j 的前一個頂點。

演算法步驟如下：

1. 對所有的i, j，設定path[i][j]=j。
2. 對所有的頂點V做以下的運算

   $W(i, j)=\min(W(i, j), W(i,V)+W(V, j))$。

   如果$W(i, j)$有改變，設定path[i][j]為V。

以上這個演算法就是知名的Floyd演算法。

(a) 原始資料

W	*A*(0)	*B*(1)	*C*(2)	*D*(3)	*E*(4)	*S*(5)
A(0)	0	8	3	7	9	–1
B(1)	8	0	2	6	–1	4
C(2)	3	2	0	5	–1	1
D(3)	7	6	5	0	6	–1
E(4)	9	–1	–1	6	0	–1
S(5)	–1	4	1	–1	–1	0

path	*A*(0)	*B*(1)	*C*(2)	*D*(3)	*E*(4)	*S*(5)
A(0)	0	1	2	3	4	5
B(1)	0	1	2	3	4	5
C(2)	0	1	2	3	4	5
D(3)	0	1	2	3	4	5
E(4)	0	1	2	3	4	5
S(5)	0	1	2	3	4	5

(b) 最多只能經過頂點0

W	*A*(0)	*B*(1)	*C*(2)	*D*(3)	*E*(4)	*S*(5)
A(0)	0	8	3	7	9	–1
B(1)	8	0	2	6	*17*	4
C(2)	3	2	0	5	*12*	1
D(3)	7	6	5	0	6	–1
E(4)	9	*17*	*12*	6	0	–1
S(5)	–1	4	1	–1	–1	0

path	*A*(0)	*B*(1)	*C*(2)	*D*(3)	*E*(4)	*S*(5)
A(0)	0	1	2	3	4	5
B(1)	0	1	2	3	*0*	5
C(2)	0	1	2	3	*0*	5
D(3)	0	1	2	3	4	5
E(4)	0	*0*	*0*	3	4	5
S(5)	0	1	2	3	4	5

(c) 最多只能經過頂點0,1

W	*A*(0)	*B*(1)	*C*(2)	*D*(3)	*E*(4)	*S*(5)
A(0)	0	8	3	7	9	*12*
B(1)	8	0	2	6	17	4
C(2)	3	2	0	5	12	1
D(3)	7	6	5	0	6	*10*
E(4)	9	17	12	6	0	*21*
S(5)	*12*	4	1	*10*	*21*	0

path	*A*(0)	*B*(1)	*C*(2)	*D*(3)	*E*(4)	*S*(5)
A(0)	0	1	2	3	4	*1*
B(1)	0	1	2	3	0	5
C(2)	0	1	2	3	0	5
D(3)	0	1	2	3	4	*1*
E(4)	0	0	0	3	4	*1*
S(5)	*1*	1	2	*1*	*1*	5

(d) 最多只能經過頂點0,1,2

W	*A*(0)	*B*(1)	*C*(2)	*D*(3)	*E*(4)	*S*(5)
A(0)	0	*5*	3	7	9	*4*
B(1)	*5*	0	2	6	14	*3*
C(2)	3	2	0	5	12	1
D(3)	7	6	5	0	6	*6*
E(4)	9	14	12	6	0	*13*
S(5)	*4*	*3*	1	*6*	*13*	0

path	*A*(0)	*B*(1)	*C*(2)	*D*(3)	*E*(4)	*S*(5)
A(0)	0	*2*	2	3	4	*2*
B(1)	*2*	1	2	3	*2*	*2*
C(2)	0	1	2	3	0	5
D(3)	0	1	2	3	4	*2*
E(4)	0	2	0	3	4	*2*
S(5)	*2*	*2*	2	*2*	*2*	5

(e) 最多只能經過頂點0,1,2,3

W	A(0)	B(1)	C(2)	D(3)	E(4)	S(5)
A(0)	0	5	3	7	9	4
B(1)	5	0	2	6	*12*	3
C(2)	3	2	0	5	*11*	1
D(3)	7	6	5	0	6	6
E(4)	9	*12*	*11*	6	0	*12*
S(5)	4	3	1	6	*12*	0

path	A(0)	B(1)	C(2)	D(3)	E(4)	S(5)
A(0)	0	2	2	3	4	2
B(1)	2	1	2	3	*3*	2
C(2)	0	1	2	3	*3*	5
D(3)	0	1	2	3	4	2
E(4)	0	*3*	*3*	3	4	*3*
S(5)	2	2	2	2	*3*	5

(f) 最多只能經過頂點0,1,2,3,4

W	A(0)	B(1)	C(2)	D(3)	E(4)	S(5)
A(0)	0	5	3	7	9	4
B(1)	5	0	2	6	12	3
C(2)	3	2	0	5	11	1
D(3)	7	6	5	0	6	6
E(4)	9	12	11	6	0	12
S(5)	4	3	1	6	12	0

path	A(0)	B(1)	C(2)	D(3)	E(4)	S(5)
A(0)	0	2	2	3	4	2
B(1)	2	1	2	3	3	2
C(2)	0	1	2	3	3	5
D(3)	0	1	2	3	4	2
E(4)	0	3	3	3	4	3
S(5)	2	2	2	2	3	5

(g) 最多只能經過頂點0,1,2,3,4,5

W	A(0)	B(1)	C(2)	D(3)	E(4)	S(5)
A(0)	0	5	3	7	9	4
B(1)	5	0	2	6	12	3
C(2)	3	2	0	5	11	1
D(3)	7	6	5	0	6	6
E(4)	9	12	11	6	0	12
S(5)	4	3	1	6	12	0

path	A(0)	B(1)	C(2)	D(3)	E(4)	S(5)
A(0)	0	2	2	3	4	2
B(1)	2	1	2	3	3	2
C(2)	0	1	2	3	3	5
D(3)	0	1	2	3	4	2
E(4)	0	3	3	3	4	3
S(5)	2	2	2	2	3	5

● 圖13-15　以Floyd演算法解決最短路徑問題的範例

13-2-4 Floyd程式碼

程式碼13-20~程式碼13-22爲Floyd演算法的主程式及相關副程式，茲分述如下：

1. 這個演算法的實作比較簡單，利用三層for迴圈即可完成。程式碼13-21的第3行是最外層迴圈V，基本上是計算每個頂點*i*(第二層迴圈，程式碼第4行)經過頂點V到其他頂點*j*(第三層迴圈，程式碼第5行)的最短距離。
2. 距離更新的程式碼(程式碼13-21的第7~10行)跟Dijkstra演算法類似(程式碼13-18的第6~9行)。
3. 雖然程式的第三層迴圈V會針對每個頂點做最小距離的更新，但不見得每次都會做更新。圖13-15顯示第三層迴圈的每次更新結果。我們可以發現，經過頂點編號0, 1, 2, 3到其他頂點的最短距離都有被更新的紀錄(如藍色斜體字所標示)。
4. 圖13-15還有顯示path矩陣，表示某個頂點i要到達頂點j前會先到達哪個頂點編號。如圖13-15(e)的path矩陣顯示，頂點S(編號5)到達頂點E(編號4)前會經過頂點D(編號3)，因爲path[5][4]爲3。所以下一步去觀察path[5][3]的值，表示頂點S(編號5)到達頂點D(編號3)前會經過哪個頂點，發現其值爲2(頂點C)；所以，繼續再觀察path[5][2]的值，發現其值爲2，表示頂點S(編號5)到達頂點C(編號2)前會經過頂點C(編號2)，亦即頂點S與頂點C直接相連。所以，頂點S到頂點E的最短路徑12(W[5][4]=12)是經由頂點C到頂點D再到頂點E這條路徑。如此，便可得到每個頂點到其他頂點的最短路徑。

程式碼13-20

FloydInit副程式(以C++為例)

```
1    void FloydInit() {
2        path = allocMatrix(num);
3        for (int i = 0; i < num; i++) {
4            for (int j = 0; j < num; j++) {
5                path[i][j] = j;
6            }
```

```
7        }
8        FloydSP = CopyMatrix(M, num);
9    }
```

程式碼13-21

Floyd副程式(以C++為例)

```
1    void Floyd() {
2        int D;
3        for (int V = 0; V < num; V++) {
4            for (int i = 0; i < num; i++) {
5                for (int j = 0; j < num; j++) {
6                    D = FloydSP[i][V] + FloydSP[V][j];
7                    if (D < FloydSP[i][j]) {
8                        FloydSP[i][j] = D;
9                        path[i][j] = V;
10                   }
11               }
12           }
13       }
14   }
```

程式碼13-22

Floyd演算法主程式(以C++為例)

```
1    int main(void) {
2        while (scanf("%d\n", &num) != EOF) {
3            M = ReadAdjacentMatrix(num);
4            printf("相鄰矩陣：\n");
5            printMatrix(M, num);
6            list = CreateAdjanceList(M, num);
7            printf("\n相鄰串列：\n");
8            printList(list, num);
```

```
9           FloydInit();
10          Floyd();
11          printf("\nFloyd Shortest Path：\n");
12          printMatrix(FloydSP, num);
13      }
14  }
```

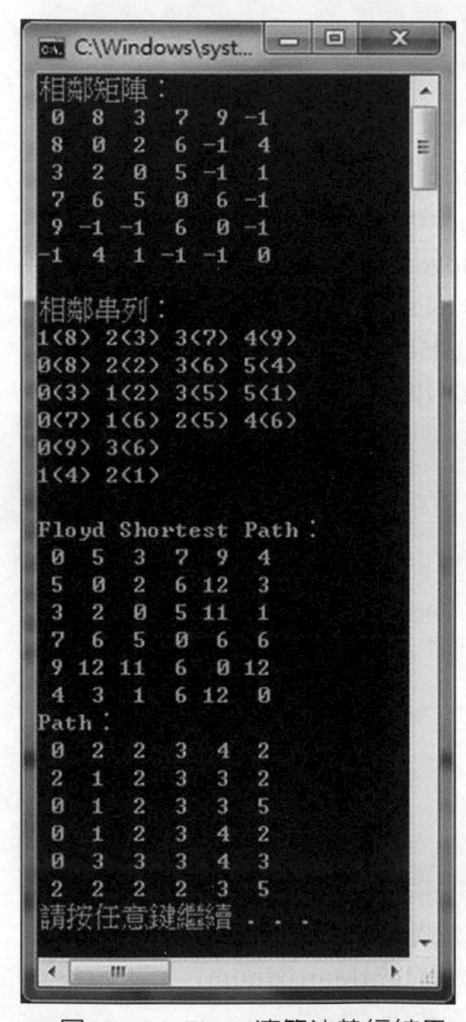

● 圖13-16　Floyd演算法執行結果

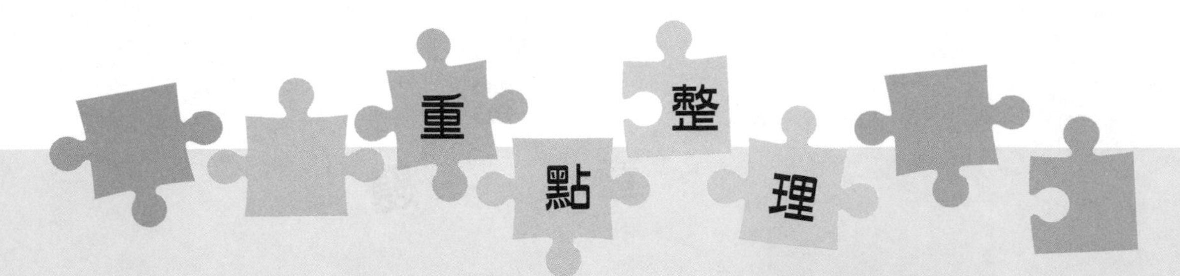

1. 將圖形展開成擴張樹有兩個演算法：BFS及DFS擴張樹演算法。基本上BFS跟DFS搜尋演算法類似。要注意的是DFS擴張樹演算法必須使用遞迴法。
2. 常見的最低成本擴張樹的演算法有Kruskal演算法及Prim演算法。Kruskal演算法比較複雜的地方，在於判斷加入(u, v)這個邊是否會構成環路；而Prim演算法比較複雜的部份，則在於在已經拜訪過的頂點串列中搜尋是否已經加入這個頂點。
3. 最短路徑問題我們介紹了兩個最常見的演算法：Dijkstra演算法及Floyd演算法。Dijkstra演算法跟Prim演算法比較接近；而Floyd演算法是用三層for迴圈來實作。都是用同樣的公式計算距離值：dist[i] = min(dist[i], dist[V] + W[V][i])。

基礎題

(　　) 1. Dijkstra的最短路徑演算法屬於何種演算法類型？

【89二技雲科管四】

(1)dynamic programming

(2)greedy approach

(3)backtracking

(4)divide-and-conquer

(5)branch-and-bound

(　　) 2. Kruskal的最小成本擴張樹演算法屬於何種演算法類型？

【87二技聯招】

(1)dynamic programming

(2)greedy approach

(3)backtracking

(4)divide-and-conquer

(5)branch-and-bound

(　　) 3. 下列敘述何者錯誤？

(1)把一個圖形的所有頂點以最少的邊連結起來稱之為擴張樹(Spanning Tree)

(2)Prim演算法可以在加權圖上求得最小成本擴張樹

(3)一個頂點到多個頂點的最短距離可以使用Dijkstra演算法

(4)所有頂點兩兩之間的最短距離可使用Floyd演算法

(　　)4. 一個包含n個頂點的無向圖形，如果能找出圖形中n-1個邊來連接所有頂點而成為一棵樹，此樹稱為：

(1)堆積樹

(2)二元樹

(3)二元搜尋樹

(4)擴張樹

(　　)5. 下列哪個演算法可以找出最小擴張樹？

(1)Kruskal演算法

(2)深度優先走訪演算法

(3)廣度優先走訪演算法

(4)雜湊法

(　　)6. 使用Kruskal演算法找一個加權圖的最小成本擴張樹的成本總和時，若樹的節點有5個，則最小成本擴張樹的邊會有幾個？

(1)4

(2)5

(3)6

(4)7

(　　)7. 何種演算法是每次挑選一個加權值(Weight)最小的邊，加到T中，以形成最小成本擴張樹，但不可形成迴路，直到邊的數量達到n-1個為止？

(1)Prims演算法

(2)Kruskal演算法

(3)Dijkstra演算法

(4)以上皆非

(　　) 8. For a graph with N vertices, its minimum spanning tree has _____ edges.　【97彰師大資訊管理所】

(1)N-2

(2)N-1

(3)N

(4)N+1

(5)N+2

(　　) 9. 關於擴張樹的敘述，下列何者有誤？

(1)擴張樹可以用來判斷該圖是否連通

(2)擴張樹中的任兩個頂點間都是相連的，也就是存在一條路徑可通

(3)擴張樹不會形成迴路現象

(4)擴張樹所連的路徑不一定是最短的

(　　) 10. 有關圖形(Graph)，下列敘述何者有誤？

(1)在一個n節點的圖，計算由某頂點到所有頂點的最短路徑需O(n2)

(2)最小擴張樹的總邊數比總節點數少1

(3)任何圖的最小擴張樹只有一個

(4)一個圖的最小擴張樹不一定是由某頂點到所有頂點的最短路徑圖

實作題

1. 中央城的消防部門和交通部門合作，一起維護反映城市街道目前狀況的地圖。在某一天，一些街道由於修補或施工而被封閉，消防隊員需要選擇從消防站到火警地點得不經過被封閉街道的路線。中央城被劃分維護不重疊的消防區域，每個區域設有一個消防站。當火警發生時，中央調度員向火警地點所在的消防站發出警報，並提供一個從消防站到火警地點的可能路線列表給該消防站。請您撰寫一個程式，中央調度員可以使用這個程式從區域消防站到火警地點的路線。

● 輸入：

城市的每個消防站有一個獨立的地圖，每張地圖的街區用小於21的正整數標示，消防站總是在編號為1的街區。輸入列出若干測試範例，每個測試範例表示在不同區域發生的不同火警。

測試範例的第一行有一個整數，表示離火警最近的街區編號。

後面的若干行，每行由空格隔開的正整數對所組成，表示未封閉街道連接的相鄰街區(例如，如果某行列出一個數對4 7，那麼街區4和7之間的街道未封閉，且街區4和7的路段上沒有其他街區)。

每個測試範例的最後一行由一對0所組成。

● 輸出：

對於每個測試範例，需先以數字來標示範例編號(如CASE 1:，CASE 2:等)。之後在每一行中樞出一條路線，按路線出現的順序，依序輸出街區編號；最後還要輸出從消防站到火警地點的所有路線的總數，其中只包含那些不經過重複街區的路線(顯而易見的，消防部門不希望他們的車子兜圈子)。

不同的測試範例需在不同行上輸出。

輸入範例：

```
6
1 2
1 3
3 4
3 5
4 6
5 6
2 3
2 4
0 0
4
2 3
3 4
```

```
5 1
1 6
7 8
8 9
2 5
5 7
3 1
1 8
4 6
6 9
0 0
```

● 輸出範例：

```
CASE 1:
1 2 3 4 6
1 2 3 5 6
1 2 4 3 5 6
1 2 4 6
1 3 2 4 6
1 3 4 6
1 3 5 6
There are 7 routes from the firestation to streetcorner 6.
CASE 2:
1 3 2 5 7 8 9 6 4
1 3 4
1 5 2 3 4
1 5 7 8 9 6 4
1 6 4
1 6 9 8 7 5 2 3 4
1 8 7 5 2 3 4
1 8 9 6 4
There are 8 routes from the firestation to streetcorner 4.
```

題目來源：UVA 208